普通高等教育计算机类专业"十三五"规划教材

大学计算机基础项目式教程

主　编　熊　婷　梅　毅
副主编　王钟庄　邹　璇　李昆仑

西安交通大学出版社
XI'AN JIAOTONG UNIVERSITY PRESS

内容简介

本书共包括9个模块,分别为:模块一、计算机应用基础知识;模块二、操作系统 Windows 7;模块三、Word 2010 文字处理软件;模块四、电子表格 Excel 2010;模块五、演示文稿 PowerPoint 2010;模块六、多媒体应用;模块七、计算机网络基础与 Internet 应用;模块八、信息安全与病毒防范;模块九、Office 2010 高级应用综合练习。本书编写采用项目驱动式教学方法,每个模块通过项目导入,每个项目包括多个任务,每个任务采用"任务描述→任务分析→知识链接→项目实施"组织教学内容。

本书内容翔实、案例丰富、图文并茂、易学易懂。本书可作为独立学院计算机应用基础课程的专用教材,也可作为一般本科院校计算机公共课程和等级考试培训班的教材,还可满足办公自动化人员的自学需求。

图书在版编目(CIP)数据

大学计算机基础项目式教程 / 熊婷,梅毅主编. —西安:
西安交通大学出版社,2020.1(2022.1重印)
ISBN 978-7-5693-1409-0

Ⅰ. ①大… Ⅱ. ①熊… ②梅… Ⅲ. ①电子计算机-高等学校—教材 Ⅳ. ①TP3

中国版本图书馆 CIP 数据核字(2019)第 250864 号

书　　名	大学计算机基础项目式教程
主　　编	熊　婷　梅　毅
责任编辑	李　文
出版发行	西安交通大学出版社 (西安市兴庆南路1号　邮政编码 710048)
网　　址	http://www.xjtupress.com
电　　话	(029)82668357　82667874(发行中心) (029)82668315(总编办)
传　　真	(029)82668280
印　　制	西安明瑞印务有限公司
开　　本	787mm×1092mm　1/16　印张 23.75　字数 564 千字
版次印次	2020 年 1 月第 1 版　2022 年 1 月第 3 次印刷
书　　号	ISBN 978-7-5693-1409-0
定　　价	58.00 元

读者购书、书店添货如发现印装质量问题,请与本社发行中心联系、调换。
订购热线:(029)82665284　(029)82665249
投稿热线:(029)82668818　QQ:354528639
读者信箱:354528639@qq.com

版权所有　侵权必究

前　言

计算机技术日新月异,其应用以各种形式出现在生产、生活和工作的各个领域,成为人们生活中不可缺少的工具。学会利用计算机获取、表示、存储、传输、处理、控制和应用信息,协同工作,解决实际问题等,已成为现代从业者必备的基本技能。

"大学计算机基础"课程是大学生进入大学后的第一门计算机课程,针对新入学的大学生的计算机应用水平不再是零起点,而且其水平还在以较快的速度提高,因此该课程的改革也势在必行。本书由多年从事本课程教学的教师,融入多年的教学经验和课程建设成果编写而成。本书注重实际的计算机应用能力与操作技能以及学生自主学习能力的培养,采用项目导入、任务驱动进行内容设计,在规定的教学课时内,尽量多增加学生的上机时间。最终通过"学、仿、做"达到理论与实践统一及知识内化的教学目的。

本书共包括9个模块,分别为:模块一、计算机应用基础知识;模块二、操作系统 Windows 7;模块三、Word 2010 文字处理软件;模块四、电子表格 Excel 2010；模块五、演示文稿 PowerPoint 2010；模块六、多媒体应用;模块七、计算机网络基础与 Internet 应用;模块八、信息安全与病毒防范;模块九、Office 2010 高级应用综合练习。

"大学计算机基础"是一门实践性很强的课程,通过这门课程的学习,不仅能学到计算机的基本知识,还能掌握计算机基本操作技能,解决实际工作中的具体问题。本课程教学建议在机房进行,实行机房教学时,在机房中教师机连接投影仪或安装局域电子教室软件,以微软公司的 Office 2010 三大办公软件为主要讲解内容。教师讲课时,学生机不开或由局域电子教室软件监控。每堂课教师讲课的时间一般不超过 30 分钟,尽可能让学生进行上机操作,教师进行指导。对于讲课时理论讲解不足的问题,学生可以通过在上机操作中做大量的操作题和练习题解决。这种任务式驱动、增强与突出实践教学的教学模式,通过多年的教学实践证明,其实际效果比传统课堂教学(讲课与上机1∶1)模式要好得多。

本教材由南昌大学科学技术学院计算机系组织编写,由多年从事"大学计算机基础"一线教学、具有丰富教学经验和实践经验的教师编写。熊婷、梅毅任主编,王钟庄、邹璇和李昆仑任副主编。熊婷编写了模块七和所有附录内容,并进行统稿与定稿,梅毅编写了模块一和模块八,王钟庄编写了模块三和模块九,邹璇编写了模块四和模块五,李昆仑编写了模块二和模块六。张炘、邓伦丹、罗少彬、兰长明、周权来、罗丹、赵金萍、刘敏、张剑、罗婷等老师对本书编写提出了许多宝贵意见。尽管大家在编写这本教材时花费了大量的时间和精力，但缺点和不当之处在所难免，谨请各位读者批评指出，以便再版时改正。

本书在编写过程中，得到了南昌大学科学技术学院及各部门领导和出版社的大力支持，对此我们全体编写人员，对这些单位的领导和有关同志表示衷心感谢！

主　编

2019 年 9 月

目　录

模块一　计算机应用基础知识 ……………………………………………………（1）
  项目一　计算机探密 ………………………………………………………………（1）
    任务一　计算机的发展历史 ……………………………………………………（1）
    任务二　计算机的特点与分类 …………………………………………………（7）
    任务三　计算机的应用领域 ……………………………………………………（9）
    任务四　计算机的发展趋势 ……………………………………………………（11）
    任务五　掌握计算机系统的组成及工作原理 …………………………………（13）
  项目二　计算机中信息的表示 ……………………………………………………（17）
    任务一　计算机中数制的表示 …………………………………………………（17）
    任务二　计算机中的常用编码 …………………………………………………（21）
  模块小结 ……………………………………………………………………………（27）
  习题 …………………………………………………………………………………（28）

模块二　操作系统 Windows 7 ………………………………………………………（32）
  项目一　熟悉 Windows 7 …………………………………………………………（32）
    任务一　Windows 7 系统的安装与启动 ………………………………………（32）
    任务二　Windows 7 系统基本操作 ……………………………………………（35）
    任务三　文件管理 ………………………………………………………………（42）
    任务四　应用程序管理 …………………………………………………………（47）
  项目二　个性化设置工作环境 ……………………………………………………（50）
    任务一　桌面外观的个性化设置 ………………………………………………（50）
    任务二　开始菜单和任务栏的个性化设置 ……………………………………（52）
    任务三　控制面板与环境设置 …………………………………………………（54）
    任务四　使用常见的附件程序 …………………………………………………（57）
  模块小结 ……………………………………………………………………………（62）
  习题 …………………………………………………………………………………（62）

模块三　Word 2010 文字处理软件 (67)
项目一　制作聘用合同书 (67)
　　任务一　创建和保存文档 (68)
　　任务二　文档编辑 (72)
　　任务三　文档的格式编排 (75)
　　任务四　样式的使用 (81)
　　任务五　添加项目符号和编号 (84)
　　任务六　插入日期 (85)
项目二　制作电子宣传报 (86)
　　任务一　页面设置和分栏 (87)
　　任务二　插入文本框 (90)
　　任务三　插入艺术字 (93)
　　任务四　插入图片 (94)
　　任务五　插入 SmartArt 图形 (96)
　　任务六　插入自选图形 (98)
项目三　制作个人简历表 (101)
　　任务一　建立表格 (102)
　　任务二　编辑表格 (105)
　　任务三　格式化表格 (108)
项目四　制作策划案 (112)
　　任务一　制作封面 (112)
　　任务二　应用样式格式化文档 (113)
　　任务三　添加水印效果 (116)
　　任务四　导出目录 (117)
　　任务五　设置页眉/页脚和页码 (120)
项目五　Word 2010 高效办公应用 (122)
　　任务一　邮件合并 (122)
　　任务二　宏定义 (126)
　　任务三　打印文档 (128)
模块小结 (130)
习题 (131)

模块四　电子表格 Excel 2010 (138)
项目一　制作"图书销售情况"工作簿 (138)

任务一　Excel 2010 的入门 …………………………………… (138)
任务二　工作簿的操作 …………………………………………… (141)
任务三　工作表的操作 …………………………………………… (144)
任务四　数据的输入 ……………………………………………… (145)
任务五　单元格的操作 …………………………………………… (149)
任务六　工作表的格式化 ………………………………………… (152)
项目二　统计"图书销售情况" ……………………………………… (160)
任务一　公式的使用 ……………………………………………… (160)
任务二　函数的使用 ……………………………………………… (164)
项目三　绘制"图书销售情况"图表 ………………………………… (167)
任务一　图表的创建 ……………………………………………… (168)
任务二　图表的编辑 ……………………………………………… (170)
项目四　管理"图书销售情况" ……………………………………… (176)
任务一　数据排序 ………………………………………………… (176)
任务二　数据筛选 ………………………………………………… (178)
任务三　数据分类汇总 …………………………………………… (181)
任务四　数据透视表 ……………………………………………… (182)
项目五　打印"图书销售情况" ……………………………………… (184)
任务一　打印区域的设置 ………………………………………… (184)
任务二　页面设置 ………………………………………………… (185)
任务三　工作表的预览和打印 …………………………………… (187)
模块小结 ……………………………………………………………… (188)
习题 …………………………………………………………………… (189)

模块五　演示文稿 PowerPoint 2010 ……………………………… (196)
项目一　制作"案例分析"演示文稿 ………………………………… (196)
任务一　PowerPoint 2010 的入门 ……………………………… (196)
任务二　演示文稿的创建 ………………………………………… (201)
任务三　幻灯片的基本操作 ……………………………………… (203)
任务四　演示文稿的编辑 ………………………………………… (204)
项目二　设计"案例分析"演示文稿 ………………………………… (210)
任务一　幻灯片版式的设置 ……………………………………… (210)
任务二　幻灯片背景的设计 ……………………………………… (211)
任务三　幻灯片主题的设计 ……………………………………… (214)

任务四　幻灯片母版的设置 …………………………………………………… (216)
　项目三　放映"案例分析"演示文稿 ………………………………………………… (217)
　　任务一　幻灯片的切换设置 …………………………………………………… (217)
　　任务二　幻灯片的动画设计 …………………………………………………… (218)
　　任务三　幻灯片的链接操作 …………………………………………………… (219)
　　任务四　幻灯片的放映 ………………………………………………………… (221)
　项目四　输出"案例分析"演示文稿 ………………………………………………… (224)
　　任务一　演示文稿的打包 ……………………………………………………… (224)
　　任务二　演示文稿的打印 ……………………………………………………… (225)
　模块小结 ……………………………………………………………………………… (227)
　习题 …………………………………………………………………………………… (227)

模块六　多媒体应用 …………………………………………………………………… (234)
　项目一　熟悉多媒体技术 …………………………………………………………… (234)
　　任务一　多媒体技术概述 ……………………………………………………… (234)
　　任务二　多媒体计算机系统的组成 …………………………………………… (239)
　项目二　多媒体技术应用 …………………………………………………………… (244)
　　任务一　WinRAR压缩软件应用 ……………………………………………… (244)
　　任务二　图像处理软件应用 …………………………………………………… (249)
　　任务三　多媒体播放软件应用 ………………………………………………… (260)
　模块小结 ……………………………………………………………………………… (263)
　习题 …………………………………………………………………………………… (263)

模块七　计算机网络基础与Internet应用 …………………………………………… (268)
　项目一　运用网络基础知识解决日常问题 ………………………………………… (268)
　　任务一　计算机网络的功能与分类 …………………………………………… (268)
　　任务二　计算机网络的组成 …………………………………………………… (274)
　　任务三　计算机网络体系结构 ………………………………………………… (279)
　　任务四　IP地址和域名 ………………………………………………………… (285)
　项目二　Internet的应用与信息的检索 …………………………………………… (291)
　　任务一　浏览器的使用 ………………………………………………………… (291)
　　任务二　电子邮件的应用 ……………………………………………………… (294)
　　任务三　文件传输 ……………………………………………………………… (297)
　　任务四　常见的中文搜索引擎 ………………………………………………… (300)

任务五　网络电子图书馆的应用 ·· (306)
　模块小结 ··· (309)
　习题 ··· (310)

模块八　信息安全与病毒防范 ··· (314)
　项目一　计算机的安全维护 ··· (314)
　　任务一　日常生活中网络安全 ·· (314)
　　任务二　《中华人民共和国网络安全法》 ···························· (319)
　　任务三　计算机病毒与防范 ·· (322)
　　任务四　网络安全工具的应用 ··· (326)
　模块小结 ··· (332)
　习题 ··· (333)

模块九　Office 2010 高级应用综合练习 ····································· (337)
　项目一　Word 2010 案例综合练习 ··· (337)
　项目二　Execl 2010 案例综合练习 ··· (342)
　项目三　PowerPoint 2010 案例综合练习 ································· (347)

附录一　ASCII 码对照表 ·· (360)
附录二　全国计算机等级考试一级 MS Office 考试大纲(2019 年版) ········· (364)
附录三　全国计算机等级考试二级 MS Office 高级应用考试大纲(2019 年版) ········ (367)
参考文献 ·· (369)

模块一 计算机应用基础知识

今天人类已经进入信息社会,计算机技术也广泛应用于现代科学研究、国防、工业、农业以及日常生活的各个领域。掌握计算机的基本知识和应用,已成为人们学习和工作所必需的基本技能之一。本章主要介绍计算机应用的基础知识,通过本章的学习,可以了解计算机的发展过程、发展趋势以及计算机的特点,并且可以掌握计算机系统的基本组成;同时也介绍了计算机中常用的几种计数制以及信息编码等概念。

项目一 计算机探密

计算机是 20 世纪最先进的科学技术发明之一,对人类的生产活动和社会活动产生了极其重要的影响,并以强大的生命力飞速发展。当今,计算机已经渗透进我们的生活之中,它让人们的吃穿住行更加便捷。本项目主要讲解计算机的诞生、计算机的发展历史、计算机的特点与分类、计算机应用领域与发展趋势等,下面让我们全面认识与了解计算机。

任务一 计算机的发展历史

◎任务描述

计算工具的演化经历了由简单到复杂、从低级到高级的不同阶段。远古时期,人类就懂得了手指计数,随后发明了结绳记事和刻计等计算和记录的办法;后来,中国人发明了算盘,这种简单而又巧妙的专门用于计算的工具,是由人脑和手工结合完成计算的;随着人类生产和交往活动的发展,人们对计算工具不断研究,继而发明了各种各样的计算工具,它们在不同的历史时期发挥了各自的历史作用。计算机发展过程中有哪些有趣的故事?它的发展又经历了哪几个主要阶段?各阶段的特点又是什么呢?

◎任务分析

在进入计算机世界之前,我们先了解一下计算机的发展历史,熟悉一些为计算机科学做出重大贡献的伟大科学家及计算机的几个主要发展阶段。

◎知识链接

1.计算机理论发展

17 世纪,法国出现了靠齿轮系统工作的计算机器。计算机器能完成一些简单的加减运算,至此计算工具发展到能按固定规则"自动"计算。

19世纪,人们发明和制造出能够接受和解析计算指令的预设程序,并能进行任何运算的机器——"分析机(Translate Machine)"。这种能进行四则运算、比较和求平方根计算的机器的理论设想是由英国剑桥大学教授查尔斯·巴贝奇(Charles Babbage)提出的。

1936年,英国人艾兰·图灵(Alan Turing)(如图1-1所示)提出了"图灵机(Turing Machine)"的设想。"图灵机"不是一种具体的机器,而是一种思想模型,可利用它制造一种十分简单但运算能力极强的计算装置,用来计算所有能想象得到的可计算函数。"图灵机"这一数学思想模型是计算机科学理论的基础之一。1950年图灵发表论文《机器能思考吗》,提出了定义机器是否具有智能的图灵测试,奠定了人工智能的基础。

20世纪40年代中期,数学家约翰·冯·诺依曼(John von Neumann)(如图1-2所示)提出寄存程序的概念,提出了具有存储器的电子计算机的结构模型。我们现在所说的电子计算机就是指符合冯·诺依曼结构模型的计算机。他也被尊称为现代电子计算机之父。

图1-1 艾兰·图灵

图1-2 约翰·冯·诺依曼

2. 电子计算机的诞生

正如许多新技术的产生一样,计算机的诞生也与战争需要有密切联系。1943年,第二次世界大战正如火如荼,美国陆军军械部阿伯丁弹道研究实验室承担了繁重的鱼雷、炮弹轨迹计算任务。当时,该实验室负责为陆军炮兵部队提供火力表。这项任务非常困难和紧迫,因为每张表都要计算几百条弹道。从战争一开始,阿伯丁实验室就不断地对微分分析仪进行技术上的改进,同时聘用了二百多名计算员,日夜加班。即使这样,一张火力表也往往要算上二三个月,且还不能保证计算完全无误。浩瀚的数据海洋埋没了大批才华横溢的工程师,他们迫切需要强有力的计算工具。

经过多次论证,1943年6月5日,宾夕法尼亚大学莫尔学院电工系与美国陆军军械部正式签订合同,研制用于分析弹道轨迹的计算机。研究工作进行了两年半,1945年底,人类一项伟大的发明——使用电子管制造的通用电子数字计算机诞生了。1946年2月15日在美国正式举行了揭幕典礼,这台计算机的名称为ENIAC(埃尼阿克)(如图1-3所示),译成中文是"电子数字积分计算机"。它的诞生标志着人类进入了计算机时代。

3. 现代计算机的产生与发展

19世纪末,电子学的发展和电子科学技术的兴起,特别是20世纪以来半导体技术和自

图 1-3 ENIAC 电子计算机

动控制技术的迅速发展,打开了人类通向电子计算机的大门。自第一台电子计算机诞生以来,计算机更新换代的显著特点是体积缩小、速度提高、功能增强、功耗减少、成本降低,为计算机的普及奠定了基础。多媒体计算机的诞生,使文字、图形、图像、声音、视频等各种形式的信息都可以由计算机进行处理、展示,从而使计算机迅速应用到社会生活的各个领域,成为人们处理信息不可缺少的重要工具。

电子计算机的发展阶段通常以构成计算机的电子元器件来划分,至今已经历了四代,目前正在向第五代过渡。

(1)第一代,电子管计算机(1946 年至 1957 年)

ENIAC 是一台电子数字积分计算机。这台计算机是个庞然大物,共用了 18000 个电子管、1500 个继电器,重达 30 吨,占地 170 平方米,每小时耗电 140 千瓦,计算速度为每秒 5000 次加法运算。尽管它的功能远不如今天的计算机,但 ENIAC 作为计算机大家族的鼻祖,开辟了人类科学技术领域的先河,使信息处理技术进入了一个崭新的时代。其主要特征如下:

①电子管元件,体积庞大、耗电量高、可靠性差、维护困难;
②运算速度慢,一般为每秒 1 千次到 1 万次;
③使用机器语言,没有系统软件;
④采用磁鼓、小磁芯作为存储器,存储空间有限;
⑤输入/输出设备简单,采用穿孔纸带或卡片;
⑥主要用于科学计算。

(2)第二代,晶体管计算机(1958 年至 1964 年)

晶体管的发明给计算机技术带来了革命性的变化。第二代计算机采用的主要元件是晶体管,称为晶体管计算机。计算机软件也有了较大发展,采用了监控程序,这是操作系统的雏形。第二代计算机有如下特征:

①采用晶体管元件作为计算机的主要功能器件,体积大大缩小,可靠性增强,寿命延长;
②运算速度加快,达到每秒几万次到几十万次;
③提出了操作系统的概念,开始出现了汇编语言,产生了如 FORTRAN 和 COBOL 等高级程序设计语言和批处理系统;
④普遍采用磁芯作为内存储器,磁盘、磁带作为外存储器,容量大大提高;
⑤计算机应用领域扩大,从军事研究、科学计算扩大到数据处理和实时过程控制等领域,并开始进入商业市场。

(3)第三代,中小规模集成电路计算机(1965 年至 1969 年)

20 世纪 60 年代中期,随着半导体工艺的发展,已经能够制造出集成电路元件。集成电路可在几平方毫米的单晶硅片上集成十几个甚至上百个电子元件。计算机开始采用中小规模的集成电路元件,这一代计算机比晶体管计算机体积更小,耗电更少,功能更强,寿命更长,综合性能也得到了进一步提高。其具有如下主要特征:

①采用中小规模集成电路元件,体积进一步缩小,寿命更长;
②内存储器使用半导体存储器,性能优越,运算速度加快,每秒可达几百万次;
③外围设备开始出现多样化;
④高级语言进一步发展,操作系统的出现,使计算机功能更强,提出了结构化程序的设计思想;
⑤计算机应用范围扩大到企业管理和辅助设计等领域。

(4)第四代,大规模集成电路计算机(1970 年至今)

随着 20 世纪 70 年代初集成电路制造技术的飞速发展,出现了大规模集成电路元件,使计算机进入了一个新的时代,即大规模和超大规模集成电路计算机时代。这一时期计算机的体积、重量、功耗进一步减小,运算速度、存储容量、可靠性有了大幅度的提高。其主要特征如下:

①采用大规模和超大规模集成电路逻辑元件,体积与第三代相比进一步缩小,可靠性更高,寿命更长;
②运算速度加快,每秒可达几千万次到几十亿次;
③系统软件和应用软件获得了巨大的发展,软件配置丰富,程序设计部分实现自动化;
④计算机网络技术、多媒体技术、分布式处理技术有了很大发展,微型计算机大量进入家庭,产品更新速度加快;
⑤计算机在办公自动化、数据库管理、图像处理、语言识别和专家系统等各个领域得到应用,电子商务已开始进入家庭,计算机的发展进入到了一个新的历史时期。

4.中国计算机的发展

在商朝时期,我国就创造了十进制计数法,领先于世界千余年。到了周朝,我国发明了当时最先进的计算工具——算筹。接着,我国又在算筹的基础上发明了算盘,至今仍在使用。后来还发明了自动计数装置——记里鼓车。

我国电子计算机的研制工作起步较晚,但发展很快。从 1953 年 1 月我国成立第一个电子计算机科研小组到今天,我国计算机科研人员已走过了六十多年艰苦奋斗、开拓进取的历程。从国外封锁条件下的仿制、跟踪、自主研制到改革开放形势下的同台竞争,从面向国防建设、为"两弹一星"做贡献到面向市场为产业化提供技术源泉,科研工作者为国家做出了不可磨灭的贡献,树立了一个又一个永载史册的里程碑。

华罗庚教授(如图1-4所示)是我国计算技术的奠基人和最主要的开拓者之一。华罗庚教授在全国大学院系调整时从清华大学电机系物色了闵乃大、夏培肃和王传英三位科研人员在他任所长的中国科学院数学所内建立了中国第一个电子计算机科研小组,任务就是要设计和制造中国自己的电子计算机。

我国在研制第一代电子管计算机的同时,已开始研制晶体管计算机。20世纪60年代到70年代末在我国是一个特定的历史时期,西方大国对我国实行封锁,中苏关系恶化,迫使我国的主要科研活动多以国防和军工产品的研制开发为主,终于在1964年末用国产半导体元器件研制成功了我国第一台晶体管通用电子计算机:441B/Ⅰ。1970年初,441B/Ⅲ型计

图1-4　华罗庚教授

算机问世,这是我国第一台具有分时操作系统和汇编语言、FORTRAN语言及标准程序库的计算机。

1965年,中国开始了第三代计算机的研制工作。1969年为了支持石油勘探事业,北京大学承接了研制百万次集成电路数字电子计算机的任务,称为"150机"。

1977年4月,安徽无线电厂、清华大学和原电子工业部第六研究所联合研制成功我国第一台微型计算机DJS-050。从此揭开了中国微型计算机的发展历史。

1984年,时任原国家计算机工业总局副局长王之,委派卢明等一批青年技术专家进行科技攻关,在原电子工业部第六研究所、738厂、中国计算机服务公司的共同支持下开发出了与IBM PC兼容的"长城0520CH"微型计算机,并由13家工厂生产,首次产量突破万台,标志着中国微型计算机事业从科研迈入了产业化的进程,是中国计算机产业跨入市场的第一步。这台电脑不仅是我国第一台商品化个人电脑而且还催生了一个新兴的电脑产业,中国微机产业的高速发展从此开始。1984年,中国电脑的发源地,中国科学院计算技术研究所投资创办了一家计算机公司,这就是后来更名为"联想"的企业集团。

1993年曙光一号全对称共享存储多处理机研制成功,这是国内首次以基于超大规模集成电路的通用微处理器芯片和标准UNIX操作系统设计开发的并行计算机,并推向了市场。曙光一号并行机的创新实践探索了一条在改革开放背景下研制高性能计算机的路子。

综观四十多年来我国高性能通用计算机的研制历程,从441B/Ⅰ到曙光机,走过了一段不平凡的历程。近年来,我国的研制水平与国外的差距正在逐步缩小。

在计算机研制方面我国与发达国家的差距主要不是推出同类型机器比国外晚几年,而是在于以下两点:

①原始创新少,我们推出的计算机绝大多数都是针对国外已有机器做一些改进,几乎还没有一种被用户广泛接受的体系结构是由我们自己创新发展出来的。

②研制成果的商品化、产业化落后于发达国家。除了微机取得了令人自豪的产业化业绩外(但自主知识产权依然不多),工作站以上的高性能计算机的产业化道路还在摸索之中。

◎ 任务实施

按照计算机的主要构成器件将计算机的发展历史划分为四个主要阶段,下面我们用表格的形式把计算机的发展历史阶段归纳总结出来。如表1-1所示。

表1-1 计算机发展历史表

代别	起止年份	逻辑元件	图片	应用领域
第一代	1946年至1957年	电子管		科学计算
第二代	1958年至1964年	晶体管		科学计算、数据处理、事务处理
第三代	1965年至1969年	中/小规模集成电路	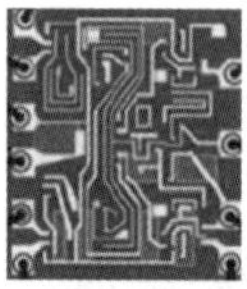	实现标准化、系列化,应用于各个领域
第四代	1970年至今	超大规模集成电路	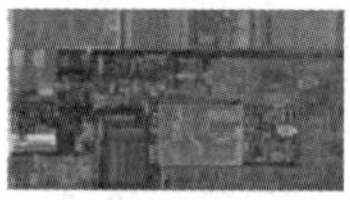	广泛应用于所有领域

列举出我国超级计算机的发展历史,如表1-2所示。

表1-2 中国超级计算机谱系表

计算机名称	研制成功时间	运行速度
银河-Ⅰ	1983年	每秒1亿次
银河-Ⅱ	1994年	每秒10亿次
银河-Ⅲ	1997年	每秒130亿次
银河-Ⅳ	2000年	每秒1万亿次
天河一号	2009年	每秒1206万亿次
曙光一号	1993年	每秒6.4亿次
曙光-5000A	2008年	每秒230万亿次
曙光-星云	2010年	每秒1271万亿次
神威-Ⅰ	1999年	每秒3840亿次
神威3000A	2007年	每秒18万亿次
深腾1800	2002年	每秒1万亿次

续表

计算机名称	研制成功时间	运行速度
深腾 6800	2003 年	每秒 5.3 万亿次
深腾 7000	2008 年	每秒 106.5 万亿次
天河二号	2014 年	每秒 5.49 亿亿次

任务二 计算机的特点与分类

◎ 任务描述

由于计算机的发展速度较快,随着时间的推移,分类的界线一直在不停地调整。那么从理解计算机的角度来看,计算机可以分为哪几大类呢?计算机跟普通的机器设备相比又有哪些特点?

◎ 任务分析

日常生活中我们会接触到很多的计算机产品,我们应该了解一下计算机的分类并熟悉计算机的特点。

◎ 知识链接

1.计算机的分类

(1)按处理的对象分类

电子计算机按处理的对象分可分为电子模拟计算机、电子数字计算机和混合计算机。电子模拟计算机所处理的电信号在时间上是连续的(称为模拟量),采用的是模拟技术。

电子数字计算机所处理的电信号在时间上是离散的(称为数字量),采用的是数字技术。计算机将信息数字化之后具有易保存、易表示、易计算、方便硬件实现等优点,所以数字计算机已成为信息处理的主流。通常所说的计算机都是指电子数字计算机。混合计算机是将数字技术和模拟技术相结合的计算机。

(2)按性能规模分类

按性能规模可分为巨型机、大型机、中型机、小型机、微型机和工作站。

①巨型机。20 世纪 80 年代,巨型机的标准为运算速度每秒 1 亿次以上、字长达 64 位、主存储容量为 4 兆至 16 兆字节的计算机。研究巨型机是现代科学技术尤其是国防尖端技术发展的需要。巨型机的特点是运算速度快、存储容量大。目前世界上只有少数几个国家能生产巨型机。我国自主研发的银河Ⅰ型、银河Ⅱ型、银河Ⅲ型、银河Ⅳ型、曙光 1000、曙光 2000、曙光 3000、曙光 4000、曙光 5000 等都是巨型机,主要用于核武器研发试验、空间技术、大范围天气预报、石油勘探等领域。

②大型机。20 世纪 80 年代,大型机的标准为运算速度每秒 100 至 1000 万次、字长为 32 到 64 位、主存储容量为 0.5 至 8 兆字节的计算机。大型机的特点表现在通用性强、具有很强的综合处理能力、性能覆盖面广等,主要应用在公司、银行、政府部门、社会管理机构和制造厂家等,通常人们称大型机为企业计算机。大型机在未来将被赋予更多的使命,如大型

事务处理、企业内部的信息管理与安全保护、科学计算等。

③中型机。中型机是介于大型机和小型机之间的一种机型。

④小型机。小型机规模小，结构简单，设计周期短，便于及时采用先进工艺。这类机器可靠性高，对运行环境要求低，易于操作且便于维护。小型机为中小型企事业单位所常用。具有规模较小、成本低、维护方便等优点。

⑤微型计算机。微型机又称个人计算机(Personal Computer,PC)，简称微机，它是日常生活中使用最多、最普遍的计算机，具有价格低廉、性能强、体积小、功耗低等特点。现在微型计算机已进入到了千家万户，成为人们工作、生活的重要工具。我们学校和家庭使用的计算机都属于微型计算机。

⑥工作站。工作站是一种高级微机系统。它具有较高的运算速度，具有大型机的多任务、多用户功能，且兼具微型机的操作便利和良好的人机界面。它可以连接到多种输入/输出设备，具有易于联网、处理功能强等特点。其应用领域也已从最初的计算机辅助设计扩展到商业、金融、办公领域，并充当网络服务器的角色。

(3) 按功能和用途分类

按功能和用途可分为通用计算机和专用计算机。

通用计算机具有功能强、兼容性强、应用面广、操作方便等优点，日常生活中使用的计算机都是通用计算机。

专用计算机一般功能单一，操作复杂，用于完成特定的工作任务。

2. 计算机的特点

计算机作为一种信息处理工具，具有运算速度快，存储能力强，计算精确的特点和具备逻辑判断能力，其主要特点如下：

(1) 运算速度快

运算速度是体现计算机性能的重要指标之一，衡量计算机处理速度的标准一般是看计算机一秒钟所能执行加法运算的次数。当今计算机系统的运算速度已达到每秒万亿次，使大量复杂的科学计算问题得以解决。例如，人工花了15年的时间计算出的圆周率的值到小数点后707位，用现代计算机不到1小时就完成了。随着新技术的不断更新，计算机的运算速度还在不断地提高。

(2) 计算精确度高

由于计算机采用二进制数字表示数据，精度主要取决于表示数据的位数。

(3) 具有记忆能力

计算机具有存储"信息"的存储装置，可以存储大量的数据，当需要时，又能准确无误地取出来。计算机这种存储信息的"记忆"能力，使它能成为重要的信息处理工具。

(4) 具有自动控制能力

计算机具有存储控制程序的功能。当用户需要时，只要按照事先设计好的控制程序步骤操作，无需人工干预。

(5) 可靠性高

随着微电子技术和计算机技术的发展，现代电子计算机连续无故障运行时间可达到几十万小时以上，具有极高的可靠性。例如，安装在航天飞机上的计算机可以连续几年可靠地运行。计算机应用在管理中也具有很高的可靠性,而人却很容易因疲劳而出错。另外,计算机对于不同的问题,只是执行的程序不同,因而具有很强的稳定性和通用性。用同一台计算机能解决各种问题,应用于不同的领域。

◎任务实施

以表格方式列出计算机按规模分类统计,如表1-3所示。

表1-3 计算机按规模分类

计算机名称	图片	性能规模
天河-Ⅱ		巨型机
IBM-ZR1		大型机
笔记本电脑		微型机

任务三 计算机的应用领域

◎任务描述

计算机种类繁多,其应用已渗透到社会发展的各个领域,帮助人们提高工作、学习和生活效率,积极推动社会发展。那么现代计算机主要有哪些应用领域呢?

◎任务分析

了解计算机在人们工作、学习和生活中的各种应用,以便直观真实地了解计算机,使之更好地服务于大众,服务于社会。

◎知识链接

1. 数值计算与分析

数值计算与分析也称数值计算,是指用计算机完成科学研究和工程技术中所提出的数学问题。科学计算是计算机产生的最原始的动力。计算机可用于完成科学研究和工程设计中大量复杂的数值计算。如卫星轨道、天气预报、地质勘探等重大的计算工作。所以,计算机是发展现代尖端科学技术必不可少的重要工具。

2. 数据处理(信息处理)

信息处理是对原始数据进行收集、整理、合并、选择、存储、输出等加工的过程。所谓信息是指可被人类感受的声音、图像、文字、符号、语言等。数据处理还可以在计算机上完成那些非科技工程方面的计算，管理和操作任何形式的数据资料。其特点是要处理的原始数据量大，而运算比较简单，有大量的逻辑与判断运算。

据统计，目前在计算机应用中，数据处理所占的比重最大。其应用领域十分广泛，如人口统计、办公自动化、企业管理、邮政业务、机票订购、情报检索、图书管理、医疗诊断等。

3. 计算机辅助系统

计算机辅助系统能够帮助人们完成各种任务。主要有以下三个方面：

①计算机辅助设计（Computer Aided Design，CAD）是指借助计算机的帮助，人们可以方便、快捷地完成各类工程设计工作。目前 CAD 技术已应用于飞机设计、船舶设计、建筑设计等方面。

②计算机辅助制造（Computer Aided Manufacturing，CAM）。利用计算机直接控制零件加工，实现图纸加工。

③计算机辅助教学（Computer Aided Instruction，CAI）。利用计算机辅助完成教学计划或模拟某个实验过程。计算机可按不同要求，分别提供所需教材内容，还可以进行个别教学，及时指出该学生在学习中出现的错误，根据计算机对该生的测试成绩决定该生的学习能否进入下一个阶段。

4. 自动控制

自动控制是指通过计算机对操作数据进行实时采集、检测和处理，不需要人工干预，就能按预定的目标和预定的状态进行过程控制。使用计算机进行自动控制可大大提高控制的实时性和准确性，提高工作效率、产品质量，降低成本，缩短生产周期。

5. 人工智能（AI）

人工智能（Artificial Intelligence，AI）是指计算机模拟人类某些智力行为的理论、技术和应用。

①模式识别。例如，使计算机能根据上下文和人类已有知识，分析判断某一句话的确切含义，理解人类的自然语言。

②机器人。机器人是人工智能最前沿的领域，可分为工业机器人和智能机器人两种。前者可以代替人进行危险作业（如高空作业，井下作业等），后者具有某些智能，能根据不同情况进行不同的动作（如给病人送药，门卫值班等）。目前，人工智能前景十分诱人。

6. 多媒体技术应用及计算机网络

随着电子技术特别是通信和计算机技术的发展，人们已经有能力把文本、音频、动画、图形和图像等各种媒体综合起来，构成一种全新的概念——"多媒体"（Multimedia）。在医疗、教育、娱乐、保险、行政管理、军事、工业等领域中，多媒体的应用发展很快。

随着网络技术的发展，网络应用已经成为重要的新技术领域。计算机的应用进一步深入社会的各行各业，通过高速信息网络实现数据与信息的查询、高速通信服务（电子邮件、电视电话会议等）、网络教育、网络购物、远程医疗、交通信息管理等。计算机网络正在改变着人类的生产和生活方式。

◎ 任务实施

1. 举例说出我们日常工作、生活和学习中计算机的各种应用领域。如表1-4所示。

表1-4 计算机应用领域

应用案例	应用领域
建筑设计中为了确定构件尺寸,通过弹性力学导出一系列复杂方程,长期以来由于计算方法跟不上而一直无法求解。而计算机不但能求解这类方程,并且引发弹性理论研究的一次突破,出现了有限单元法	科学计算
为教师上课制作的各种多媒体交互课件	计算机辅助
郑州龙子湖智慧岛的宇通无人驾驶公交车"小宇"	人工智能

任务四　计算机的发展趋势

◎ 任务描述

基于集成电路的计算机短期内还不会退出历史舞台。但科学家们正在加紧研发新一代的计算机,现代计算机有怎样的发展趋势呢?

◎ 任务分析

了解未来计算机主要突破的方向,未来计算机将朝着巨型化、微型化、网络化和智能化的方向发展。

◎ 知识链接

1. 未来计算机的突破

(1) 主要元件

IBM公司宣布,他们的科学家已经制造出世界上最小的计算机逻辑电路,也就是一个由单分子碳组成的双晶体管元件,这一成果将使未来的电脑芯片变得更小、传输速度更快、耗电量更少。构成这个双晶体管的材料是碳纳米管,一个比头发还细的中空管体。碳纳米管是自然界中最坚硬的物质之一,比钢还要坚硬;而且它还是非常好的半导体材料,IBM的科学家认为将来它最有可能取代硅,成为制造电脑芯片的主要材料。

(2) 运算速度

根据美国专家表示,新一代的超级电脑每秒浮点运算次数可达1000万亿次,大约是位于美国加州劳伦斯利弗莫尔国家实验室中的"蓝基因/L"电脑运算速度的2倍。这种千兆级超级电脑的超强运算能力很可能加速各种科学研究的发展,促成科学重大新发现。千兆级电脑的运算能力相当于一万台个人电脑的总和,在普通个人电脑上需要几十年甚至上百年时间才能完成的运算,在现今的超级电脑上大概只需5小时就能完成,若使用千兆级电脑则仅需2小时。

(3) 体积大小

鳍式场效应晶体管(Fin Field-Effect Transistor)是一种新型互补式金属氧化物半导体(CMOS)晶体管,其长度小于25纳米,未来可以进一步缩小到9纳米。这大约是人类头发直径的一万分之一。未来的晶片设计师有望将超级电脑设计成只有指甲大小。

(4) 能源消耗

随着电脑技术的飞速发展，多核芯片的迅速普及，电脑的功耗成倍增长，而在有限的能源下如何去降低功耗成为了目前越来越多的用户关注的问题，所以目前，新标准要想获得更多用户的认可必须要从低功耗方面发展。全球的 PC 数量每年都在飞速增长。每年 PC 的耗电量也是相当惊人的，即使是每台 PC 降低 1W 的能耗，其省电总量都是非常可观的。

2. 未来计算机的展望

第五代计算机指具有人工智能的新一代计算机，它具有推理、联想、判断、决策、学习等功能。第六代计算机是以仿生学为基础研制的神经元计算机和生物计算机。同时未来计算机主要朝着巨型化、微型化、网络化、智能化、多媒体化以及移动化的方向发展。

◎ 任务实施

了解如图 1-5 所示的新型计算机的特征。

 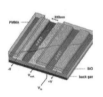   

激光计算机　　分子计算机　　量子计算机　　DNA 计算机　　生物计算机

图 1-5　新型计算机

(1) 激光计算机

激光计算机是使用光传递信息代替电传递从而达到比普通计算机更快的传输速度的计算机，于 1990 年 1 月 29 日由美国贝尔实验室研制成功，具有输送和处理信息快的特点。

(2) 分子计算机

分子计算机就是利用分子计算的能力进行信息的处理，凭借着分子纳米级的尺寸，分子计算机的体积将剧减。同时分子计算机的能耗将大大减少，还能更长期地存储大量数据。

(3) 量子计算机

量子计算机(Quantum Computer)是一类遵循量子力学规律进行高速数学和逻辑运算、存储及处理量子信息的物理装置。

(4) DNA 计算机

DNA 计算机是一种生物形式的计算机。它是利用 DNA(脱氧核糖核酸)建立的一种完整的信息技术形式，以编码的 DNA 序列(通常意义上的计算机内存)为运算对象，通过分子生物学的运算操作来解决复杂的数学难题。

(5) 生物计算机

生物计算机也称仿生计算机，主要原材料是生物工程技术产生的蛋白质分子，并以此作为生物芯片来替代半导体硅片，利用有机化合物存储数据。

任务五 掌握计算机系统的组成及工作原理

◎任务描述

计算机可以为我们做各种各样的事情,现在我们的工作、学习和生活都离不开计算机。那计算机是如何工作的呢?完整的计算机系统又有哪些组成部分呢?

◎任务分析

通过对计算机系统的学习,掌握计算机系统的硬件和软件组成,了解计算机的工作原理。

◎知识链接

1.计算机系统的概念

计算机系统由硬件系统和软件系统两部分组成。硬件系统是指计算机的硬件,包括CPU、主板、内存、显示器、硬盘、鼠标和键盘;软件系统是指运行于硬件系统之上的计算机程序和数据,通过对硬件设备进行控制和操作来实现一定的功能。软件系统的运行需要建立在硬件系统都正常工作的前提下。

2.计算机硬件基本结构

自从第一台计算机诞生,计算机的基本结构就没有发生任何改变,都基于同一个原理:存储和程序控制,这种设计思想是来源于冯·诺依曼思想。计算机的硬件基本结构是由运算器、控制器、存储器、输入设备和输出设备五大部分组成。如图1-6所示。

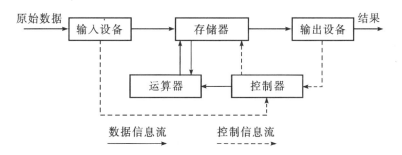

图1-6 计算机硬件系统的组成

在计算机内部,基本上有两种信息在流动:一种是数据信息,另一种是控制信息。人们把表示计算步骤的程序和计算中需要的原始数据,在控制器输入命令的作用下,通过输入设备送入计算机的内存储器;当计算开始时,在读取命令的作用下把程序指令逐条送入控制器;控制器向内存储器和运算器发出存数、取数的命令和运算命令,经过运算器运算并把计算结果存放在存储器中;在控制器和输出命令的作用下,通过输出设备输出计算结果。

3.微型计算机硬件系统

(1)中央处理器(CPU)

中央处理器(Central Processing Unit,CPU),中央处理器是把计算机的运算器和控制器集中在一块芯片上。目前市面上的民用CPU主要由Intel和AMD两家公司生产。

下面介绍CPU各部分的基本功能。

①运算器。运算器又称算术逻辑单元(Arithmetic Login Unit,ALU),是计算机组成中的一个重要部分,是对数据进行加工处理的部件,它的主要功能是对二进制数据进行加、减、乘、除等算术运算以及与、或、非等基本逻辑运算,实现逻辑判断。

②控制器。控制器是整个计算机的指挥中心,主要由指令、寄存器、译码器、程序计数器和操作控制器等组成,它是用来控制计算机各部件协调工作,并使整个处理过程有条不紊地进行。

(2)存储器

存储器作用是存储程序和数据。根据工作特性,通常把存储器分为内存储器(简称内存)和外存储器(简称外存)两大类。

①内存储器。内存储器可以分为两大类,随机存储器(Random Access Memory,RAM)和只读存储器(Read Only Memory,ROM)。

RAM可随时进行读写操作。RAM中主要用来存放用户程序和数据等信息,当计算机断电后,RAM中的信息就会丢失。

ROM中的信息只能读而不能写,ROM中主要用来存放一些固定的程序和数据,当计算机断电后ROM中的信息不会丢失。

内存的特点是工作速度快,但由于价格因素,一般计算机中配置的容量较小。目前计算机内存有1GB、4GB、8GB甚至更多。

随着CPU工作频率的不断提高,RAM的读写速度相对较慢,为解决内存速度与CPU的不匹配,从而影响系统运行速度的问题,在CPU与内存之间设计了一个容量较小(相对主存)但速度较快的高速缓冲存储器(缓存)。CPU访问指令和数据时,先访问缓存,如果目标内容已在缓存中,则CPU直接从缓存中读取,否则CPU就从主存中读取,同时将读取的内容存于缓存中。缓存可看成是主存与CPU间的一组高速暂存存储器,可以使微机的性能大幅度提高。随着CPU的速度越来越快,系统主存越来越大,缓存的存储容量也由128KB、256KB扩大到现在的512KB到2MB。缓存的容量并不是越大越好,过大的缓存会降低CPU在缓存中查找数据的效率。

②外存储器。外存储器作为计算机中的一种辅助存储器是不可缺少的。它是一种可读写的永久存储器,可以长期保存数据。内存中的数据在关机前需要存入外存储器,在下次开机时需从外存中将数据再读入到内存中,这样就不会因停电或关机而造成数据丢失。

外存的特点是容量大,现在大部分都在1TB以上,但是其缺点是工作速度较慢。

③存储器的容量。表示存储容量的基本单位有:位(bit)、字节(byte)。把存储一个二进制数(0或1)的空间称为位。位是最小的存储单位。把8个位称为一个字节,即一个字节等于8位。字节是存储的基本单位。

存储器的容量是用字节数来表示的。为表示较大的存储器容量,又可以用千字节(KB)、兆字节(MB)、吉字节(GB)来表示存储器的容量,它们与字节之间的关系如下:

1KB=1024B

1MB=1024KB

1GB=1024MB

(3)输入设备

输入设备是用来将计算机所需的数据,如文字、图形、声音等转变成计算机能识别和接受的信息形式。常用的输入设备有:键盘、鼠标、数码相机、扫描仪、话筒等。

(4)输出设备

输出设备是把计算机处理的结果按一定的形式输出显示、打印、声音等。常用的输出设备有:显示器、打印机、音箱等。

(5)总线与设备

计算机硬件由上述五大部分组成,而这几部分之间采用总线相连。总线是计算机内的公共信息通道,各部分共同使用它传送数据、指令及控制信息等。

4.计算机软件系统的概念

软件是计算机除了硬件外的重要组成部分,如果没有软件,计算机是无法正常工作的。通常把刚买回来的计算机称为裸机或硬件计算机。计算机的软件按其功能可分为两类:系统软件和应用软件。

5.系统软件和应用软件

(1)系统软件

系统软件是指管理、控制和维护计算机及外部设备、提供用户与计算机之间操作界面等方面的软件。它一般包括操作系统、语言编译程序和数据管理系统等。

①操作系统。操作系统是系统软件的重要组成部分,它负责管理计算机系统的软硬件资源,调度用户作业程序和处理各种中断,从而保证计算机各部分协调有效工作。

②语言编译程序。人和计算机交流信息使用的语言称为计算机语言或程序设计语言。计算机语言通常分为机器语言、汇编语言和高级语言三类。

(2)应用软件

应用软件是为解决实际应用问题而开发的软件。它包括广泛使用的各类应用程序和面向实际问题的各种程序。如文字处理软件、辅助设计软件、信息管理软件等。

①文字处理软件。文字处理软件主要用于用户对输入到计算机的文字进行编辑并能将输入的文字以多种字号、字体及格式打印输出。目前常用的文字处理软件有 Microsoft Word 2010、WPS 2016 等。

②辅助设计软件。辅助设计软件用于高效地绘制、修改工程图纸,进行设计中的常规计算。目前常用的有 AutoCAD 等。

6.计算机系统的工作原理

计算机的基本原理是存储程序和程序控制。预先要把指挥计算机如何进行操作的指令序列(称为程序)和原始数据通过输入设备输送到计算机内存储器中。每一条指令中明确规定了计算机从哪个地址取数,进行什么操作,然后送到什么地址去等步骤。

(1)基本原理

计算机在运行时,先从内存中取出第一条指令,通过控制器的译码,按指令的要求,从存储器中取出数据进行指定的运算和逻辑操作等加工任务,然后再按地址把结果送到内存中去。接下来,再取出第二条指令,在控制器的指挥下完成规定操作。依此进行下去,直至遇到停止指令。

程序与数据一样,按程序编排的顺序,一步一步地取出指令,自动地完成指令规定的操作是计算机最基本的工作原理。这一原理最初是由美籍匈牙利数学家冯·诺依曼于1945年提出,故称为冯·诺依曼原理。

(2)系统架构

计算机系统由硬件系统和软件系统两大部分组成。这一结构又称冯·诺依曼结构,其特点:

①使用单一的处理部件来完成计算、存储以及通信的工作;

②存储单元是定长的线性组织;

③存储空间的单元是直接寻址的;

④使用低级机器语言,指令通过操作码来完成简单的操作;

⑤对计算进行集中的顺序控制;

⑥计算机硬件系统由运算器、存储器、控制器、输入设备、输出设备五大部分组成并规定了它们的基本功能;

⑦采用二进制形式表示数据和指令;

⑧在执行程序和处理数据时必须将程序和数据从外存储器装入内存储器中,然后才能使计算机在工作时能够自动地从存储器中取出指令并加以执行。

(3)指令

人们预定的安排是通过一连串指令(操作者的命令)来表达的,这个指令序列就称为程序。一个指令规定计算机执行一个基本操作。一个程序规定计算机完成一个完整的任务。一种计算机所能识别的一组不同指令的集合,被称为该种计算机的指令集合或指令系统。在微型机的指令系统中,主要使用了单地址和二地址指令,其中,第1个字节是操作码,规定计算机要执行的基本操作,第2个字节是操作数。计算机指令包括以下类型:数据处理指令(加、减、乘、除等)、数据传送指令、程序控制指令、状态管理指令,整个内存被分成若干个存储单元,每个存储单元一般可存放8位二进制数(字节编址)。每个单元可以存放数据或程序代码,为了能有效地存取该单元内存储的内容,每个单元都给出了一个唯一的编号来标识,即地址。

按照冯·诺依曼存储程序的原理,计算机在执行程序时须先将要执行的相关程序和数据放入内存储器中,在执行程序时CPU根据当前程序指针寄存器的内容取出指令并执行指令,然后再取出下一条指令并执行,如此循环下去直到程序结束指令时才停止执行。其工作过程就是不断地取指令和执行指令的过程,最后将计算的结果放入指令指定的存储器地址中。

◎任务实施

绘制如图1-7所示的计算机系统组成结构图。

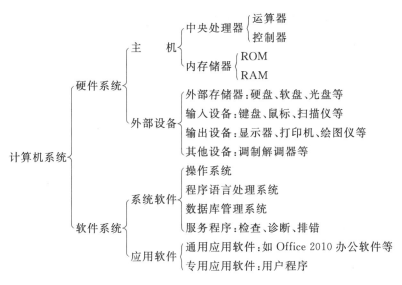

图1-7 计算机系统组成结构图

项目二 计算机中信息的表示

信息在计算机中大致分为控制信息和数据信息,控制信息是计算机系统内部运转用到的控制命令,数据信息指计算机运算、存储、传输、采集、输出的各种数据。本项目主要讲解计算机如何表示、存储及处理这些信息。并掌握计算机中数据的相关运算法则。

任务一 计算机中数制的表示

◎任务描述

日常生活中大家都是用0到9十个数字来表达和进行相关的算术运算的,我们称之为十进制。但在计算机的世界中数字的存储与运算是基于二进制的,那二进制的数据又是如何进行相关运算的呢?二进制与十进制之间又能否相互转换呢?

◎任务分析

依照"冯氏原理",计算机中所有的信息都是采用二进制数来表示的。掌握计算机中二进制数的表示和运算方法,掌握信息在计算机存储的结构。

◎知识链接

1. 数制

用户在用计算机解决实际问题时输入和输出使用的是十进制数,而计算机内部采用二进制数。但是在计算机应用中又常常需要使用到十六进制或者八进制的数,因为二进制数与十六进制数和八进制数正好有倍数关系,如 $2^3=8, 2^4=16$,所以便于在计算机应用中对值

较大的数据进行表示。在计算机中,二进制虽不符合人们的日常习惯,但在计算机系统中采用二进制的主要原因有如下四点:

第一,电路简单,用二进制 0、1 表示逻辑电路的通、断,通过这两个状态对应电平的高与低,电路实现起来简单;

第二,工作可靠,在计算机中,用两个状态代表两个数据,数据传输和处理方便、简单、不容易出错,因而电路更加可靠;

第三,简化运算;

第四,逻辑性强,两个数值正好代表逻辑代数中的"真"与"假"。

(1)十进制数

日常生活中,人们习惯用十进制来计数。十进制数按"逢十进一"的原则进行计数,即当低位满 10 时向高位进 1。对于任意一个十进制数,可用小数点把数分成整数部分和小数部分。

十进制数的特点:有 10 个数字字符 0、1、2、3、4、5、6、7、8、9;在数的表示中,每个数字都要乘以 10 的幂次,十进制数基数即为 10。例如十进制的数"124.58"可以表示为:

$$(124.58)_{10}=1\times10^2+2\times10^1+4\times10^0+5\times10^{-1}+8\times10^{-2}$$

(2)二进制数

按照"逢二进一"的原则计数,就是二进制数。二进制数基数为 2,只有 0 和 1 两个数字符号。在数值的表示中,都要乘以基数 2 的幂次。例如二进制数"1011.11"可以表示为:

$$(1011.11)_2=1\times2^3+0\times2^2+1\times2^1+1\times2^0+1\times2^{-1}+1\times2^{-2}$$

(3)八进制数

八进制数有 8 个符号,八进制数基数是 8,分别用 8 个符号来计数,即 0、1、2、3、4、5、6、7,计数时"逢八进一"。例如八进制数"457"可以表示为:

$$(457)_8=4\times8^2+5\times8^1+7\times8^0$$

(4)十六进制数

十六进制数有 16 个符号,十六进制数基数是 16,分别用符号 0、1、2、3、4、5、6、7、8、9、A、B、C、D、E、F 表示,其中 A、B、C、D、E、F 这 5 个字符表示的是 10、11、12、13、14、15 这 6 个数。计数时"逢十六进一"。例如十六进制的数"5A3F"表示为:

$$(5A3F)_{16}=5\times16^3+10\times16^2+3\times16^1+15\times16^0$$

2. 不同数制之间的转换

(1)二进制与十进制之间的转换

二进制数转换成十进制数,只要分别将个位乘以 2^0,十位乘以 2^1,依此类推,乘到最后一位,小数点后第一位乘以 2^{-1},……依此类推,最后将各项相加,得到十进制数。

把二进制数转换成十进制数的法则如下:

$$(b_nb_{n-1}\cdots b_1b_0)_2=b_n\times2^n+b_{n-1}\times2^{n-1}+\cdots+b_1\times2^1+b_0\times2^0$$

(2)十进制与二进制的转换

在进行十进制向二进制的转换时,常常把整数部分和小数部分分别进行转换,然后将两部分连接起来就可以了。

①整数部分转换采用"除余法"。将被转换的十进制数连除 2,直到商为 0,每次相除所

得的余数按相反的次序排列起来就是对应的二进制数。即第一次除2所得的余数在整数的最低位,最后一次相除所得的余数是最高位。

②小数部分采用"乘2取整法"。将被转换的十进制数连乘以2,每次相乘后所得的乘积的整数部分就是对应的二进制数。第一次乘积所得整数部分是二进制小数的最高位,以下依此类推,直到剩下的纯小数为零或达到所要求的精度为止。

(3)二进制与八进制、十六进制之间的转换

因为二进制数与八进制、十六进制数存在特定的关系,三位二进制数正好相当于一位八进制数,四位二进制数正好相当于一位十六进制数,所以它们之间的转换很容易实现。它们之间的转换关系如表1-5和表1-6所示。

表1-5 二进制与八进制之间转换表

二进制	000	001	010	011	100	101	110	111
八进制	0	1	2	3	4	5	6	7

表1-6 二进制与十六进制之间转换表

二进制	0000	0001	0010	0011	0100	0101	0110	0111
十六进制	0	1	2	3	4	5	6	7
二进制	1000	1001	1010	1011	1100	1101	1110	1111
十六进制	8	9	A	B	C	D	E	F

3.计算机中数据的表示

经过收集、整理和组织起来的数据,就能成为有用的信息。数据是指能够输入计算机并被计算机处理的数字、字母和符号的集合。在计算机内部,数据都是以二进制的形式存储和运算的。计算机数据的表示经常用到以下几个概念。

(1)位

二进制数据中的一个位(bit)简写为b,音译为比特,是计算机存储数据的最小单位。一个二进制位只能表示0或1两种状态,要表示更多的信息,就要把多个位组合成一个整体,一般以8位二进制数组成一个基本单位。

(2)字节

字节是计算机数据存储的最基本单位。字节(Byte)简写为B,规定一个字节为8位,即1B=8bit。每个字节由8个二进制位组成。一般情况下,一个ASCII码占用一个字节,一个汉字国际码占用两个字节。

(3)字

一个字通常由一个或若干个字节组成。字(Word)是计算机进行数据处理时,一次存取、加工和传送的数据长度。由于字长是计算机一次所能处理信息的实际位数,所以,它决定了计算机数据处理的速度,是衡量计算机性能的一个重要指标,字长越长,性能越好。

(4)数据单位之间的换算关系

1B=8bit,1KB=1024B,1MB=1024KB,1GB=1024MB。

计算机型号不同,其字长是不同的,常用的字长有8、16、32和64位。一般情况下,IBM

PC/XT 的字长为 8 位,80286 微机字长为 16 位,80386/80486 微机字长为 32 位,Pentium 系列微机字长为 64 位。

4. 二进制运算法则

①二进制加法的进位法则是"逢二进一",0+0=0,1+0=1,0+1=1,1+1=0(进位);

②二进制减法的进位法则是"借一为二",0-0=0,1-0=1,1-1=0,0-1=1(借位);

③二进制乘法规则,0×0=0,1×0=0,0×1=0,1×1=1;

④二进制除法即是乘法的逆运算,类似十进制除法。

◎ 任务实施

1. 将十进制数$(46.25)_{10}$转化成二进制数

①整数部分 46 采用除余法,如下所示步骤:

```
        余数
2 | 46
2 | 23  ……… 0
2 | 11  ……… 1
2 | 5   ……… 1
2 | 2   ……… 1
2 | 1   ……… 0
    0   ……… 1
```

所以$(46)_{10} = (101110)_2$

②小数部分 0.25 采用"乘 2 取整法",如下所示步骤:

```
              整数
    0.25
  ×    2
    0.50   ……… 0
  ×    2
    1.00   ……… 1
```

所以$(0.25)_{10} = (0.01)_2$

③整数部分的二进制数与小数部份的二进制数合并在一起就得到十进制数 46.25 的二进制数。

所以$(46.25)_{10} = (101110.01)_2$

2. 采用二/八进制转换表将二进制数 1101.01 转换为八进制数

①首先对二进制数整数部分按从右到左三位三位划分,不足三位的前面补 0;小数部分按从左到右三位三位划分,不足三位的后面补 0。则 1101.01 被划分为 001101.010

②再查阅表 1-5,找到对应数后转换如下:

```
 001  101 . 010
  /    /    /
  1    5 .  2
```

所以$(1101.01)_2=(15.2)_8$

3.采用二/十六进制转换表将二进制数 110100111010.011111 转换成十六进制数

①二进制数转换为十六进制数。将二进制数从小数点起,向左和向右每四位分为一组(不足四位的补0)。则二进制数被划分为 1101 0011 1010 . 0111 1100

②再查阅表1-6,找到对应数后转换如下:

```
  1101  0011  1010 . 0111  1100
   /     /     /     /      /
   D     3     A  .  7      C
```

所以$(110100111010.011111)_2=(D3A.7C)_{16}$

4.请计算$(1011)_2+(110)_2$

(1)首先按数字高低位对齐列好算式

```
      1011
  +    110
```

(2)按照二进制加法法则计算后得到

```
      1011
  +    110
     -----
     10001
```

所以$(1011)_2+(110)_2=(10001)_2$

任务二 计算机中的常用编码

◎任务描述

人类用文字、图表、数字表达记录着世界上各种各样的信息,便于人们用来处理和交流。现在可以把这些信息都输入到计算机中,由计算机来保存和处理。在计算机系统中,所有信息都是用电子元件的不同状态表示的,即以电信号表示,各种信息必须经过数字化编码后才能被传送、存储和处理。计算机是如何对这些信息进行相应编码的呢?

◎任务分析

因为计算机中只能存储二进制数,所以人与计算机通信的时候不能直接使用日常生活中所使用的语言、文字和图片,这些信息必须经过相应的编码,通过建立字符数据与二进制数据之间的对应关系以便计算机能识别、存储和处理这些信息。掌握计算机中的信息编码方法是理解计算机内部处理数据的重要基础。

◎知识链接

1.数字编码

在数字系统中,各种数据要转换为二进制代码才能进行处理,而人们习惯于使用十进制数,所以在数字系统的输入输出中仍采用十进制数,这样就产生了用4位二进制数表示1位十进制数的方法,这种用于表示十进制数的二进制代码称为 Binary Coded Decimal,简称为

BCD 码。BCD 码具有二进制的形式以满足数字系统的要求,又具有十进制的特点(只有10种有效状态,规定其有效的编码仅 10 个,即:0000~1001)。

常见的 BCD 码有以下几种形式。

(1)8421BCD 编码

这是一种使用最广的 BCD 码,是一种有权码,其各位的权分别是(从最高有效位开始到最低有效位)8、4、2、1。

例:写出十进制数 563.97 对应的 8421BCD 码。

$(563.97)_{10} = (0101\ 0110\ 0011.1001\ 0111)_{8421BCD}$

例:写出 8421BCD 码 1101001.01011 对应的十进制数。

$(1101001.01011)_{8421BCD} = (0110\ 1001.0101\ 1000)_{8421BCD} = (69.58)_{10}$

(2)2421BCD 编码

2421BCD 码也是一种有权码,其从高位到低位的权分别为 2、4、2、1,它也可以用 4 位二进制数来表示 1 位十进制数。

(3)余 3 码

余 3 码也是一种 BCD 码,但它是无权码,如表 1-7 所示,由于每一个码对应的 8421BCD 码之间相差 3,故称为余 3 码,一般使用较少,故只需一般性了解。

表 1-7 BCD 编码表

十进制数	8421BCD 码	2421BCD 码	余 3 码
0	0000	0000	0011
1	0001	0001	0100
2	0010	0010	0101
3	0011	0011	0110
4	0100	0100	0111
5	0101	1011	1000
6	0110	1100	1001
7	0111	1101	1010
8	1000	1110	1011
9	1001	1111	1100

2. 字符编码

目前国际上最流行的字符编码是"美国信息交换标准码"(American Standard Code for Information Interchange),简称 ASCII 码。

国际上通用的 ASCII 码是一种 7 位码,即每个字符的 ASCII 码由七位二进制数组成。这种 ASCII 码版本由 10 个阿拉伯数字、52 个英文大小写字母、32 个标点符号和运算符以及 34 个控制码,总共 128 个字符。见表 1-8 所示。

模块一 计算机应用基础知识

表 1-8 7 位 ASCII 码

低位	高位							
	000	001	010	011	100	101	110	111
0000	NUL	DLE	SP	0	@	P	`	p
0001	SOM	DC1	!	1	A	Q	a	q
0010	STX	DC2	"	2	B	R	b	r
0011	ETX	DC3	#	3	C	S	c	s
0100	EOT	DC4	$	4	D	T	d	t
0101	ENQ	NAK	%	5	E	U	e	u
0110	ACK	SYN	&	6	F	V	f	v
0111	BEL	ETB	,	7	G	W	g	w
1000	BS	CAN	(	8	H	X	h	x
1001	HT	EM	)	9	I	Y	i	y
1010	LF	SUB	*	:	J	Z	j	z
1011	VT	ESC	+	;	K	[	k	{
1100	FF	FS	,	<	L	\	l	|
1101	CR	GS	—	=	M	]	m	}
1110	SO	RS	.	>	N	^	n	—
1111	SI	US	/	?	O	_	o	DEL

表 1-8 中,上横栏为 ASCII 码的前三位(即高位),左竖栏为 ASCII 码的后四位(即低位)。要确定一个字符的 ASCII 码,可先在表中查出它的位置,然后确定它所在位置对应的行和列。根据行数可确定被查字符的低位的四位编码。根据列数可确定被查字符的高位的三位编码,由这些组合起来可确定被查字符的 ASCII 码。例如字符 A 的 ASCII 码是 1000001。

从以上的介绍可以看到,在计算机内所有的信息,包括数据、程序以及汉字、图像和声音等,都是以二进制数或代码的形式来表示的。

3.汉字编码

汉字以"字形表示"存储在计算机中,在汉字输入过程中,用户从键盘输入汉字的编码,即可得到相应的汉字。目前已有几百种汉字输入编码方案,通过评选,已发展成为统一化和标准化的编码方式。

(1)汉字编码

要让计算机处理汉字,与英文一样,也必须对汉字进行统一的编码,每个汉字都有对应的计算机编码,称为汉字的外部码。计算机为了识别汉字,要把汉字的外部码转换成汉字的内部码,以便进行处理和存储。为了将汉字以点阵的形式输出,还要将汉字的内部码转换为汉字的字形码。计算机和其他系统进行信息交流时,还须采用交换码。

(2) 外部码

目前汉字主要是从键盘输入,每一个汉字对应一个外部码,外部码是计算机输入汉字的代码,它是代表某一个汉字的一组键盘符号,因此,外部码也叫汉字输入码。汉字的输入码随采用的汉字编码方案不同而不同。

(3) 交换码

当计算机之间或终端之间进行信息交换时,要求它们之间传送的汉字代码信息完全一致。1981 年我国公布了汉字交换码的国家标准《信息交换用汉字编码字符集》(GB 2312—1980),即国标码。在此标准中,用二字节(16 个二进制位)表示一个汉字,高字节第一级汉字 3755 个,按汉语拼音字母排列,同音字的笔形顺序按横、竖、撇、点、折排列,起笔相同按第二笔,依此类推,第二级 3008 个汉字按部首排列。本标准第一区到第九区用于表示各种常用符号和各种常用文字的字母。本标准共具有 7445 个图形字符。在 1989 年后,国际标准化组织在中国大陆及台湾地区、日本、韩国、新加坡等国家和地区推动下,推出了国际标准化字库,我国把它确定为 GBK 字库,该字库有 21000 多个字符,包括简体字、繁体字及世界上几乎所有的常用字符。

(4) 内部码

汉字内部码是计算机系统内部处理和存储汉字时使用的代码。又称为汉字内码或汉字机内码。当计算机输入外部码时,要转换成内部码,才能进行存储、运算、传输等处理。一个汉字的内码规定为 2 个字节。

(5) 字型码与汉字字库

汉字字库是存放汉字字形(字模)和其他图形符号的数据库,提供汉字输出时的字型还原。汉字的各种输出操作(如打印、显示等)都是在图形方式下进行的,并以点阵的形式表示。汉字字形点阵有 16×16 点阵、24×24 点阵、40×40 点阵等。如 16×16 点阵字库,即把一个汉字分为 16 行,每行 16 列的点阵,并把有字形的点用 1 表示,其他空的点用 0 表示,这样一个汉字由 32 个字节组成。同理,24×24 点阵字库,每个汉字占用 72 个字节,40×40 点阵需要 200 个字节表示。在一个汉字方块中行数列数分得越多,描绘的汉字越精细,但占用的存储空间也就越多。

◎ 任务实施

1. 掌握正确的键盘操作方法,熟悉键盘各区域,并区分它们功能的不同

操作步骤:

(1) 整个键盘分为五个区域

键盘最上面一行是功能键区和状态指示区;下面的五行是主键盘区、编辑键区和辅助键区。如图 1-8 所示。

对打字来说,最主要的是熟悉主键盘区各个键的用处。主键盘区除包括 26 个英文字母、10 个阿拉伯数字、一些特殊符号外,还附加以下功能键:

[Back Space]——后退键,删除光标前一个字符;

[Enter]——回车键,将光标移至下一行行首;

[Shift]——中英文转换键;与数字键同时按下,可以输入数字上方的符号;

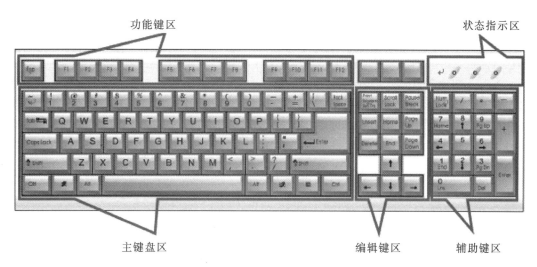

图1-8 键盘布局示意图

[Ctrl]、[Alt]——控制键,必须与其他键一起使用;

[Caps Lock]——大写锁定键,将英文字母锁定为大写状态;

[Tab]——表格键,将光标右移到下一个跳格位置。

功能键区 F1 到 F12 的功能根据具体的操作系统或应用程序而定。

编辑键区中包括插入字符键[Ins],删除当前光标位置的字符键[Del],将光标移至行首的[Home]键和将光标移至行尾的[End]键,向上翻页键[Page Up]和向下翻页键[Page Down],以及上下左右四个箭头按键。

辅助键区(小键盘区)有 9 个数字键,可用于数字的连续输入,主要用于大量输入数字的情况,如在财会输入方面。当使用小键盘输入数字时应按下[Num Lock]键,此时对应的指示灯亮。

(2)打字之前一定要端正坐姿

打字时如果坐姿不正确,不但会影响打字速度,而且还会容易感到疲劳、出错。正确的坐姿如图 1-9 所示。

图1-9 正确的打字坐姿示意图

(3)打字的指法

准备打字时,除拇指外其余的八个手指分别放在基准键上,拇指放在空格键上,十指分工,包键到指,分工明确。

为实现快速键盘输入,必须掌握正确的指法。掌握了正确的指法就可以在输入时手指分工明确,有条不紊,熟练后更可以默记于心,达到不看键盘也可以输入的效果。主键盘区是日常操作中使用最为频繁的按键区域,也是提高输入速度的关键。主键盘区共分五排,因此将中间一排设定为基准键位区,并将手指初始摆放的位置称为基准键位。主键盘区基准键位如图1-10所示。当手指离开基准键位按键输入后,应立即回到基准键位。为帮助盲打时基准键位的定位,在两个食指的基准键"F"和"J"上设计了突起,可通过触觉感知到键位。

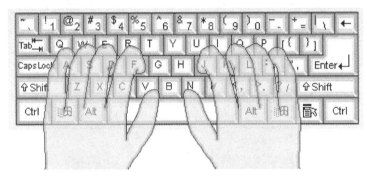

图1-10 主键盘区基准键位定位图

在我们进行汉字输入的时候,往往需要选择一种适合自己的输入法。比较常用的中文输入法有全拼输入法、智能ABC输入法、微软拼音输入法和五笔字型输入法等。下面简要介绍这几种输入法。

2.常用汉字输入法

操作步骤:

(1)掌握使用快捷键

输入法的切换:[Ctrl]+[Shift]键,通过该方法可在已装入的输入法之间进行切换。

打开,关闭输入法:[Ctrl]+[Space]键,通过该方法可实现中文输入法的开关。

全角,半角切换:[Shift]+[Space]键,通过该方法可进行全角字符和半角字符的切换。

(2)掌握常见汉字输入方法

①拼音输入法(音码):拼音输入法可分为全拼、简拼、双拼等,它是用汉语拼音作为汉字的输入编码,通过输入拼音字母实现汉字的输入。特点是不需要专门的训练,但重码率高。

例如智能ABC输入法。

全拼输入——按汉字拼音的书写顺序输入全部字母。可以进行单字、双字词和多字词的输入。输入词组时有些词组有歧义,为了加以区别可用隔音符号"'"来分隔音节。

例如:"西安"的全拼xian既可做词组也可做字,而输入"xi'an"则只输出词组"西安"。

简拼输入——只输入汉语拼音各个音节的第一个字母(zh、ch、sh也可取前两个字母组成)。为区别不同音节,简拼更需要隔音符。

例如:"计算机"的简拼是"jsj","中华"的简拼是"z'h"而不是"zh"。

混拼输入——在输入两个音节以上的词中,有的音节用全拼输入,有的音节用简拼输入。

例如:输入"工作"二字时,可输入"gongz"或"gzuo"来实现,而打"耽搁"时应输入"dan'g"或"dge",而不能输入"dang",因为这样输入与"当"的拼音相同。

②字形方法(形码):字形方法是把一个汉字拆成若干偏旁、部首(字根)或笔画,根据字形拆分部件的顺序输入汉字。特点是重码率低,速度快,但必须重新学习并记忆大量的字根和汉字拆分原则。常见的字形输入方法有五笔字型码、郑码等。

③音形方法(音形码):音形方法是把拼音方法和字形方法结合起来的一种汉字输入方案。一般以音为主,以形为辅,音形结合,取长补短。特点是兼顾了音码、形码的优点,既降低了重码率,又不需要大量的记忆,具有使用简便、速度快、效率高等优点。常见的音形码方案有自然码等。

④区位码输入法:区位码输入法是按汉字、图形符号的位置排列成一个二维矩阵。以纵向为"区",横向为"位"。因此,区位码由两位"区号"和两位"位号"共四位 0~9 的十进制数字组成。每个汉字都对应唯一的区号和位号,因而没有重码。

3.例题

设计某软件用来记录同学们的姓名,按照中国人姓名的特点,假设每个最长的姓名字数为 4 个,计算每个中文姓名所需要的最大存储容量。

①首先分析每个汉字采用的编码方式。我们知道美国首先对他们的英文字符进行了编码,就是 ASCII 码,可以表达英文的 128 个字符。但中国汉字多达十万多个,ASCII 编码完全不够用,所以汉字采用的是 GB 2312 编码,这种编码使用 2 个字节来表示常用的汉字,这样最多可以表示 65536 个汉字字符。

②依据每个汉字采用 GB 2312 编码,且每个编码占用 2 个字节。姓名最长 4 个汉字,则每个姓名所占计算机最大存储容量为:4×2=8(字节)。

模块小结

1.计算机的产生和计算机技术的迅速发展是当代科学技术最突出的成就之一。第一台电子计算机于 1946 年 2 月 15 日正式运行成功,其名为"ENAIC"。电子计算机的发展到目前,经历了四个阶段的发展过程,才有了如今广泛使用的计算机。

2.计算机系统由硬件系统和软件系统组成。硬件系统由计算器、控制器、存储器、输入设备和输出设备组成,软件系统按功能可以分为系统软件和应用软件两部分。

3.了解计算机中数值的表示方法和基本编码技术。数值的表示方法有二进制、八进制、十进制和十六进制四种。了解数字编码、字符编码和汉字编码技术。

4.计算机专业的同学需要熟练掌握和应用二进制、八进制、十六进制和十进制之间的相互转换运算以及二进制的基本运算。

习 题

一、单选题(请选择 A、B、C、D 中的一个字母写到本题的括号中)

1. 断电会使(　　)中所存储的数据丢失。
   A. ROM　　　　　　　　　　　　B. 磁盘
   C. 光盘　　　　　　　　　　　　D. RAM

2. CPU 不能直接访问的存储器是(　　)。
   A. ROM　　　　　　　　　　　　B. 内存储器
   C. RAM　　　　　　　　　　　　D. 外存储器

3. 微型计算机系统包括(　　)。
   A. 主机和外设　　　　　　　　　B. 硬件系统和软件系统
   C. 主机和各种应用程序　　　　　D. 运算器、控制器和存储器

4. 计算机硬件能直接识别和执行的只有(　　)。
   A. 汇编语言　　　　　　　　　　B. 符号语言
   C. 高级语言　　　　　　　　　　D. 机器语言

5. 现代计算机的硬件主要包括：中央处理器(CPU)、存储器、输出设备和(　　)。
   A. 键盘　　　　　　　　　　　　B. 鼠标
   C. 输入设备　　　　　　　　　　D. 显示器

6. 在计算机中表示存储容量时,下列描述中正确的是(　　)。
   A. 1KB=1024MB　　　　　　　　　B. 1MB=1024B
   C. 1MB=1024KB　　　　　　　　　D. 1KB=1000B

7. 在计算机工作过程中,将外存的信息传送到内存中的过程称之为(　　)。
   A. 写盘　　　　　　　　　　　　B. 拷贝
   C. 读盘　　　　　　　　　　　　D. 输出

8. 在计算机中,应用最普遍的字符编码是(　　)。
   A. 机器码　　　　　　　　　　　B. 汉字编码
   C. ASCII 码　　　　　　　　　　 D. BCD 码

9. 下面说法中正确的是(　　)。
   A. 一个完整的计算机系统由微处理器、存储器和输入/输出设备组成
   B. 计算机区别于其他计算工具的最主要特点是能存储程序和数据
   C. 电源关闭后,ROM 中的信息会丢失
   D. 16 位字长计算机能处理的最大数是 16 位十进制数

10. "32 位微型计算机"中的"32"指的是(　　)。
    A. 微机型号　　　　　　　　　　B. 存储单位

C. 机器字长　　　　　　　　　　　D. 内存容量

11. 个人计算机属于(　　)。
A. 小型计算机　　　　　　　　　　B. 中型计算机
C. 小巨型计算机　　　　　　　　　D. 微型计算机

12. 下面关于显示器的叙述,正确的是(　　)。
A. 显示器是输入设备　　　　　　　B. 显示器是输出设备
C. 显示器是输入/输出设备　　　　D. 显示器是存储设备

13. 应用软件是指(　　)。
A. 所有能够使用的软件　　　　　　B. 所有微机上都应使用的基本软件
C. 专门为某一应用目的而编制的软件　D. 能被各应用单位共同使用的某种软件

14. 计算机中存储单元存储的内容(　　)。
A. 可以是数据和指令　　　　　　　B. 只能是程序
C. 只能是数据　　　　　　　　　　D. 只能是指令

15. 用来表示计算机辅助教学的英文缩写是(　　)。
A. CAD　　　　　　　　　　　　　B. CAM
C. CAI　　　　　　　　　　　　　D. CAT

16. 构成计算机物理实体的部件被称为(　　)。
A. 计算机系统　　　　　　　　　　B. 计算机硬件
C. 计算机软件　　　　　　　　　　D. 计算机程序

17. 现代微型计算机的中央处理器包括(　　)。
A. 运算器和主存　　　　　　　　　B. 控制器和主存
C. 运算器和控制器　　　　　　　　D. 运算器、控制器和主存

18. 下列不能作为存储器容量单位的是(　　)。
A. Byte　　　　　　　　　　　　　B. KB
C. MIPS　　　　　　　　　　　　　D. GB

19. 4个字节是(　　)个二进制位。
A. 16　　　　　　　　　　　　　　B. 32
C. 48　　　　　　　　　　　　　　D. 64

20. 存储器容量的度量中,1MB 准确等于(　　)。
A. 1024×1024bit　　　　　　　　　B. 1000×1000bytes
C. 1024×1000words　　　　　　　　D. 1024×1024bytes

21. 在下面的描述中,正确的是(　　)。
A. 外存中的信息可直接被 CPU 处理
B. 键盘是输入设备,显示器是输出设备
C. 操作系统是一种很重要的应用软件
D. 计算机中使用的汉字编码和 ASCII 码是一样的

22. 下列描述中,不正确的是(　　)。
A. 用机器语言编写的程序可以由计算机直接执行

B. 软件是程序和数据的统称

C. 计算机的运算速度与主频有关

D. 操作系统是一种应用软件

23. 在微机中,访问速度最快的存储器是(　　)。

　　A. 硬盘　　　　　　　　　　　B. 软盘

　　C. 光盘　　　　　　　　　　　D. 内存

24. ROM 是(　　)。

　　A. 随机存储器　　　　　　　　B. 只读存储器

　　C. 高速缓冲存储器　　　　　　D. 顺序存储器

25. 在微机中,硬盘驱动器属于(　　)。

　　A. 内存储器　　　　　　　　　B. 外存储器

　　C. 输入设备　　　　　　　　　D. 输出设备

26. (　　)不是微型计算机必须的工作环境。

　　A. 恒温　　　　　　　　　　　B. 良好的接地线路

　　C. 远离强磁场　　　　　　　　D. 稳定的电源电压

27. 将微机的主机与外设相连的是(　　)。

　　A. 总线　　　　　　　　　　　B. 磁盘驱动器

　　C. 内存　　　　　　　　　　　D. 输入/输出接口电路

28. 在计算机内部,数据是以(　　)形式加工、处理和传送的。

　　A. 二进制码　　　　　　　　　B. 八进制码

　　C. 十进制码　　　　　　　　　D. 十六进制码

29. 内存和外存相比,其主要特点是(　　)。

　　A. 能存储大量信息　　　　　　B. 能长期保存信息

　　C. 存取速度快　　　　　　　　D. 能同时存储程序和数据

30. 关于磁盘格式化的叙述,正确的是(　　)。

　　A. 只能对新盘做格式化,不能对旧盘做格式化

　　B. 新盘必须做格式化后才能使用,对旧盘做格式化将抹去盘上原有的内容

　　C. 做了格式化后的磁盘,就能在任何计算机系统上使用

　　D. 新盘不做格式化照样可以使用,但做格式化可使磁盘容量增大

二、判断题(请在正确的题后括号中打√,错误的题后括号中打×)

1. "PC"指个人计算机。(　　)

2. 计算机只能处理文字信息。(　　)

3. 计算机中的字节是个常用的单位,它的英文名字是 BIT。(　　)

4. 在计算机内部,传送、存储、加工处理的数据或指令都是以十进制方式进行的。(　　)

5. 某台计算机的内存容量为640KB,这里的1KB为1000个二进制位。(　　)

6. ASCII 码是美国标准局定义的一种字符代码,在我国不能使用。(　　)

7. 微机在存储单元的内容可以反复读出,内容仍保持不变。(　　)

8. 一个完整的计算机系统应包括软件系统和硬件系统。（　　）
9. 造成微机不能正常工作的原因只可能是硬件故障。（　　）
10. 安装在主机机箱外部的存储器叫外部存储器，简称外存。（　　）
11. 键盘上的 Ctrl 键是起控制作用的，它必须与其他键同时按下才起作用。（　　）
12. 现在的 PC 机在基本的硬件结构方面，已经突破了冯·诺依曼系统框架。（　　）
13. 已知字母"F"的 ASCII 码是 46H，则字母"f"的 ASCII 码是 66H。（　　）
14. 即便是关机停电，一台微机 ROM 中的数据也不会丢失。（　　）
15. 微型计算机使用的键盘中，Shift 键是退格键。（　　）

三、上机操作题

1. 启动金山打字通（或其他打字练习软件），选择相应内容及汉字输入法，坚持科学打字练习。保证准确率，逐步提高打字速度。上机练习时，一定要按标准指法进行练习，养成良好习惯；进行指法练习时，要熟记各键的键位，逐步实现盲打；在课程的实验中每次键盘练习时间不低于 30 分钟，在课程结束时，打字速度应达到每分钟 40 个汉字。

2. 启动 Microsoft Word，输入下列英文，保存文件名为"myDoc.doc"。

　　We all stood there under the awning and just inside the door of the Wal-Mart. We waited, some patiently, others irritated because nature messed up their hurried day. I am always mesmerized by rainfall. I get lost in the sound and sight of the heavens washing away the dirt and dust of the world. Memories of running, splashing so carefree as a child come pouring in as a welcome reprieve from the worries of my day.

3. 在 myDoc.doc 文件中继续输入以下特殊字符

4. 汉字输入：启动"记事本"程序，输入以下文章。要求正确地输入标点符号和字符，保存文件名为"myDoc1.txt"。

　　1：庆历四年春，滕子京谪守巴陵郡。越明年，政通人和，百废俱兴，乃重修岳阳楼，增其旧制，刻唐贤今人诗赋于其上，属予作文以记之。予观夫巴陵胜状，在洞庭一湖。衔远山，吞长江，浩浩汤汤，横无际涯；朝晖夕阴，气象万千；此则岳阳楼之大观也，前人之述备矣。然则北通巫峡，南极潇湘，迁客骚人，多会于此，览物之情，得无异乎？（岳阳楼记，范仲淹）

　　2：早晨起床☺，今天是 2019/8/8，打开🖥，阅读电子邮件✉。这时 Mary 打来☎，让我陪她买一台💻。今天的温度是35 ℃。我们进入太平洋电脑城，人潮涌动。我们选择了 Intel CPU，160 G 硬盘💾，液晶🖥，配无线🖱和光电⌨，并安装了微软的 Windows 7 操作系统💿，及 Microsoft Office 2010 等软件，还买了一本《电脑爱好者》杂志。

模块二　操作系统 Windows 7

在系统软件中,最重要的是操作系统。操作系统是计算机硬件基础上的第一层软件,其他的软件必须在操作系统的支撑下才能安装到计算机上。操作系统是用户与计算机系统之间进行通信的一个接口程序,操作系统管理并控制着计算机的所有软件和硬件资源,并为用户提供软件开发和应用的环境。

项目一　熟悉 Windows 7

Windows 7 是由微软公司(Microsoft)开发的一款操作系统(2009 年 10 月 22 日正式发布)。Windows 7 包含 6 个版本,能够满足不同用户的需要。Windows 7 系统围绕用户个性化设计、应用服务设计、用户界面设计、娱乐视听设计等方面增加了很多特色功能。例如,Windows 7 系统中新增了家长控制功能,以规范未成年人合理使用计算机资源;为了让计算机充分发挥娱乐和多媒体的功能,该系统引入了 Windows 照片库、Windows 媒体中心;另外为了最大力度地保证计算机和数据的安全,还增加了 Bit Locker 加密、Windows Defender、备份和还原等功能。

任务一　Windows 7 系统的安装与启动

◎任务描述

Windows 7 作为微软新一代的操作系统,不仅有着优越的性能还拥有绚丽的界面效果。在使用 Windows 7 系统之前,需要了解哪些知识呢?怎样安装和启动 Windows 7 系统呢?

◎任务分析

在使用 Windows 7 系统之前,需要了解 Windows 系统的发展历程以及 Windows 7 系统的功能特点。熟悉 Windows 7 系统的安装环境,掌握 Windows 7 系统的启动和退出方法。

◎知识链接

1. Windows 系统的发展

随着计算机技术的迅速发展,计算机的操作系统也在不断地更新。最早在 PC 机上获得广泛应用的操作系统是微软公司推出的 MS-DOS。1983 年 11 月,微软推出了一款名为"Windows"(图形界面)的操作系统,Windows 是一个为个人计算机和服务器用户设计的操作系统,也被称为"视窗操作系统",它的第一个版本 Windows 1.0 由美国微软公司于 1985 年发行,Windows 2.0 于 1987 年发行,由于当时硬件和 DOS 操作系统限制,这两个版本并没有取得很大的成功。之后微软公司对 Windows 的内存管理、图形界面做了重大改进,使图形界面更加美观并支持虚拟内存技术,1990 年 5 月推出的 Windows 3.0 在商业上取得了惊人的成功,从而一举奠定了微软在操作系统上的垄断地位。1993 年,微软首次发行了 Windows 3.1 中文版,不久又推出 Windows 3.2 中文版。1995 年 8 月正式推出 Windows 95,1998 年微软公司又及时推出了 Windows 98,2000 年推出 Windows 2000,不久后又推出 Windows XP。这些版本的操作系统以其直观简洁的操作界面、强大的功能,使众多的计算机用户能够方便快捷地使用计算机。

2009 年 10 月 22 日微软在美国正式发布 Windows 7 操作系统,该系统是现在最流行的操作系统之一,核心版本号为 Windows NT 6.1。Windows 7 具有 6 个版本,可供家庭及企业、笔记本电脑、平板电脑、多媒体中心等用户及平台使用。

2.Windows 7 系统的功能和特点

Windows 7 包含 6 个版本,分别为 Windows 7 Starter(初级版)、Windows 7 Home Basic(家庭基础版)、Windows 7 Home Premium(家庭高级版)、Windows 7 Professional(专业版)、Windows 7 Enterprise(企业版)和 Windows 7 Ultimate(旗舰版),这 6 个版本的操作系统功能上都存在差异,主要是为了不同用户的需求设计的。Windows 7 系统与以前微软公司推出的操作系统相比,具有以下特色:

(1)易用

Windows 7 系统提供了很多方便用户的设计,比如窗口半屏显示、快速最大化、跳转列表等。

(2)快速

Windows 7 系统大幅度缩减了 Windows 系统的启动时间,据实测,在 2008 年的中低端电脑配置下运行,系统加载时间一般不超过 20 秒,这与 Windows Vista 系统的 40 余秒相比,是一个很大的进步。

(3)特效

Windows 7 系统界面的效果很华丽,除了有碰撞效果、水滴效果,还有丰富的桌面小工具。与 Vista 系统相比,这些方面都增色很多,并且在拥有这些新特效的同时,Windows 7 系统的资源消耗却是较低的。

(4)简单安全

Windows 7 系统改进了安全和功能合法性,还把数据保护和管理扩展到外围设备。改进了基于角色的计算方案和用户账户管理,在数据保护和相互协作的固有矛盾之间找到平衡,同时也能够开启企业级的数据保护和权限许可。

3.Windows 7 系统的安装环境

Windows 7 系统安装的硬件要求:

CPU 频率:1GHz 及以上。

内存:1GB。

硬盘：20GB 以上可用空间。

显卡：支持 DirectX 9.0 或更高版本的显卡，若低于此版本 Aero 主题特效可能无法实现。

其他设备：DVD 光盘驱动器。

◎ 任务实施

1. Windows 7 系统的安装

Windows 7 系统提供三种安装方式：升级安装、自定义安装和双系统共存安装。

① 升级安装。这种方式可以将用户当前使用的 Windows 版本替换为 Windows 7，同时保留系统中的文件、设置和程序。如果原来的操作系统是 Windows XP 或更早的版本，建议进行卸载之后再安装 Windows 7 系统或者采用双系统共存安装的方式将 Windows 7 系统安装在其他硬盘分区。如果原系统是 Windows Vista，则可以采用此安装方式升级到 Windows 7 系统。

② 自定义安装。此方式将用户当前使用的 Windows 版本替换为 Windows 7 后不保留系统中的文件、设置和程序，也叫清理安装。在进行安装时首先将主板 BIOS 中的启动顺序设置为光盘启动，由于不同的主板 BIOS 设置项不同，建议大家参考使用手册来进行设置。主板 BIOS 设置完之后放入安装盘并重启电脑，根据安装盘的提示和自己的需求完成安装。

③ 双系统共存安装。即保留原有的系统，将 Windows 7 系统安装在一个独立的分区中，与机器中原有的系统相互独立，互不干扰。双系统共存安装完成后，会自动生成开机启动的系统选择菜单。

2. Windows 7 系统的启动和退出

(1) 启动 Windows 7 系统

启动 Windows 7 系统就是启动计算机并进入 Windows 7 系统操作界面。启动方法有以下几种，可以根据需要选择某一种来进行启动。

① 冷启动。冷启动是指在没有开启计算机电源的情况下，打开计算机电源启动计算机。方法是直接按下机箱面板上或者键盘上的"Power"按钮。

② 热启动。热启动是指在计算机运行过程中，当遇到系统突然没有响应等情况时，通过在"开始"菜单中，单击"关机"右边的三角形，在弹出菜单中单击"注销"命令重启系统。

③ 复位启动。复位启动是指已经进入操作系统界面，由于系统运行出现异常，且热启动失效所采用的一种重新启动计算机的方法。方法是按下主机箱上"Reset"按钮。

(2) 退出 Windows 7 系统

通过单击桌面左下角"开始"菜单中的"关机"按钮来退出 Windows 7 系统。在 Windows 7 系统中提供了关机、休眠、睡眠、锁定、注销和切换用户操作来退出系统，用户可以根据自己的需求来进行使用。

① 关机。正常关机：使用完计算机要退出系统并且关闭计算机。单击"开始"按钮，弹出"开始"菜单，单击"关机"按钮，即可完成关机。非正常关机：当用户使用计算机时出现"花屏""黑屏""蓝屏"等情况时，无法通过"开始"菜单关闭计算机，可以采取长按主机机箱上的电源开关键来关闭计算机。

②休眠、睡眠。Windows 7 系统提供了休眠和睡眠两种待机模式,他们的相同点是进入休眠或者睡眠状态的计算机电源都是打开的,当前系统的状态会保存下来,但是显示器和硬盘都停止工作,当需要使用计算机时进行唤醒后就可进入之前的使用状态,这样可以在暂时不使用系统时起到省电的效果。这两种方式的不同点在于休眠模式系统的状态保存在硬盘里,而睡眠模式是保存在内存里。进入这两种模式的方法都是单击"开始"按钮,单击"关机"按钮旁的小三角按钮弹出菜单,根据需要选择睡眠或者休眠命令。

③锁定。当用户暂时不使用计算机但又不希望别人对自己的计算机进行查看时,可以使用计算机的锁定功能。实现锁定的操作是单击"开始"按钮,弹出菜单,单击"关机"按钮右边的小三角按钮,弹出菜单,选择"锁定"命令即可完成。当用户再次需要使用计算机时只需要输入用户密码即可进入系统。

④注销。Windows 7 系统提供多个用户共同使用计算机操作系统的功能,每个用户可以拥有自己的工作环境,当用户使用完需要退出系统时可以采用"注销"命令退出用户环境。具体操作方法是单击"开始"按钮,弹出"开始"菜单,单击"关机"按钮右边的小三角按钮,选择"注销"命令。

⑤切换用户。这种方法可以在不同用户之间快速地切换,当前用户退出系统会回到用户登录界面。操作方法为单击"开始"按钮,弹出"开始"菜单,单击"关机"按钮右边的小三角按钮,选择"切换用户"命令。

任务二　Windows 7 系统基本操作

◎任务描述

进入 Windows 7 系统后,可以看到系统的桌面,桌面上有图标、开始按钮和任务栏,用户每启动一个应用程序就会对应打开一个窗口。用户需要熟悉系统的一些基本操作,这样才能更好地使用计算机。

◎任务分析

系统启动以后,用户需要熟悉系统的一些基本操作,比如如何创建用户帐户和设置密码,熟悉鼠标的操作、菜单的操作,以及窗口的基本操作。

◎知识链接

1. 桌面(Desktop)

启动 Windows 7 系统后的整个屏幕称为"桌面"。桌面是 Windows 7 系统工作的平台。Windows 7 系统的图标、菜单、开始按钮、任务栏等都显示在桌面上。根据计算机的不同设置,桌面上会出现不同的图标,如图 2-1 所示。

2. 图标(Icon)

图标是代表程序、文件、文件夹等各种对象的小图形,是 Windows 7 系统的各种组成元素,包括程序、文件、文件夹和下文介绍的快捷方式等。图标下方附有对象的名称。Windows 7 系统桌面上比较常见的图标有"计算机""回收站""网络"等,其他图标都是在 Windows 7 系统下安装软件时自动加到桌面上(或是以快捷方式加到桌面上)的。

图 2-1　Windows 7 桌面

3. "开始"按钮和系统菜单(Start Menu)

启动 Windows 7 系统后在桌面的左下角有一个"开始"按钮,单击该按钮可以弹出系统菜单。在 Windows 7 系统中,用户几乎所有操作都可以从单击"开始"按钮开始;"开始"菜单差不多是随时可以得到的。图 2-2 显示了点击"开始"按钮后弹出的系统菜单。

图 2-2　系统菜单

系统菜单可以根据自己的需求增加和减少。通常情况下,系统菜单包括下列几项。

①所有程序:最常用的程序和程序项的清单。

②文档:最近使用过的文档清单,单击某文档,可快速启动建立该文档的应用程序并打开此文档。

③控制面板:用于修改桌面和系统设置。

④搜索框:查找文件、文件夹、共享的计算机或在 Internet 上查找。

⑤帮助和支持:获得问题的帮助。

⑥关机:用于关闭、重新启动计算机、注销或休眠等操作。"关机"右侧有一个实心的三角形,表明单击后会弹出子菜单。

4．任务栏(Taskbar)

Windows 7 系统提供了多任务操作,即用户可以同时运行多个程序,并在这些程序间来回切换。用户每启动一个程序,在任务栏上就会出现一个按钮,单击该按钮就可激活相应的应用程序,该程序窗口就成为活动窗口,位于桌面的最前端,不会被其他应用程序窗口所遮盖,由此完成多任务切换。在任务栏右边有输入法、时钟等一些辅助信息。

5．鼠标(Mouse)

鼠标是在各种视窗软件中一种重要的输入设备。Windows 7 系统支持两个按键模式的鼠标,当用户握着鼠标在鼠标垫板或桌面上移动时,计算机屏幕上的鼠标指针会随之移动。在通常情况下,鼠标在桌面上的形状是一个小箭头。

6．Windows 7 系统的窗口

窗口是 Windows 操作过程中在桌面上开设的有界区域,是 Windows 系统的重要组成部分。每启动一个程序都会对应打开一个窗口,窗口可在桌面上随意移动、改变大小和关闭。图 2-3 是一个典型的窗口。其中包括边框、标题栏、菜单栏、控制按钮区、滚动条、工作

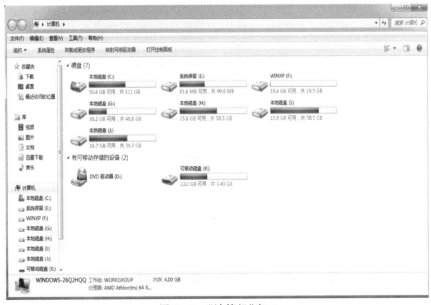

图 2-3 "计算机"窗口

区及状态栏等。无论是哪一类窗口,组成元素基本相同。

(1)窗口边框

定义窗口边界的四条边叫边框。把鼠标移动到窗口的边框或角上,当鼠标自动变成双箭头形状时,拖动鼠标就可以改变窗口的大小。

(2)标题栏

顶边下面就是标题栏。单击标题栏的最左边将显示一个命令菜单,用于最小化、最大化、移动窗口和关闭程序。在标题栏的最右边是最小化、最大化(或还原)、关闭按钮。单击"最大化"按钮将使窗口充满整个桌面;单击"最小化"按钮将使窗口缩小成为任务栏上的一个按钮,以后只须单击任务栏中的相应按钮便可使之成为当前的工作窗口显示在桌面上;单击"还原"按钮(只在最大化窗口后有此按钮)可以将窗口恢复到最大化前窗口大小;单击"关闭"按钮可以结束程序,使窗口消失。

(3)菜单栏

菜单栏集合了应用程序几乎所有的命令,按类别划分为多个菜单项,单击菜单项打开下拉菜单即可使用相应的菜单命令。

(4)控制按钮区

菜单栏下面就是控制按钮区,单击按钮可实现相应的功能。

(5)滚动条

滚动条是 Windows 7 系统为方便用户查看过长或过宽的文档或图片而设置的。如果在窗口中可以完整显示所有内容,则滚动条会自动消失。

(6)状态栏

在窗口的底部,用来显示该窗口的状态,一般包括对象的个数、可用的磁盘空间及计算机的磁盘空间总容量等。

(7)工作区域

窗口的内部区域称为工作区域或工作空间。在文档或应用程序窗口中,它是一个编辑区,供用户编辑文档。在文件夹窗口中,它是一个列表区,供用户选择对象。

除了以上介绍的之外,窗口中还包括搜索栏、细节窗格以及导航窗格等。

7. Windows 7 系统的菜单

(1)菜单的种类

使用 Windows 7 系统,随处可见的是各种各样的菜单。一般来说,Windows 7 中有三种类型的菜单:

①"开始"菜单。单击任务栏上的"开始"按钮或使用快捷键"Win",便可弹出"开始"菜单,用"开始"菜单几乎可以完成所有的任务。

②下拉菜单。用鼠标单击某个菜单项,在弹出的下拉菜单中选择某个命令便可完成相应的任务。

③快捷菜单。使用鼠标右键或快捷键"Shift+F10"便可弹出指定对象的快捷菜单。快捷菜单一般包含用于该对象的最常用命令,如图 2-4 所示。充分利用快捷菜单可以大大提高工作效率。

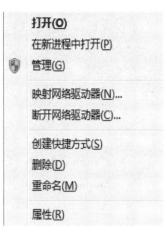

图 2-4 快捷菜单

(2)菜单的约定

①正常的菜单选项与变灰的菜单选项。正常的菜单选项是用黑色字符显示出来的,用户可以随时选取它,变灰的菜单选项是用灰色字符显示的,表示当前它是不能被选取的,是不可用的。

②名字后跟有省略号(…)的菜单选项。选择这种菜单选项会弹出一个相应的对话框,要求用户输入某种信息或改变某些设置。

③名字右侧带有三角标记的菜单选项。这种选项表示在它的下面还有一级子菜单,当鼠标指向该选项时,就会自动弹出下一级子菜单。

④名字后带有组合键的菜单选项。这里的组合键是一种快捷键。用户在不打开菜单的情况下,直接按下组合键,也可以执行相应的菜单命令。

⑤菜单的分组线。有的菜单选项之间会用直线分隔成若干个菜单选项组。一般这种分组是按照菜单选项的功能组合在一起的。

⑥名字前带"√"标记的菜单选项。多项选择菜单,在该菜单中用户可以选择多个菜单项,当某菜单项旁边有"√"标记时,表示其对应的功能已经起作用,再单击一次,则可以去掉标记。

⑦名字前带"●"标记的菜单选项。单项选择菜单,在它的分组菜单中只可能有一个且必定有一个选项被选中,被选中的选项前带有"●"标记。

⑧变化的菜单选项。一般来说,一个菜单中的选项是固定不变的,不过也有些菜单根据当前环境的变化,会适当改变某些选项。例如,在"计算机"窗口中,选定对象前后"文件"菜单的选项内容就不一样。

8.Windows 7 系统对话框

对话框是一种特殊的窗口,它是用户与应用程序之间进行设置和信息交互的窗口,用户可以根据需要进行设置。对话框与前面提到的窗口有类似的地方,即顶部都有标题栏,但对话框没有菜单栏,而且对话框的尺寸也是固定的。典型的对话框如图 2-5 所示,其组成部分主要有以下几部分。

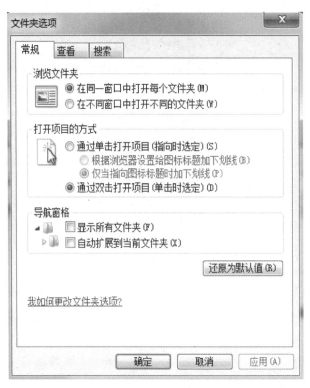

图 2-5 对话框

①标题栏。其左端是对话框的名称，右端一般为关闭按钮。

②选项卡按钮。有些对话框中有多个选项卡，各选项卡相互重叠，每个选项卡都有一个可见的标签，用户通过单击选项卡标签，可以在多个选项卡之间切换。

③输入框。可分为文本框和列表框。文本框用于输入文本信息，列表框让用户从列表中选取需要的对象。一般在文本框的右端还会带有一个向下的箭头按钮，单击可打开下拉列表，从中选取要输入的信息。

④按钮。它包括命令按钮（矩形的带有文字的按钮）、单选按钮（圆形，在一组选项中选中其中的一项，被选中的项前面带有圆点标记）、复选按钮（方框形，在一组选项中选中其中的若干项，被选中的项前面带有"√"标记）、数字增减按钮（包括两个紧叠在一起的三角标记按钮，单击其中一个可使数字增加或减少）。

◎任务实施

1. 设置用户帐户和密码

用户在启动了 Windows 7 系统的情况下，可以设置用户名和密码。后续启动时系统就会要求使用者选择一个用户名并输入该用户名的密码。设置方法如下。

①单击屏幕左下角"开始"→"控制面板"，弹出"控制面板"窗口。

②单击"用户帐户和家庭安全"，打开"用户帐户和家庭安全"窗口，在"用户帐户"下单击"添加或删除用户帐户"，在打开的窗口里选择"创建一个新帐户"，在弹出的"新帐户名"对话框中输入帐户名，并选择"标准用户"或"管理员"，单击"创建帐户"按钮，返回到"管理帐户"窗口。

③单击刚创建的帐户名,弹出对话框,选择"创建密码",根据提示输入相应的内容,单击"创建密码"按钮。弹出创建密码的窗口。如图2-6所示。

图2-6 为帐户创建密码

2.鼠标(Mouse)的操作

鼠标的左右两个按键可以组合起来使用,完成特定的操作。最基本的鼠标操作方式有以下几种。

①指向(Point):把鼠标移动到某一对象上。

②单击(Click):指鼠标按键按下、松开。单击包括单击左键和单击右键。

③双击(Double click):快速连续单击两下鼠标左键。

④拖动(Drag):指向某对象、按住鼠标左键移动鼠标,在目的地释放左键。

3.菜单的操作

菜单的操作包括打开菜单和撤销菜单。

①打开菜单。用鼠标单击菜单栏上的菜单名,就可以打开相应的菜单。对于窗口控制菜单,用鼠标单击窗口左上角的控制按钮就可以打开它。此外,用鼠标右键单击某一对象,还会打开一个带有许多可用命令的对象快捷菜单,单击菜单中的菜单选项就可以执行相应的菜单命令。

②撤消菜单。打开菜单之后,如果不想选取某个菜单选项,可以在菜单以外的任意空白位置处单击就可以撤消菜单。此外按 Esc 键也行。

4.窗口的操作

①改变窗口的大小。把鼠标指针移动到窗口的边缘处,当鼠标指针变成双向箭头时,按住鼠标左键,拖动鼠标即可改变窗口的大小。

②移动窗口的位置。当窗口处于还原状态(非最大化状态)时,把鼠标指针移动到窗口标题栏的空白处,按住鼠标左键拖动,即可移动窗口的位置。

③改变窗口显示方式。打开两个或两个以上窗口,在任务栏的空白处单击鼠标右键,弹出快捷菜单,可以进行窗口排列方式的选择,比如以"计算机"和"网络"窗口为例,选择"堆叠显示窗口",显示结果如图2-7所示。

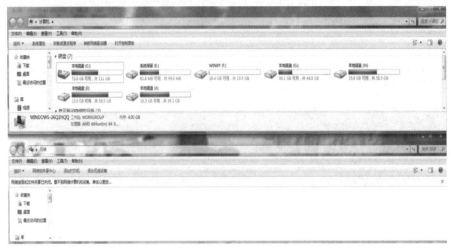

图2-7 堆叠显示窗口

如果要取消堆叠显示,在任务栏的空白处单击鼠标右键,弹出快捷菜单,选择"撤销堆叠显示"即可。

任务三 文件管理

◎任务描述

计算机中的资源都是以文件的形式存在的,为了方便查找和使用这些资源,必须对它们进行集中管理,资源管理器是Windows 7系统中一个重要的文件管理工具。本任务通过学习Windows 7系统中关于文件管理的知识,帮助用户分类和管理杂乱无章的资料。

◎任务分析

为了方便管理文件,需要给每个文件命名,分类存放到不同的文件夹,还可以对文件和文件夹进行一些基本的操作,如选择、复制、移动、删除、重命名和创建快捷方式等。资源管理器是一个重要的文件管理工具。另外,在文件管理时,还要学会使用库和回收站。

◎知识链接

1. Windows 7 资源管理器

"资源管理器"是Windows 7系统中一个重要的文件管理工具,它与"计算机"在功能上基本相同,但在显示方式上有所不同。"计算机"以分窗口的形式显示,不同的驱动器、不同的文件夹可以在打开后显示在不同的窗口中;而在"资源管理器"中,所有的磁盘的内容都显示在同一个窗口中,可以看到计算机中完整的文件夹结构。资源管理器的"浏览"窗口如图2-8所示,由两部分组成。在窗口的左侧显示的是"收藏夹""库""计算机""网络"等资源对象。窗口右侧显示的是当前驱动器或当前目录下所有的文件或文件夹。这些文件、文件夹的显示方式或图标的排列方式可以改变,在"资源管理器"的"查看"菜单中,提供了多种查看方式,如"超大图标""小图标""列表"等;在"排序方式"上提供了多种排列图标方式,如按"名称""修改日期""大小"等。

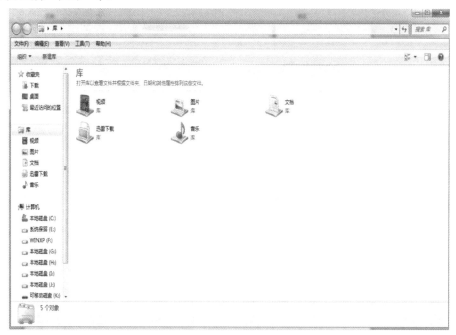

图 2-8　资源管理器

2.文件与文件夹

(1)文件与文件名

在操作计算机时,经常要处理一些数据,为了使某些数据能长期保存下来,可以按照数据的相关性,把它们分成一个个集合,然后把它们存放到像磁盘这样的外部存储介质之中。通常,把以一定方式存储于磁盘上的一组相关数据的集合称为文件,文件是磁盘中最基本的存储单位。文件中包含的信息内容非常广泛,例如一张数据表格、一篇文章、一幅(或多幅)图片、一个计算机程序等都可以构成文件。

在计算机中通常存在着包含不同内容的多个文件,它们的用途各不相同,对它们操作处理也不一样,为了区分各个不同内容的文件,需要为每个文件取一个名字,称为文件名。

Windows 7 系统的文件名叫长达 255 个字符,也可以使用不超过 127 个汉字的中文名字,文件名中可包含空格、英文字母、数字、汉字和一些特殊符号等,Windows 7 系统中不区分文件名中字母的大小写,但不能包含以下字符:

／　＼　＜　＞　＊　？　"　｜　；　：

一般情况下,文件名由两部分组成,第一部分是文件的主名,第二部分是文件的扩展名(一般是英文),通常用来标识文件的类型。文件名和扩展名之间用一个"."隔开。例如 logo.bmp 是一个文件名,其中"logo"是文件主名,"bmp"是文件的扩展名。

(2)文件类型与扩展名

在计算机中处理的数据多种多样,不同的数据在文件中存放格式是不一样的,我们可以按照数据的存放格式把文件分为多种类型。不同类型的文件用不同的应用程序处理。文件的类型一般由文件的扩展名表示,也就是说,文件的扩展名决定了文件的类型。例如 File. txt 的扩展名是"txt",表示它是一个文本文件。对于一个无扩展名的文件,Windows 7 系统通常将它视为不明类型的文件。表 2-1 是 Windows 7 系统中常用到的一些扩展名。

表 2-1 常用的扩展名

扩展名	文件类型	扩展名	文件类型
SYS	系统文件	BMP	位图文件
WAV	声音文件	MOV	视频剪辑文件
BAT	MS-DOS 批处理文件	EXE	可执行文件
COM	MS-DOS 命令文件	BAK	备份文件
TXT	文本文件	TMP	临时文件

(3)文件夹

为了便于管理和使用存储在外部存储介质上的多个文件,可以把它们分门别类地存放。在 Windows 7 系统中就采取了以文件夹的形式组织和管理文件的方法。具体地说,可以把某个外部存储介质(例如磁盘)看作是一个文件框,在此文件框中可以存放多种文件。为了便于管理和使用,还可以在这个文件框中放上一些文件夹,然后,把一些不同类型、不同用途的文件放到不同的文件夹中。如果需要,还可以在某个文件夹中再放入其他的文件夹。这样,通过在不同层次的文件夹中放入不同文件的方法,可以达到把不同类型、不同用途的文件分门别类存放的目的。

(4)路径

对每个文件和文件夹,可以用它的驱动器号、各级文件夹名以及文件名描述其位置。这种位置的表示方法称为"路径"。路径从左至右依次为:驱动器号、各级文件夹名和文件名。例如,"C:\"表示位于 C 盘驱动器的根文件夹;"E:\kemp\chpt1.doc"表示 E 盘上文件夹 kemp 中的文件 chpt1.doc。

3. 库

使用 Windows 7 系统的用户都会注意到,系统里有一个极具特色的功能——"库",库是 Windows 7 系统借鉴 Ubuntu 操作系统而推出的文件管理模式。库的概念并非传统意义上的存放用户文件的文件夹,它本质上是一个强大的文件管理器。库所倡导的是通过建立索引和使用搜索快速地访问文件,而不是传统的按文件路径的方式访问。建立的索引也并不是把文件真的复制到库里,而只是给文件建立了一个快捷方式而已,文件的原始路径不会改变,库中的文件也不会额外占用磁盘空间。库里的文件还会随着原始文件的变化而自动更新。这就大大提高了工作效率,管理那些散落在各个角落的文件时,我们再也不必一层一层地打开它们的路径了,你只需要把它添加到库中。

4. 回收站

Windows 7 系统的"回收站"为文件和文件夹的删除提供了安全保障。在一般情况下,当用户删除文件和文件夹后,它们并没有真正被删除,而是被移到"回收站"中保存,所以,当用户发现某些文件或文件夹被错误删除后,可以把它们从"回收站"中取回。"回收站"实质上是占用了硬盘上的部分空间,即使关闭计算机电源,"回收站"中的文件仍会被保存下来。

◎ 任务实施

1. 启动"资源管理器"

启动"资源管理器"的方式有多种,这里讲两种方法供用户选择。

①单击"开始"→"所有程序"→"附件"→"Windows 资源管理器"。

②用鼠标右键单击"开始"按钮,从弹出的快捷菜单中选择"打开 Windows 资源管理器"。

2. 文件和文件夹的基本操作

对文件和文件夹的基本操作在"资源管理器"中或在"计算机"中都可以完成。在"资源管理器"中的操作方法如下。

(1)创建文件夹

①单击要在其中创建新文件夹的驱动器或文件夹。

②单击右键,打开快捷菜单,单击"文件夹"。这时,系统将创建一个新的文件夹,并用临时的名称显示新文件夹。

③输入新文件夹的名称,然后按回车键即可。

(2)选择文件或文件夹

用户要想对文件或文件夹进行移动、复制、删除等操作,首先必须选定它们。

选择当前驱动器和文件夹。在窗口左侧进行。单击某个驱动器名称,使之反色显示,该驱动器即为当前驱动器,此时在窗口的右侧会显示出当前驱动器下所有的文件夹或所有的文件。

在窗口的右边选择所需要的文件或文件夹。

①选择单个文件或文件夹:在文件窗口中单击所选择的文件或文件夹,使之反色显示。

②选择相邻多个文件或文件夹:先单击这组相邻文件或文件夹中的第一个,然后在按下 Shift 键的同时单击这组相邻文件或文件夹中的最后一个,选中的文件或文件夹将会反色显示。

③选择不相邻的多个文件或文件夹:先按住 Ctrl 键不放,然后用鼠标分别单击分散的文件或文件夹,它们均会反色显示。

若保持按下 Ctrl 键不放,再单击反色显示的某个文件,则可以取消对该文件的选择;若在文件窗口的任意位置单击,则可取消对多个文件的选择。

(3)移动文件或文件夹

①选择要移动的文件或文件夹。

②单击右键打开快捷菜单,单击"剪切"。

③选择要存放文件或文件夹的位置。

④单击右键打开快捷菜单,选择"粘贴"。

另外,用拖动而不是用选择菜单方式,也可以移动文件或文件夹。先查找要移动的文件或文件夹,并确保拖动文件或文件夹的目标位置是可见的,然后将文件或文件夹拖动到目标位置即可。

(4)复制文件或文件夹

①选择要复制的文件或文件夹。

②单击右键打开快捷菜单,单击"复制"。

③选择要复制到的目标文件夹或驱动器。

④单击右键打开快捷菜单,选择"粘贴"。

(5)删除文件或文件夹

选择要删除的文件或文件夹,单击右键打开快捷菜单,单击"删除",出现删除对话框,确认执行。

(6)更改文件或文件夹的名字

①选择要更改的文件或文件夹。

②单击右键打开快捷菜单,选择"重命名",被选定的文件或文件夹名字反色显示且周围出现一个输入框。

③在输入框中直接输入新的名称,按回车键确认。

3.创建快捷图标

为了方便打开或启动某些文件或程序,可将其图标创建在桌面上,当双击该图标时,如果图标代表文件,那么 Windows 7 系统就会启动应用程序。创建快捷图标的方法如下。

①在"资源管理器"中找到要创建快捷图标的运行文件。

②用鼠标选定该文件并单击右键,选取菜单中的"创建快捷方式"。

③把创建的快捷方式图标拖到桌面即可。

也可以在右键快捷菜单里选择"发送到"→"桌面快捷方式"。

4.搜索文件

为了节省时间和精力,可以使用窗口顶部的"搜索"框,又被称为"搜索浏览器",如需要查找的文件名中包含"计算机"的文档或者文件夹,方法如下。

①打开资源管理器。

②在"搜索"框输入"计算机",则工作区域中会将搜索结果显示出来。

5.使用库和回收站

(1)库的创建和使用

打开资源管理器,在导航栏里我们可以看到库,既可以直接点击左上角的"新建库",也可以在右边空白处,单击右键,弹出的菜单里就有"新建"。给库取好名字,一个新的空白库就创建好了。这里我们没取名,使用了默认的名字"新建库"。然后,我们要做的就是把散落在不同磁盘的文件或文件夹添加到库中。具体操作如下。

①鼠标右键单击"新建库",弹出快捷菜单,选择"属性",弹出"新建库属性"对话框,如图2-9所示。

②单击"包含文件夹",找到想添加的文件夹,选中它,单击"包括文件夹"返回到"属性"窗口,单击"确定"按钮即可。

③打开"新建库",我们会发现刚才添加的文件夹,库里已经显示出来了。

图 2-9 "新建库 属性"对话框

有了库,你就可以方便地管理经常访问的文件夹了,但需要注意,库必须是对应文件夹,无法对应单个文件。

(2)"回收站"的管理

当用户删除文件和文件夹后,它们并没有真正被删除,而是被移到"回收站"中保存,如果要删除"回收站"中的文件或文件夹,只要单击"回收站"窗口中上方的"清空回收站"按钮或在"文件"菜单中选择"清空回收站"命令,此时会出现"是(Y)"和"否(N)"的对话框,选择"是(Y)",就可以删除"回收站"中的内容,选择"否(N)","回收站"中的内容保持不变。

任务四 应用程序管理

◎任务描述

为了解决各类实际应用,我们在计算机中安装了各种应用程序,那么如何去管理这些应用程序呢?

◎任务分析

任务管理器可以帮助我们方便地管理启动中的应用程序,另外,用户还需要掌握应用程序的安装和卸载、应用程序的启动和退出以及应用程序间的切换等操作。

◎知识链接

1. 任务管理器

Windows 任务管理器提供了有关计算机性能的信息,并显示计算机上运行的程序和进程的详细信息;如果连接到网络,那么还可以查看网络状态并迅速了解网络是如何工作的。它的用户界面提供了文件、选项、查看、窗口、关机、帮助六大菜单项,其下还有应用程序、进程、性能、联网、用户五个标签页,窗口底部则是状态栏,从这里可以查看到当前系统的进程数、CPU使用率、物理内存容量等数据,默认设置下系统每隔两秒钟对数据进行一次自动更新,如图 2-10 所示。

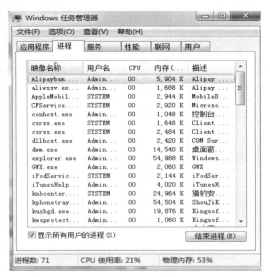

图 2-10 任务管理器

2.控制面板

控制面板是 Windows 图形用户界面的一部分,可通过开始菜单访问。它允许用户查看并操作基本的系统设置,比如添加/删除应用程序,控制用户帐户,更改辅助功能选项等。

◎ 任务实施

1.启动任务管理器

在 Windows 7 系统中可以用以下方法启动"任务管理器"。

①使用快捷键,在键盘上按下"Ctrl+Shift+Esc"可启动任务管理器。

②在任务栏的空白处,单击鼠标右键,弹出快捷菜单,在菜单中选择"启动任务管理器"。

2.应用程序的安装与卸载

Windows 7 系统提供了运行诸如字处理、电子表格和图形处理等应用程序的基础,然而这些应用程序并没有包含在 Windows 7 操作系统中。用户也可以将不需要的应用程序删除,以节省硬盘空间。

(1)应用程序的安装

从安装向导上可以看到,添加新程序分两类:

①从 CD 或 DVD 安装程序。将光盘插入计算机光驱,然后按照屏幕上的说明操作。如果系统提示需要输入管理员密码或进行确认,请输入密码或提供确认。

②从 Internet 安装程序。在 Web 浏览器中,单击指向程序的链接。若要立即安装程序,单击"打开"或"运行",然后按照屏幕上的提示进行操作。如果系统提示需要输入管理员密码或进行确认,请输入密码或提供确认。

(2)应用程序的卸载

①单击"开始"→"控制面板"。

②屏幕出现"控制面板"窗口,单击"程序"。

③出现"程序"窗口,在窗口中选择"卸载程序"命令,出现"卸载或更改程序"窗口,如图

2-11所示。

图 2-11　用 Windows 7 卸载程序

④选择需要删除的应用程序,单击"卸载/更改"按钮,或在要删除的应用程序上单击右键,在快捷菜单中选择"卸载/更改",然后根据提示进行操作即可。

3．应用程序的启动、退出和切换

(1)应用程序的启动

启动应用程序有多种方法,常用的有以下几种。

①从"开始"启动程序。下面以启动"记事本"程序为例,具体步骤如下:首先单击"开始"→"所有程序"菜单项,再指向相应的文件夹(如"附件"),然后单击其中包含的文件(如"记事本"),屏幕上出现对应的应用程序窗口,并且代表该程序的任务按钮出现在任务栏上。

②从程序所在的文件夹启动程序。双击桌面上的"计算机"图标,在其中双击包含程序文件的磁盘驱动器,在打开的磁盘文件窗口中,选择包含程序文件的文件夹,直到出现程序文件,双击其图标即可。

③使用快捷方式启动程序。若桌面上有相应程序的快捷方式,则可直接双击该快捷方式图标,启动相应程序。

(2)应用程序的退出

退出应用程序,也就是终止应用程序的运行,用户只要单击相应应用程序窗口右上角的关闭按钮即可。

(3)应用程序间的切换

Windows 7 系统允许同时启动多个应用程序,各程序都有一个对应的按钮出现在任务栏中。用户只需单击代表该程序的按钮,就可以方便地在各程序间进行切换。切换程序的窗口将出现在其他程序窗口的前面,成为当前窗口。

项目二 个性化设置工作环境

Windows 7作为微软新一代的操作系统,不仅继承了Windows家族的传统优点,还给用户带来了全新的使用体验。美化功能是Windows 7系统中又一亮点之处,一般来说,很多人在自己的个人电脑中都喜欢突出自己的个性。本项目将介绍在Windows 7系统中怎样设置个性化工作环境。

任务一 桌面外观的个性化设置

◎任务描述

很多人都喜欢对自己的电脑进行一些个性化设置,以突出自己的个人风格,而且使设置后的电脑屏幕赏心悦目且使用方便,那么该怎样来设置属于你的个性化桌面呢?

◎任务分析

要想实现桌面外观的个性化设置,可以设置桌面图标的显示或隐藏,还可以对桌面背景和外观进行设置。

◎知识链接

1. 主题

用户可以根据个人喜好设置系统和桌面的显示效果,选择"Aero 主题"或"基本或高对比度主题"两种外观样式之一,其中,"Aero 主题"中的"Windows 7"样式是系统默认的外观样式。

2. 桌面背景

设置桌面背景,可以让桌面看起来更美观,用户可以选择自己喜欢的图片来装饰桌面。作为桌面背景的图片可以从系统自带的图片中选择,也可以是自己电脑中的图片。

3. 屏幕保护程序

为了防止长时间静止的画面"灼伤"显示器,用户可以设置屏幕保护程序,当计算机空闲时间达到"等待"中指定的时间时,计算机将自动启动屏幕保护程序。要退出屏幕保护状态,只需轻轻移动一下鼠标或按任意键即可。

◎任务实施

1. 显示、隐藏桌面图标,调整桌面图标的大小

利用桌面上的图标可以快速访问应用程序。可以选择显示所有图标,如果喜欢简洁的桌面,也可以隐藏所有图标,还可以调整图标的大小。

①显示桌面图标。右键单击桌面,选择"查看→显示桌面图标"选项。

②隐藏桌面图标。右键单击桌面,选择"查看→显示桌面图标"选项,清除复选标记。注意:隐藏桌面上的所有图标并不会删除它们,只是隐藏起来,直到再次选择显示它们。

③调整桌面图标的大小。右键单击桌面,选择"查看"选项,然后单击"大图标""中图标"或"小图标"。

2.更换桌面背景

设置桌面背景的具体步骤如下:

①在桌面空白处单击鼠标右键,在快捷菜单中选择"个性化"选项,在"个性化"窗口中单击"桌面背景"按钮;

②单击"浏览"按钮,找到计算机上的图片;

③单击选取的图片,单击"保存修改"按钮。

3.设置桌面外观

设置桌面外观是对桌面上菜单的字体大小、窗口边框颜色等属性进行设置。在"个性化"对话框的"窗口颜色和外观"选项卡中还可以设置桌面的外观,操作步骤如下:

①在桌面空白处单击鼠标右键,在快捷菜单中选择"个性化"选项,弹出"个性化"窗口,在窗口中选择"Aero主题"或"基本或高对比度主题"中的一个。

②在桌面空白处单击鼠标右键,在快捷菜单中选择"个性化"选项,弹出"个性化"窗口,在窗口中选择"窗口颜色",弹出"窗口颜色"窗口,在窗口中选择自己想要的颜色,同时可以拖动"颜色浓度"右边的滑动按钮来调节颜色浓度,单击"保存修改"按钮完成设置。

③在"窗口颜色"窗口中单击"高级外观设置"按钮,弹出"窗口颜色和外观"对话框,在对话框中可以对桌面元素进行设置。

4.设置屏幕保护程序

设置屏幕保护程序的具体步骤如下:

①在桌面空白处单击鼠标右键,在快捷菜单中选择"个性化"选项,弹出"个性化"窗口;

②在窗口中选择"屏幕保护程序",弹出"屏幕保护程序"窗口;

③在窗口中设置自己想要的"屏保样式""等待时间"等,单击"确定"按钮完成设置。屏幕保护程序设置窗口如图2-12所示。

图2-12 屏幕保护程序设置对话框

任务二　开始菜单和任务栏的个性化设置

◎任务描述

"开始"菜单和任务栏是我们使用 Windows 系统时最常用到的两个功能,用户可以按照自己的使用习惯和喜好来进行设置,那么怎样来设置一个属于自己的个性化菜单和任务栏呢?

◎任务分析

可以通过"任务栏和「开始」菜单属性"对话框实现对任务栏和开始菜单的个性化设置。另外,还可以对任务栏进行移动、缩放、隐藏等基本操作。

◎知识链接

"开始"菜单和任务栏的详细介绍可参考本项目任务二的知识链接,这里不再累述。

◎任务实施

1. "开始"菜单的个性化设置

"开始"菜单是我们使用 Windows 系统时最常使用到的功能,它的作用主要是存放系统的命令和系统里的所有程序,我们也可以对"开始"菜单进行个性化设置,方法如下:

①在"任务栏"空白处,单击鼠标右键,弹出快捷菜单,选择"属性"。

②弹出"任务栏和「开始」菜单属性",选择"「开始」菜单"选项卡,如图 2-13 所示。

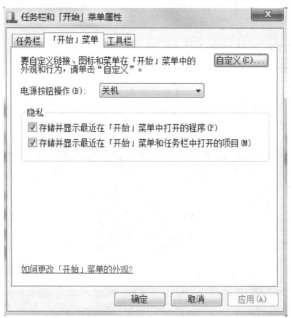

图 2-13　「开始」菜单属性对话框

③单击"自定义",弹出"自定义「开始」菜单"对话框,如图 2-14 所示。

④在对话框中,可以自定义"开始"菜单上的链接、图标以及菜单的外观和行为,设置完毕后,单击"确定"按钮。

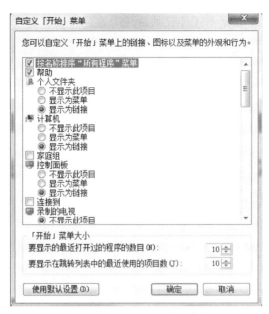

图 2-14 自定义「开始」菜单

2.任务栏的个性化设置

任务栏的设置可由图 2-15 所示的"任务栏属性"对话框来完成。打开"任务栏属性"对话框的方法:将鼠标移至"任务栏"无按钮处,单击鼠标右键,出现快捷菜单,单击其中"属性"命令。对"任务栏"可以进行以下操作。

图 2-15 任务栏属性对话框

(1)移动任务栏

任务栏可以安置在桌面的底部、顶部以及左右两侧。在任务栏没有锁定的情况下,在任务栏的空白处,按住鼠标左键拖动任务栏到希望的位置即可。

(2)缩放任务栏

在任务栏没有锁定的情况下,将鼠标指向任务栏,在出现双向箭头时按住左键拖动即可改变任务栏的大小。

(3)设置任务栏

打开如图 2-15 所示的"任务栏"属性对话框后,就可以方便地对任务栏进行如下设置:

①锁定任务栏,选择了这项后,就不能移动任务栏和改变任务栏的大小。

②自动隐藏任务栏,使用"开始"菜单或任务栏之后,将任务栏缩小为屏幕底部的一条线。任务栏要重新显示,只需把鼠标移到这根线上即可。注意:除了"自动隐藏",还有一种临时隐藏任务栏的方法:将鼠标指向任务栏的顶部并在出现双向箭头时向下拖动。如要重新显示任务栏,向上拖动可见的边缘即可。

③自定义通知区域,用户可以自己选择需要出现在任务栏通知区域的图标。

任务三 控制面板与环境设置

◎任务描述

控制面板是 Windows 系统的一个重要的系统文件夹,其中包含了许多独立的工具,可以用于管理用户帐户,调整系统环境的默认值和各种属性,对设备进行设置与管理,添加新的硬件和软件等。那么具体如何使用控制面板来实现环境设置呢?

◎任务分析

Windows 7 系统通过"控制面板"使用户可以按照自己的方式对计算机进行设置。"控制面板"中内容很多,操作方法相似,此任务我们将完成其中常用的几项操作。

◎知识链接

"控制面板"详细介绍可参考上一项目任务四的知识链接,这里不再累述。

◎任务实施

1. 控制面板的启动

在 Windows 7 系统中启动控制面板的方法有很多,这里介绍常用的三种。

①双击桌面上"控制面板"图标。

②单击"开始"按钮,弹出"开始"菜单,在菜单中选择"控制面板"选项。

③双击桌面上"计算机"图标,打开"计算机"窗口,在菜单栏上单击"打开控制面板"按钮。

Windows 7 系统的"控制面板"窗口如图 2-16 所示。

2. 硬件设备的添加与卸载

(1)硬件设备的添加

①单击"开始"→"控制面板"。

②屏幕出现"控制面板"窗口,选择"硬件和声音"下的"添加设备",弹出"添加设备"对话框,如图 2-17 所示。

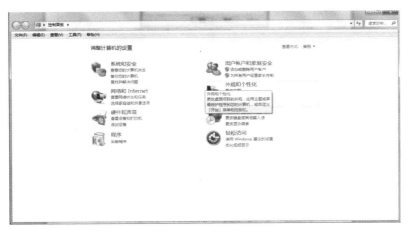

图 2-16 控制面板

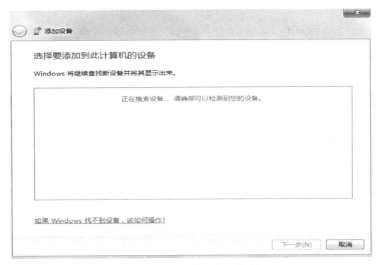

图 2-17 "添加设备"对话框

③系统将自动搜索新的设备。

④根据提示进行操作即可。

(2)硬件设备的卸载

①单击"开始"→"控制面板"。

②屏幕出现"控制面板"窗口,单击"硬件和声音",打开"硬件和声音"窗口,选择"设备管理器"。

③打开"设备管理器"窗口,在需要删除的硬件名称上单击鼠标右键,弹出快捷菜单,如图 2-18 所示。

④在快捷菜单中选择"卸载",单击"确定"即可。

3.更改系统的日期和时间

和以前的 Windows 系统一样,在 Windows 7 系统中用户可以通过"时钟、语言和区域"选项设置系统的时间和输入法等。设置系统的日期和时间的操作步骤如下:

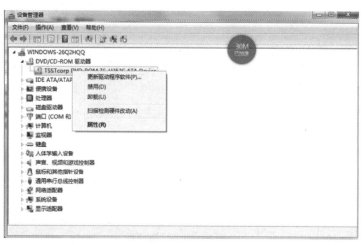

图 2-18 卸载硬件设备

①启动控制面板,选择"时钟、语言和区域",打开"时钟、语言和区域"窗口。

②单击"设置时间和日期",弹出"日期和时间"对话框,选择"日期和时间"选项卡。

③单击"更改日期和时间"按钮,弹出"日期和时间设置"对话框,如图 2-19 所示。用户可以单击下方的"更改日历设置"按钮来改变日历设置。

图 2-19 设置日期和时间

此外,Windows 7 系统在"日期和时间"对话框中还有"附加时钟"和"Internet 时间"两个选项卡。"附加时钟"功能可让用户增加多个时钟。而"Internet 时间"选项卡则能帮助用户将计算机设置为与 Internet 上的报时网站相连,自动同步时间。

4. 显示属性设置

显示属性设置方法如下:

①启动控制面板,选择"外观和个性化",打开"外观和个性化"窗口。

②单击"显示",打开"显示"窗口,可以在其中进行"调整屏幕分辨率""放大或缩小文本

和其他项目"等操作。

5.鼠标的设置

鼠标属性设置方法如下：

①启动控制面板,选择"硬件和声音",打开"硬件和声音"窗口。

②单击"设备和打印机"下的"鼠标",弹出"鼠标属性"对话框。如图2-20所示。

③在对话框中可对鼠标键配置、双击速度、单击锁定、鼠标指针形状方案、鼠标移动踪迹等属性进行设置。

6.声音的设置

声音属性设置方法如下：

①启动控制面板,选择"硬件和声音",打开"硬件和声音"窗口。

②单击"声音",弹出"声音"对话框。如图2-21所示。

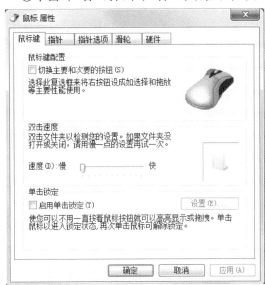

图2-20　"鼠标属性"对话框　　　　图2-21　"声音"对话框

③在对话框中可对系统音量、系统声音和音频设备等属性进行设置。

任务四　使用常见的附件程序

◎任务描述

在开始菜单的"附件"中有不少实用的小工具,很多都是常用的,比如记事本、写字板、计算器和画图工具等。这些系统自带的工具虽然体积小巧、功能简单,但常常能发挥很大的作用。让我们来学习一下怎样使用这些常见的附件程序吧。

◎任务分析

附件是Windows 7系统附带的实用程序工具,在任务栏上单击"开始"→"所有程序"→"附件",就可以看到全部的附件程序。由于工具很多,本任务只要求用户掌握画图、写字板、记事本和系统工具的使用方法。

◎知识链接

1. 画图工具

Windows 7 系统的"画图"程序是一个功能丰富的绘图应用程序。用"画图"程序绘制的图形可插入其他多种不同类型的文档中(如写字板、Word、Excel 和 PowerPoint 文档)。"画图"程序建立的文件默认状态下以"png"作为扩展名。"画图"窗口主要由绘图区域、工具箱、颜料盒、功能区、状态栏五部分组成。

2. 写字板

Windows 7 系统中"写字板"是 Microsoft Word 的简化版本。它比较适合于短小文档的文本编辑,以及从不同应用程序中组合信息(如图片、图像和数字数据等),它的使用方法也与 Word 十分相似。

3. 记事本

"记事本"是一种用来创建简单文档的基本编辑器,常用它来查看或编辑文本文件(即扩展名为 TXT 的文件),此外"记事本"还是创建 Web 页的简单工具。由于"记事本"仅能编辑 ASCII 文本文件(在这些文件中没有特殊的格式代码和控制代码)。所以,它在创建 Web 页的 HTML 文档时特别有用,原因是特殊的格式代码和控制代码无法显示在发布的 Web 页上。

4. 系统工具

Windows 7 系统为用户进行系统管理与维护提供了强有力的工具,常用的系统工具有"备份""磁盘清理""磁盘碎片整理程序"等。使用系统工具,可以帮助用户更好地管理和维护计算机,使系统始终处于最佳状态。

◎任务实施

1. 画图工具的使用

单击"开始"→"所有程序"→"附件"→"画图",就可以启动"画图"程序。如图 2-22 所示。下面对"画图"工具各部分的功能做简单介绍。

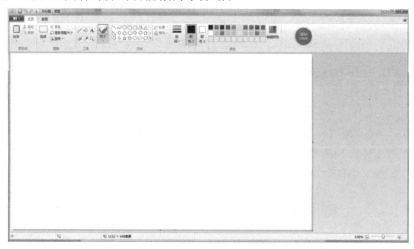

图 2-22 "画图"窗口

(1)绘图区域

画图窗口内可用来绘画的空白区域,相当于一张画布,用于建立和修改图形。默认的画布颜色(即背景色)为白色。

(2)工具箱

工具箱分成两部分:工具框和选择框。工具框中排列着多个绘图工具图标按钮,包括:裁剪、选定、橡皮、颜色填充、取色、放大、铅笔、刷子、喷枪、文字、直线、曲线、矩形、多边形、椭圆和圆脚矩形等。可以利用这些工具在画图区中绘制各种图形并对图形进行修改,还可以在图形中写入文字,用鼠标单击某个小图标,即可选择相应的工具。如,选择"放大镜"可将图形放大。

(3)颜料盒

由二十多个涂有不同颜色的小方格构成,主要用于调配前景色和背景色。

(4)功能区

用来对所绘图画进行各种操作,如文件存盘;图画缩放、翻转、旋转、拉伸、扭曲;设置画布的大小等。

(5)状态栏

位于窗口的底部,用于显示与当前所进行操作有关的提示信息,如绘图工具的作用、光标所在的位置、所绘图形的大小等。

2."写字板"的使用

打开"写字板"的方法:"开始"→"所有程序"→"附件"→"写字板",如图2-23所示。

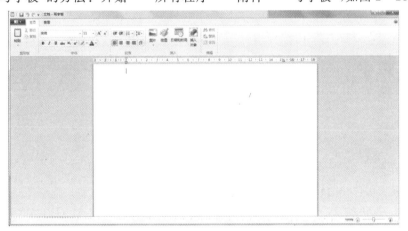

图2-23 "写字板"窗口

"写字板"菜单中几个主要功能介绍如下。

(1)新建文件

要创建一个新文档,可采用以下几种方式:启动"写字板",系统自动新建"文档";单击"主页"左边的向下的三角,在弹出的菜单中选择"新建"命令。写字板支持如下文档格式:Word for Windows 6.0、RTF、文本文档、文本文档 MS-DOS、Unicode。

(2)打开文件

单击"主页"左边的向下的三角,在弹出的菜单中选择"打开"命令。然后单击存有要打开文档的驱动器,再双击包含要打开文档的文件夹,最后单击文档名,再单击"打开"按钮即可。

(3)输入文本

在 Windows 7 系统的状态栏单击输入法按钮选取输入法,"Ctrl+空格"可以切换中英文输入,"Shift+空格"可以切换全角/半角,在插入点处输入文本。

(4)修改文本

"Backspace"键可以删除插入点左边的字符,"Del"键可以删除插入点右边的字符,利用鼠标在文本处拖动选取文本或单击"编辑"中的"全部选定"来选定整个文本。对已选定的文本可进行"剪切""复制""粘贴"等操作。

"剪切":将被选定的文本从文档中删除并置于"剪贴板"中,"剪贴板"是临时存放剪切或复制的内容的内存存储空间。"复制":将选定文本拷贝到"剪贴板"中,然后可通过"粘贴"将选定文本复制到当前文档的插入点处。"粘贴":将"剪贴板"中的内容拷贝到当前文档的插入点处。一次"剪切"可多次"粘贴"。

(5)基本格式排版

先选定文本,再选择相应的命令或菜单来完成字体、字号、粗体、斜体、下划线、颜色等设置。

(6)保存文件

单击"主页"左边向下的三角,在弹出的菜单中选择"保存"命令。也可以单击"快速启动"工具栏的"保存"按钮,对文件进行存盘。

3."记事本"的使用

打开"记事本"的方法:"开始"→"程序"→"附件"→"记事本",如图 2-24 所示。

图 2-24 "记事本"窗口

"记事本"编辑器上有"文件""编辑""格式""查看""帮助"五个菜单。利用这五个菜单的功能,就能解决"记事本"遇到的所有问题。例如,在"文件"菜单中,可以"新建"文件、"打开"文件、"保存"文件或"另存为"新文件。在"编辑"菜单中,可以选定、剪切、复制、粘贴和删除文本、还可以查找文本或插入时间/日期等。在"格式"菜单中可以设置文本的自动换行或字体等。

4．系统工具的使用

系统工具较多，这里仅介绍"磁盘清理程序"和"磁盘碎片整理程序"的功能和使用方法。

(1)"磁盘清理程序"

硬盘经过较长时间的使用后，磁盘上可能会遗留下一些垃圾文件，使用 Windows 7 系统提供的"磁盘清理"程序可以清除垃圾文件，以腾出更多的硬盘空间。使用"磁盘清理"程序的方法："开始"→"所有程序"→"附件"→"系统工具"→"磁盘清理"，会弹出"磁盘清理：驱动器选择"对话框，选择好要清理的驱动器后，单击"确定"键，就会启动磁盘清理程序。如图 2－25 所示。

图 2－25　磁盘清理对话框

(2)"磁盘碎片整理程序"

计算机在使用过一段时间后，磁盘上会出现许多碎片文件，使系统运行速度变慢，磁盘空间利用率下降。这时使用"磁盘碎片整理程序"重新整理硬盘上的文件和未使用的空间，使每个文件都被当作一个完整的单元存放在磁盘单独的一块区域上，这样可以加快程序的运行速度。使用方法："开始"→"所有程序"→"附件"→"系统工具"→"磁盘碎片整理程序"，然后按出现对话框的提示进行操作即可。如图 2－26 所示。

图 2－26　"磁盘碎片整理程序"对话框

模块小结

1. 操作系统是管理电脑硬件与软件资源的程序,同时也是操控计算机的内核与基石。

2. Windows 7 是常用的家用和办公操作系统,所以掌握 Windows 7 系统的基本操作是非常重要的。要熟练掌握利用鼠标和键盘对程序和文件进行操作,熟练掌握窗口的基本操作,了解菜单和对话框的操作,这些可以帮助我们更好地驾驭 Windows 7 系统。

3. 资源管理器是 Windows 7 主要的文件浏览和管理工具,使用它可以方便地组织自己的文件系统;文件与文件夹的管理也是非常重要的操作。学会这些知识,就可以熟练地管理和组织计算机中的文件。

4. 控制面板是 Windows 7 系统图形用户界面的一部分,是管理与设置系统硬件、软件和系统信息的操作平台,是 Windows 7 的核心。用户无论是安装硬件、软件,还是更改 Windows 7 默认的环境,都可以通过控制面板提供的功能来实现。

5. 附件是 Windows 7 系统附带的实用程序工具,这些系统自带的工具虽然容量不大、功能简单,但在实际应用中却常常发挥着很大的作用。

习 题

一、单选题(请选择 A、B、C、D 中的一个字母写到题中的括号内)

1. 视窗操作系统简称(   )。
   A. DOS   B. UCDOS
   C. Windows   D. WPS

2. 一个文件的扩展名通常表示(   )。
   A. 文件的类型   B. 文件的版本
   C. 文件的大小   D. 文件的属性

3. 在 Windows 7 系统中,对文档进行修改后,既要保存修改后的内容,又不能改变原文档的内容,此时可以使用"文件"菜单中的(   )命令。
   A. 属性   B. 打开
   C. 保存   D. 另存为

4. 在 Windows 7 系统中,通常情况下,单击对话框中的"确定"按钮与按(   )键的作用是一样的。
   A. F1   B. Esc
   C. Enter   D. F2

5. 为了获取 Windows 7 系统的帮助信息,可以在需要帮助的时候按(　　)键。
A. F3 B. F2
C. F4 D. F1

6. 在 Windows 7 系统中单击(　　)按钮或图标,几乎包括了 Windows 7 系统中的所有功能。
A. "我的文档" B. "资源管理器"
C. "我的公文包" D. "开始"

7. 在操作 Windows 7 系统中的许多子菜单中,常常会出现灰色的菜单项,这是(　　)。
A. 错误点击了其主菜单 B. 双击灰色的菜单项才能执行
C. 按右键选择它就可对菜单操作 D. 在当前状态下,无此功能

8. 在 Windows 7 系统中,鼠标左键和右键的功能(　　)。
A. 固定不变 B. 通过"控制面板"操作来改变
C. 通过"资源管理器"操作来改变 D. 通过"附件"操作来改变

9. Windows 7 系统中的文件名最长可达(　　)个字符。
A. 255 B. 254
C. 256 D. 8

10. Windows 7 系统中的"写字板"程序只能编辑(　　)。
A. TXT 文件 B. TXT 和 DOC 文件
C. 任一种格式文件 D. 多种格式文件

11. Windows 7 系统桌面上的"背景""屏幕保护程序""显示"三者是(　　)。
A. "背景"和"外观"是同一含义 B. "屏幕保护程序""外观"具有同一含义
C. 三者均是同一含义 D. 三者均有不同的含义

12. 为了正常退出 Windows 7 系统,用户的正确操作是(　　)。
A. 选择系统菜单中的"关闭系统"并进行人机对话
B. 在没有任何程序正在执行的情况下关掉计算机的电源
C. 关掉供给计算机的电源
D. 按 Alt＋Ctrl＋Del 键

13. 在 Windows 7 系统环境中,显示器的整个屏幕称为(　　)。
A. 桌面 B. 图标
C. 窗口 D. 资源管理器

14. 在 Windows 7 系统中,鼠标主要的三种操作方式是单击、双击和(　　)。
A. 与键盘按键配合使用 B. 连续交替按下左右键
C. 拖动 D. 连击

15. 在 Windows 7 系统中的通常情况下,鼠标在屏幕上的"箭头"符号变为一个"沙漏"时,表示(　　)。
A. Windows 7 系统正在执行某一处理任务,请用户稍等
B. 提示用户注意某个事项,并不影响计算机继续工作
C. Windows 7 系统执行的程序出错,中止其执行

D. 等待用户键入"Y"或"N",以便继续工作

16. 在 Windows 7 系统中的下拉菜单里,有一类操作命令项,若被选中执行时会弹出子菜单,这类命令项的显示特点是( )。

　　A. 命令项本身以浅灰色显示　　　　B. 命令项的右侧有省略号(...)
　　C. 命令项位于一条横线以上　　　　D. 命令项的右侧有一实心三角

17. 在 Windows 7 系统中,用键盘打开系统菜单,需要( )。

　　A. 同时按下 Ctrl 键和 Esc 键　　　　B. 同时按下 Ctrl 键和 Z 键
　　C. 同时按下 Ctrl 键和空格键　　　　D. 同时按下 Ctrl 键和 Shift 键

18. 在 Windows 7 系统中,当启动(运行)一个程序时就会打开一个该程序自己的窗口,把运行程序的窗口最小化,就是( )。

　　A. 结束该程序的运行
　　B. 暂时中断该程序的运行,但随时可以由用户恢复
　　C. 该程序的运行转入后台继续工作
　　D. 中断该程序的运行,而且用户不能恢复

19. 在 Windows 7 系统中,屏幕上可以同时打开若干个窗口,它们的排列方式是( )。

　　A. 只能并排　　　　　　　　　　　B. 只能由系统决定,用户无法改变
　　C. 只能层叠　　　　　　　　　　　D. 既可以并排也可以层叠,由用户选择

20. 在 Windows 7 系统中,屏幕上可以同时打开若干个窗口,但是其中只能有一个是当前活动窗口。指定当前活动窗口最简单的方法是( )。

　　A. 用鼠标在该窗口内任意位置上单击
　　B. 把其他窗口都关闭,只留下一个窗口,即成为当前活动窗口
　　C. 用鼠标在该窗口内任意位置上双击
　　D. 把其他窗口都最小化,只留下一个窗口,即成为当前活动窗口

21. 在下列文件名中,有一个在 Windows 7 系统中为非法的文件名,它是( )。

　　A. my file1　　　　　　　　　　　B. class1.data
　　C. BasicProgram　　　　　　　　　D. card"01"

22. 在 Windows 7 系统中,一个文件路径名为"C:\93.TXT",其中 93.TXT 是一个( )。

　　A. 文本文件　　　　　　　　　　　B. 文件夹
　　C. 文件　　　　　　　　　　　　　D. 根文件夹

23. 在 Windows 7 系统中,对磁盘文件进行有效管理的一个工具是( )。

　　A. 写字板　　　　　　　　　　　　B. 我的公文包
　　C. 附件　　　　　　　　　　　　　D. 资源管理器

24. 在 Windows 7 系统中的"资源管理器"或"我的电脑"窗口中,要选择多个不相邻的文件以便对其进行某些处理操作(如复制、移动),选择文件的方法是( )。

　　A. 用鼠标逐个单击各文件
　　B. 按下 Ctrl 键并保持,再用鼠标逐个单击各文件
　　C. 按下 Shift 键并保持,再用鼠标逐个单击各文件

D. 用鼠标单击第一个文件,再用鼠标右键逐个单击其余各文件

25. 在 Windows 7 系统中,选好文件或文件夹后,选择"文件"菜单中的命令项"发送",不能复制到( )。

　　A. 软盘　　　　　　　　　　　　B. C 盘根目录

　　C. 我的文档　　　　　　　　　　D. 桌面快捷方式

26. 在 Windows 7 系统中,选择了"我的电脑"或"资源管理器"窗口中若干文件夹或文件以后,下列操作中,不能删除这些文件夹或文件的是( )。

　　A. 用鼠标左键单击"文件"菜单中相应的命令项

　　B. 按键盘上的"Del"键

　　C. 用鼠标右键单击该文件夹或文件,弹出一个快捷菜单,再用左键单击相应的命令项

　　D. 用鼠标左键双击该文件夹或文件

27. Windows 7 系统中的"回收站"是( )的一个区域。

　　A. 高速缓存中　　　　　　　　　B. 内存中

　　C. 软盘上　　　　　　　　　　　D. 硬盘上

28. 在 Windows 7 系统中,如果只记得某个文件夹或文件的名称,忘记了它的位置,那么要打开它的最简便方法是( )。

　　A. 使用系统菜单中的"文档"命令项

　　B. 在"我的电脑"或"资源管理器"的窗口中去浏览

　　C. 使用系统菜单中的"运行"命令项

　　D. 使用系统菜单中的"搜索"命令项

29. 在 Windows 7 系统中,( )。

　　A. 不能再进入 DOS 系统工作

　　B. 能再进入 DOS 系统工作,并能再返回 Windows 系统

　　C. 能再进入 DOS 系统工作,但不能再返回 Windows 系统

　　D. 能再进入 DOS 系统工作,但必须先退出 Windows 系统

30. 在中文 Windows 7 系统的资源管理器窗口中,要选择多个相邻的文件以便对其进行某些处理操作(如复制、移动),选择文件的方法为( )。

　　A. 用鼠标逐个单击各文件图标

　　B. 先单击第一个文件图标,再用鼠标右键逐个单击其余各文件图标

　　C. 先单击第一个文件图标,按下 Ctrl 键并保持,再用鼠标单击最后一个文件图标

　　D. 先单击第一个文件图标,按下 Shift 键并保持,再用鼠标单击最后一个文件图标

二、判断题(请在正确的题后括号中打√,错误的题后括号中打×)

1. 同一目录下可以存放两个内容不同但文件名相同的文件。( )
2. 在 Windows 7 系统中,一般情况下,按 F1 键可以进入随机帮助。( )
3. Windows 7 提供多任务并行处理的能力。( )
4. 所有在 DOS 下的应用程序在 Windows 系统下都无法运行。( )
5. Windows 7 任务栏可以隐藏起来。( )

6. 在 Windows 7 系统中,删除操作所删除的文件是不能恢复的。(　　)

7. 对鼠标左键操作只能是单击和双击两种。(　　)

8. Windows 7 系统中,"回收站"专门用于对被删除文件进行管理。(　　)

9. 在 Windows 7 系统中的"资源管理器"中,不仅对文件及文件夹进行管理,而且还能对计算机的硬件及"回收站"等进行管理。(　　)

10. Windows 7 系统中,用"CTRL＋空格"切换中英文输入。(　　)

11. Windows 7 系统中,文件夹建好后,其名称和位置均不能改变。(　　)

12. Windows 7 系统中,用"SHIFT＋空格"切换"半角/全角"。(　　)

13. Windows 7 系统中,不能删除非空文件夹。(　　)

14. Windows 7"系统工具"→"磁盘扫描程序",可以修复某些磁盘错误。(　　)

15. Windows 7 系统中,可以对双键鼠标左右键的功能进行设定。(　　)

三、上机操作题

1. 打开桌面上"计算机"和"网络"窗口,设置窗口的显示方式为"并排显示窗口"。

2. 取消任务栏的时间显示。

3. 隐藏任务栏并在桌面上建立"计算器"应用程序的快捷方式。

4. 将计算机中保存的某张图片设置为桌面背景。

5. 打开 Windows"记事本",输入下面文字,并将文档保存。

计算机网络

计算机网络是计算机技术和通信技术结合的产物。用通信线路及通信设备把独立的计算机连接在一起形成一个复杂的系统就是计算机网络。这种方式扩大了计算机系统的规模,实现了计算机资源(硬件资源和软件资源)的共享,提高了计算机系统的协同工作能力,为电子数据交换提供了条件。计算机网络可以是小范围的局域网络,也可以是跨地区的广域网络。

现今最大的网络是 Internet;加入这个网络的计算机已达数亿台;通过 Internet 我们可以利用网上丰富的信息资源,互传邮件(电子邮件)。所谓的信息高速公路就是以计算机网络为基础设施的信息传播途径。现在,又提出了所谓网络计算机的概念,即任何一台计算机,既可以独立使用它,也可以随时接入网络,成为网络的一个节点。

模块三　Word 2010 文字处理软件

Microsoft Office 2010 是一套由美国微软公司开发的办公自动化软件，它为 Microsoft Windows 和 Apple Macintosh 操作系统而开发，它包含了 Word 2010、Excel 2010、PowerPoint 2010、Outlook 2010 等，每个软件既各自独立，又能相互配合。其中 Word 2010 是使用最广泛、最受欢迎的办公软件之一，集文字编辑、排版、图形、电子表格、计算功能为一体。相较于 Word 之前的版本，如 Word 2003、Word 2007 等，Word 2010 提供了功能更为全面的文本和图形编辑工具，并同时采用了以结果为导向的全新用户界面，以此来帮助用户创建、共享更具专业水准的文档。本模块主要介绍 Word 2010 中的一些主要应用，通过项目来讲解其主要功能及使用方法。

项目一　制作聘用合同书

在 Word 2010 中进行文字处理工作，首先要学会文字的录入和文本编辑操作，为了使文档美观且便于阅读，还要对文档进行相应的字符格式设置、段落格式设置、添加边框和底纹等常见的操作。本项目主要介绍一份聘用合同书的制作，制作完成的聘用合同书效果如图 3－1所示。

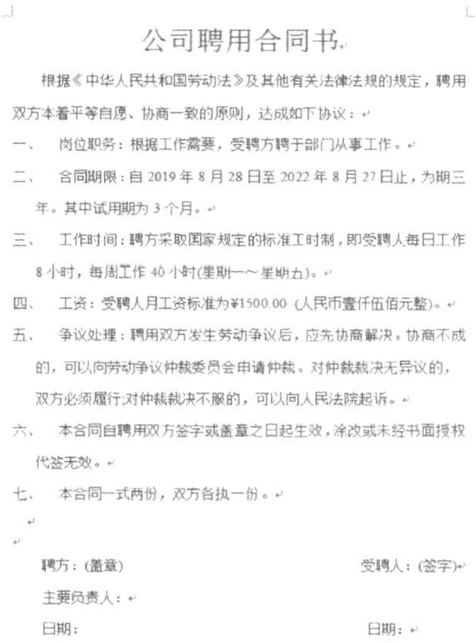

公司聘用合同书

根据《中华人民共和国劳动法》及其他有关法律法规的规定，聘用双方本着平等自愿、协商一致的原则，达成如下协议：

一、　岗位职务：根据工作需要，受聘方聘于部门从事工作。

二、　合同期限：自 2019 年 8 月 28 日至 2022 年 8 月 27 日止，为期三年。其中试用期为 3 个月。

三、　工作时间：聘方采取国家规定的标准工时制，即受聘人每日工作 8 小时，每周工作 40 小时(星期一～星期五)。

四、　工资：受聘人月工资标准为¥1500.00 (人民币壹仟伍佰元整)。

五、　争议处理：聘用双方发生劳动争议后，应先协商解决。协商不成的，可以向劳动争议仲裁委员会申请仲裁。对仲裁裁决无异议的，双方必须履行;对仲裁裁决不服的，可以向人民法院起诉。

六、　本合同自聘用双方签字或盖章之日起生效，涂改或未经书面授权代签无效。

七、　本合同一式两份，双方各执一份。

聘方：(盖章)　　受聘人：(签字)

主要负责人：

日期：　　日期：

图 3－1　聘用合同书

任务一 创建和保存文档

◎任务描述

Word 2010 是目前广泛应用的文字处理软件。它具有易学易用、功能齐全等特点,主要用于创建、编辑、排版、打印各类用途的文档。本次任务是完成一份聘用合同书的创建和保存。

◎任务分析

使用 Word 2010 创建一个文件名为"聘用合同书"的新文档,认识 Word 2010 的工作界面,熟悉各种视图模式,并保存文档。

◎知识链接

1. Word 2010 中文版的界面介绍

启动 Word 2010 中文版后,软件的视窗界面如图 3-2 所示。一般由标题栏、快速访问工具栏、主选项卡、功能区、编辑区、滚动条、状态栏和视图切换按钮等部分组成。其主要功能如下。

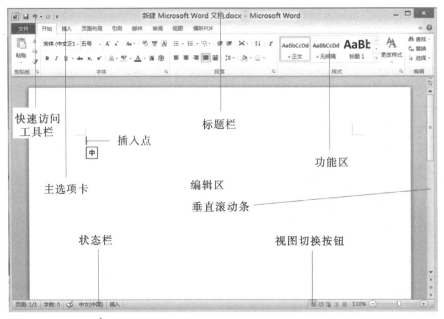

图 3-2 Word 2010 中文版的界面

①标题栏:位于屏幕的最上端,显示应用程序名和当前文档的名称,最右边是最小化、最大化(或还原)和关闭按钮。

②主选项卡:位于标题栏下方,几乎包含操作的所有命令,它具有文件、开始、插入、页面布局、引用、邮件、审阅、视图等选项,每个选项卡下方都有一个下功能区。

③编辑区:用户输入文档的地方。

④滚动条:位于文档的右方和下方,分别是垂直滚动条和水平滚动条,用鼠标单击滚动

条上下、左右的箭头,或拖动滚动条均可使文本上下、左右移动。

⑤状态栏:位于屏幕底部,其中有关于当前文档的一些状态信息。如页码、当前光标在本页中的位置及某些功能是处于禁止还是允许状态等。

⑥视图切换按钮:Word 2010 提供了用不同视图窗口对文档内容显示的方式,包括页面视图、阅读版式视图、大纲视图、草稿。

2. 退出 Word 2010

退出 Word 2010 将关闭所有打开的文档,此时有文档如果没有保存,系统会提示是否保存文档,常用的退出方法有以下几种:

①单击标题栏最右端的"关闭"按钮。

②单击标题栏最左端的 Word 2010 中文版图标,打开下拉菜单,然后单击其中的"关闭"命令。

③单击主选项卡中"文件"→"退出"命令。

④在标题栏的任意处单击鼠标右键,然后单击菜单中的"关闭"选项。

⑤使用键盘上的"Alt+F4"组合键。

3. 创建新文档

Word 在启动时会自动新建一个空白文档,并为其暂时命名为文档1,用户可以在空文本中输入文本内容,当保存该文档时可为它重新命名。

常用的创建空白文档的方法:

(1)新建空白文档

①单击主选项卡中"文件"→"新建"命令,在右侧"可用模板"下单击选择"空白文档",如图 3-3 所示,单击"创建"按钮,软件将会创建一个空白文档。

图 3-3 新建文档界面

(2)利用模板新建文档

使用模板可以快速创建出外观精美、格式专业的文档,Word 2010 提供了多种模板,用户可以根据具体的应用需要选用不同的模板。方法如下:

①单击主选项卡中"文件"→"新建"命令,在右侧"可用模板"下单击选择所需模板,该处选择"博客文章"。

②单击"创建"按钮,软件将会根据用户所选择的模板创建一份文档,文档中已经定义了版式与内容的样式,如图 3-4 所示。

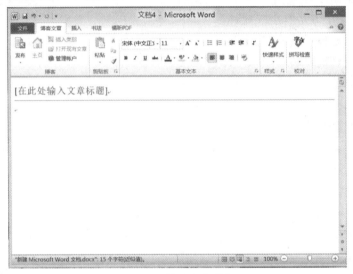

图 3-4　博客文章模板

4. 打开文档

当需要浏览已有的 Word 文档时,需要先将文档打开。

(1)打开已有文档

①启动 Word 2010 后,单击"文件"→"打开"命令,弹出如图 3-5 所示的对话框。

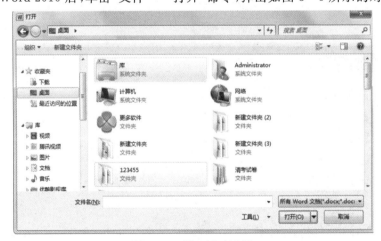

图 3-5　"打开"对话框

②找到所需文档的保存路径,选择需要打开的文档后,在文档上双击或者单击"打开"按钮,即可打开对应文档。

5.文档的保存

在新建的文档中输入一些文本或图片信息后,需要保存,保存方法如下。

(1)保存新文档

①单击"文件"→"另存为"命令,弹出如图3-6所示的对话框。

图3-6 "另存为"对话框

②用户可以在左侧的下拉列表框中,选择相应的保存路径。
③在"文件名"处输入文件名称,取代原来文件暂用名。
④单击"保存"按钮即可保存文件,单击"取消"按钮则取消保存操作。

保存文件以后,若以后还要将该文档保存在当前目录下,只需要单击快速访问工具栏上的"保存"按钮即可。

(2)设置自动保存文件时间

Word 2010中文版提供了自动保存功能,默认间隔时间为10分钟,可以自己来设定自动保存间隔时间,如图3-7所示,操作方法如下。

图3-7 "自动保存时间"对话框

①单击"文件"→"选项"命令。
②弹出"Word 选项"对话框,单击左侧列表中的"保存"按钮。
③在右侧"分钟"框中输入需要的间隔时间,单击"确定"按钮。

◎任务实施

使用 Word 2010 在桌面上创建一个新文档,以"聘用合同书"为文件名保存。

任务二　文档编辑

◎任务描述

Word 2010 是一款具有强大文字处理功能的办公软件,我们在 Word 2010 中进行文字处理工作前,首先要学会文字的录入和文本编辑操作。

◎任务分析

要完成本项工作任务,需要掌握如下操作。
①输入聘用合同书内容并保存。
②在"工资标准为"后插入特殊符号"¥"。
③熟悉文本编辑操作,如选择文本、复制、粘贴、撤销等。

◎知识链接

1. 文档的输入

(1)输入普通文本

①启动 Word 2010,打开文档,以便进一步编辑、修改。
②在屏幕上出现一个工作区,上面有一条闪动的竖线,这是插入点,如图 3-8 所示,功能是标记输入正文在文档中出现的位置及进行编辑的位置。

图 3-8　文本插入位置

③在新的空白文档中,可以使用键盘输入文档(关于中英文、全角半角和输入方法的切换,在前文中已做了介绍,请参考即可)。输入时,正文在屏幕上出现,插入点向右移动。如果正文行到达屏幕右边沿时,不用按回车键,Word 2010 软件会自动换行,如果不开始新自然段,就不用按回车键。如果输入的行数超过屏幕的大小,Word 2010 软件会向上滚动已输入的文本,保证插入点始终可见。

(2)输入符号与特殊符号

在输入文档时,有时会碰到要插入一些键盘上没有的特殊符号,这时就需要使用 Word 2010 的符号插入功能。方法如下。

①单击"插入"→"符号"命令,如图3-9所示,可以插入"符号"和"其他符号"。

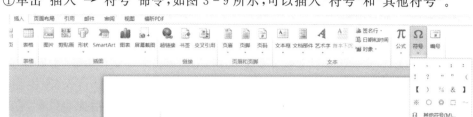

图3-9 插入符号

②选择所需的符号,然后单击"插入"按钮,就可以在文档中插入点处插入该符号。再单击"关闭"按钮,就完成了符号的插入。

一旦符号插入到文档中,Word 2010就将它与一般文本内容一样对待,可以对它进行各种编辑操作,如复制、删除等。

2. 文档的查找、替换和定位

在文档的编辑过程中,有时候需要找出重复出现的某些内容并进行修改,用Word 2010提供的查找、替换功能,可以快捷、高效地完成该项工作,方法如下。

①在"开始"选项卡的"编辑"组中单击"替换"按钮,弹出"查找和替换"对话框,选择"替换"选项卡。

②在"查找内容"后输入替换前的内容,在"替换为"中输入替换后的内容,如图3-10所示。

图3-10 "查找和替换"对话框

③如果只替换一个,单击"替换",如果全部替换,单击"全部替换"。

3. 选择文本

在对文本进行删除、移动、复制、格式化等操作时,必须先选定要操作的文本,选定文本的方法有以下几种。

(1)使用鼠标选择文本内容

将鼠标指针移到欲选择的文本首部,按住鼠标左键拖动到选择的文本尾部,然后释放鼠标左键,此时选定的文本文字将反色显示。常用的选择操作如下。

①选择一句:按住键盘上的Ctrl键,然后单击句子中的任意位置。

②选择一行:鼠标指针移到文本选定区,并指向该行,单击鼠标左键。

③选择一段:鼠标指针移到文本选定区,并指向该段任意位置,双击鼠标左键。另外,还可以将鼠标指针放置在该段中的任意位置,然后连续单击3次鼠标左键,同样也可选定该段落。

④选择整个文档:鼠标指针移到文本选定区,并指向该文本任意位置,三击鼠标左键。

⑤用户还可以选择一块垂直的文本(表格单元格中的内容除外)。首先,按住键盘上的Alt键,将鼠标指针移动到要选择文本的开始字符,按住鼠标左键,然后拖动鼠标,直到要选择文本的结尾处,松开鼠标和Alt键。此时,一块垂直文本就被选中了。

(2)使用键盘选择文本

使用键盘选择文本时,应首先把鼠标光标移到所选文本区域的一端,然后按住Shift键,同时按向下或向左箭头键移动插入点光标。在移动过程中,所经过的文本呈选定状态。

4.文本的移动、复制与粘贴

(1)常用的移动方法

①文本移动距离较远:选取要移动的文本内容,单击"开始"中的"剪切"命令,然后将光标移到文本需要放置的新位置,单击"开始"中的"粘贴"命令即可。

②文本移动距离较近:选取要移动的文本内容,按住鼠标左键,将选取的文本内容拖放到新位置上。

(2)常用的复制方法

①文本复制的距离较远:选取要复制的文本内容,单击"开始"中的"复制"命令,然后将光标移到文本欲复制处,单击"开始"中的"粘贴"命令。

②文本复制的距离较近:选取要复制的文本内容,同时按住Ctrl键和鼠标左键,将选中的文本内容拖放到复制处即可。

需要注意的是,当用户在Office程序中进行了"剪切"或"复制"操作后,"剪切"或"复制"的内容会被放入"剪贴板"中,它是计算机内存的一部分,一次"剪切"或"复制",可以多次"粘贴"。

5.删除文本

①选定欲删除的文本。

②按Del键或Backspace键删除。

6.撤消与恢复操作

①撤消:如果误删了文本或有错误的操作,可以用"快速访问工具栏"中的"撤消"命令,恢复误删除前的状态。单击"撤消"按钮或按快捷键"Ctrl+Z",该操作可以多次选择撤消命令,取消最近的几个操作。

②恢复:单击"快速访问工具栏"上的"恢复"按钮或按快捷键"Ctrl+Y",可恢复刚执行的"撤消"操作。

◎任务实施

①打开"聘用合同书"文档,进行内容输入,并保存。

②在"工资标准为"后插入特殊符号"￥"。

③在文档中,熟悉文本编辑操作,如选择文本、复制、粘贴、撤销等。

任务三　文档的格式编排

◎任务描述

当所需文本和图形已正确输入后,不同的内容应使用不同的字体和字号,这样才能使文档的层次分明,使阅读者一目了然,关于文本的排版、修饰可通过 Word 的格式命令来完成。本次任务要了解如何设置字体、字号、字形以及其他美化文档的方法。

◎任务分析

要完成本项工作任务,需要进行如下操作。

①设置标题文字:字体为宋体,字号为二号,字形为加粗,字体颜色为红色,效果为阴影;段前、段后各为1行,对齐方式为居中对齐。

②设置正文:字体为宋体,字号为四号;行距为固定值22磅,首行缩进2字符。

③设置各段子标题:字形为加粗,字体颜色为红色。

◎知识链接

1. 字符格式

字符格式包括字的字体、颜色、大小、字符间距、文字效果等属性,有两种方法设置:

①使用"字体"对话框进行设置。

②使用"字体"功能组进行设置。

2. 设置字体、字号、字形、字体颜色

在"字体"对话框中单击"字体"选项卡,可完成字体、字形、大小、下划线、字符颜色、效果的设定。方法如下。

①在"开始"选项卡中单击"字体"功能组右下方的箭头,打开"字体"对话框,在"中文字体"的下拉框中选择字体,在"字形"下拉框中选择想要的字形,在"字号"文本框中选择想要的字号,在"字体颜色"下拉框中选择想要的颜色,还可以在字体对话框中设置下划线、下划线颜色、着重号等特殊效果。如图3-11所示。

②完成后单击"确定"按钮即可。

3. 设置字体的字符间距、底纹

①在"字体"对话框中单击"高级"选项卡,完成字符间距、字符位置的设定,"字符位置"用来指示文字出现在基准线的什么位置上(基准线是一条假设的恰好在文字底部的线),若选择"标准",则文字正好在基准线上;若选择"提升"或"降低",则提升或降低的尺寸由"位置"右边的"磅值"给定,如图3-12所示为设置字符间距。

②在"字体对话框"中单击"文本效果"选项卡,完成字符底纹的设置,如图3-13所示。

4. 段落格式设置

段落是指两个回车符之间的内容。段落格式主要包括段落对齐方式、段落缩进距离、行距和段前段后间距等。进行段落排版时,只要将插入点置于所需排版的段落中就可以了。但是多段或全文一次性进行段落排版时,则需要先选定这些段落或全文。

图 3-11 "字体"对话框

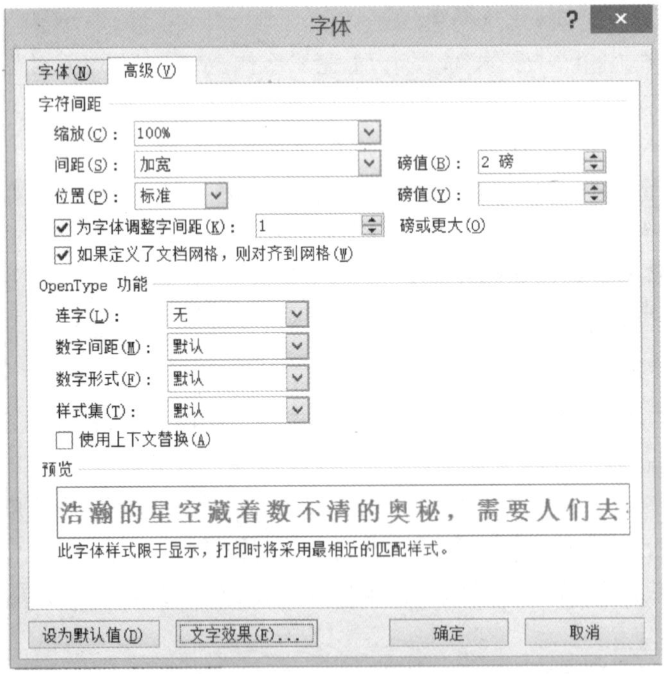

图 3-12 设置字符间距

图 3-13 设置文本效果

5.段落的缩进设置

缩进是指相对于文档的左边界或右边界向内缩进若干距离,Word 2010 提供了四种段落缩进方式:左缩进、右缩进、首行缩进和悬挂缩进。

①左缩进:光标所在段落向左缩进一段距离。

②右缩进:光标所在段落向右缩进一段距离。

③首行缩进:光标所在段落第一行向右缩进一段距离,其余行不变。

④悬挂缩进:光标所在段落除了第一行外,其余行向右缩进一段距离。

设置段落的缩进效果可以采用菜单的方式也可以采用拖动标尺的方式。

①使用"段落"对话框设置缩进:在"开始"选项卡中单击"段落"功能组右下方的箭头,打开"段落"对话框,选择"缩进和间距"选项卡,在"左侧""右侧"右边的下拉框中设定左、右缩进的距离,在"特殊格式"下方的下拉框中选择"首行缩进"或"悬挂缩进",并可在"磅值"下的列表框中设定缩进量的大小。如图 3-14 所示。

图 3-14 "段落"对话框

②使用标尺:用鼠标左键按住相应缩进方式的按钮并拖动到所需位置即可。若需要精确设定缩进位置,可按住 Alt 键并拖动。如图 3-15 所示。如果在 Word 中找不到标尺,可以选择主选项卡中的"视图",勾选"标尺"命令,使"标尺"可见。

图 3-15 "标尺"工具栏

6. 段落的对齐

Word 2010 一共提供了 5 种段落对齐方式：文本左对齐、居中、文本右对齐、两端对齐和分散对齐。在"开始"选项卡中的"段落"选项组中可以看到与之相对应的按钮，在"段落"对话框中，选择"缩进和间距"选项卡，在"对齐方式"右侧可以设置段落的对齐方式。

7. 设置段落的间距和设置行的间距

段间距由"段前""段后"的磅值给定，默认为 0 行。行距分别可指定最小值、单倍行距、1.5 倍行距、2 倍行距、固定值和多倍行距，"最小值"行距的具体值由"设置值"给定，其余单倍、1.5 倍等都是相对于它的量。设置的方法都是打开"段落"对话框，选择"缩进和间距"选项卡进行设置，如图 3-16 所示。

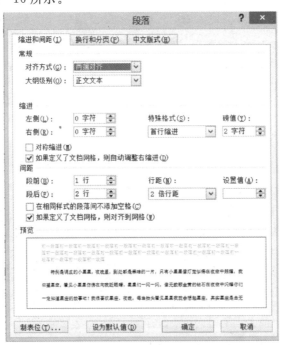

图 3-16 设置段落间距

8. 用格式刷复制格式

复制格式就是将文本的字体、字号、段落设置等重新应用到目标文本，可以在"开始"选项卡中，单击"剪贴板"选项组中的"格式刷"按钮进行操作。操作的方法如下：

①选定要复制格式的字符或段落,若是段落,注意要将段尾选定。

②单击"格式刷"按钮,如图 3-17 所示,这时鼠标指针的形状变为一个刷子。

图 3-17 格式刷

③移动鼠标指针指向需要该格式的文本头,按住鼠标左键,拖动鼠标到文本尾,放开鼠标左键,完成格式的复制。若要复制格式到多个文本上,则可以双击"格式刷"按钮,完成格式复制后,再单击"格式刷"按钮。

9.为段落添加边框和底纹

①将光标移到第一段任意位置,在"开始"选项卡"段落"功能组中单击"边框"按钮右侧的向下的实心三角形,弹出下拉菜单,在菜单中单击"边框和底纹",弹出"边框和底纹"对话框。

②在对话框中选择"边框"选项卡,在"设置"下选择"方框",在"样式"下的列表框中选择边框线型样式,并可选择线条颜色和宽度,在"应用于"下方的下拉框中选择"段落"。然后单击"确定"按钮,如图 3-18 所示。

图 3-18 设置段落边框

③打开"边框和底纹"对话框,选择"底纹"选项卡,在"填充"下方的色板中选择底纹的颜色,此处选取蓝色。并可选择底纹的"样式",此处选择"5%",在"应用于"下方的下拉框中选择"段落"。如图 3-19 所示。最后单击"确定"按钮。

图 3-19　设置段落底纹

10. 文档背景

Word 2010 为用户提供了丰富的页面背景设置功能,用户可以非常便捷地为文档应用水印、页面颜色和页面边框的设置。

例如,用户可以通过设置页面颜色,为背景应用渐变、图案、图片、纯色或纹理等填充效果,其中渐变、图案、图片和纹理将以平铺或重复的方式来填充页面,从而让用户可以针对不同应用场景制作专业美观的文档。为文档设置页面颜色和背景的操作步骤如下。

①在 Word 2010 的功能区中,打开"页面布局"选项卡。

②在"页面布局"选项卡中的"页面背景"选项组中,单击"页面颜色"按钮。

③在弹出的下拉列表中,用户可以在"主题颜色"或"标准色"区域中单击所需颜色。如果没有用户所需的颜色还可以执行"其他颜色"命令,在随后打开的"颜色"对话框中进行选择。如果用户希望添加特殊的效果,可以在弹出的下拉列表中执行"填充效果"命令。

④执行"填充效果"命令后,打开如图 3-20 所示的"填充效果"对话框,在该对话框中有"渐变""纹理""图案"和"图片"4 个选项卡用于设置页面的特殊填充效果。

⑤设置完成后,单击"确定"按钮,即可为整个文档中的所有页面应用美观的背景。

◎ 任务实施

①录入"聘用合同书"的文本内容。

②选定标题文字,设置字体为黑体,字号为小二号,字形为加粗,字体颜色为红色,效果为阴影;段前、段后各为 1 行,对齐方式为居中对齐。

③选定正文文字,设置字体为宋体,字号为四号;行距为固定值 22 磅,首行缩进 2 个字符。

图 3-20　"填充效果"对话框

④选定各子标题文字,设置字形为加粗,字体颜色为红色。
⑤保存文档。

任务四　样式的使用

◎任务描述

在编辑文档的过程中,经常会遇到多个段落或多处文本具有相同格式的情况,例如,一篇论文中每一小节的标题都采用同样的字体、字形、大小以及前后段落的间距等,如果一次又一次地对它们进得重复的格式化操作,既会增加工作量,又不易保证格式的一致性。利用 Word 2010 提供的"样式"功能,可以很好地解决这一问题。本次任务是应用样式对"聘用合同书"进行格式化,要求掌握样式的创建、修改和应用等操作。

◎任务分析

①将文档中"第一条合同期限"段落保存为样式,样式名为"条款"。
②将"条款"样式应用到文档中的"第二条……"等内容中。

◎知识链接

1. 样式的概念

样式是指一组已经命名的字符和段落格式。它规定了文档中标题、正文以及要点等各个文本元素的格式。用户可以将一种样式应用于某个选定的段落或字符,以使所选定的段落或字符具有这种样式所定义的格式。

使用样式有诸多便利之处,它可以帮助用户轻松统一文档的格式;辅助构建文档大纲以使内容更有条理;简化格式的编辑和修改操作。此外,样式还可以用来生成文档目录。

2. 在文档中应用样式

在编辑文档时,使用样式可以省去一些格式设置上的重复性操作。在 Word 2010 中提供了"快速样式库",用户可以从中进行选择以便为文本快速应用某种样式。

例如,要为文档的标题应用 Word 2010"快速样式库"中的一种样式,可以按照如下操作步骤进行设置:

①在 Word 文档中,选择要应用样式的文本。
②在"开始"选项卡上的"样式"功能组中,单击"其他"按钮。
③在打开的如图 3-21 所示"快速样式库"中,用户只需在各种样式之间轻松滑动鼠标,标题文本就会自动呈现出应用当前样式后的视觉效果。

图 3-21　快速样式库

④如果用户还没有决定哪种样式符合需求,只需将鼠标移开,标题文本就会恢复到原来的样子;如果用户找到了满意的样式,只需单击它,该样式就会被应用到当前所选文本中。这种全新的实时预览功能可以帮助用户节省宝贵时间,大大提高工作效率。

用户还可以使用"样式"任务窗格将样式应用于选中的文本,操作步骤如下。

①在 Word 文档中,选择要应用样式的文本。

②在"开始"选项卡上的"样式"选项组中,单击右下角的箭头。

③打开"样式"任务窗格,在列表框中选择希望应用到选中文本的样式,即可将该样式应用到文档中。

提示:在"样式"任务窗格中选中下方的"显示预览"复选框方可看到样式的预览效果,否则所有样式只以文字描述的形式列举出来,如图 3-22 所示。

除了单独为选定的文本或段落设置样式外,Word 2010 还内置了许多经过专业设计的样式集,而每个样式集都包含了一整套可应用于整篇文档的样式设置。只要用户选择了某个样式集,其中的样式设置就会自动应用于整篇文档,从而实现一次性完成文档中的所有样式设置。

图 3-22 "样式"任务窗格

3. 创建样式

如果用户需要添加一个全新的自定义样式,则可以在已经完成格式定义的文本或段落上执行如下操作。

①选中已经完成格式定义的文本或段落,并右键单击所选内容,在弹出的快捷菜单中选择"样式"→"将所选内容保存为新快速样式"命令。

②此时打开"根据格式设置创建新样式"对话框,在"名称"文本框中输入新样式的名称,例如"一级标题",如图 3-23 所示。

图 3-23 创建新样式

③如果在定义新样式的同时,还希望针对该样式进行进一步定义,则可以单击"修改"按钮,打开如图 3-24 所示的对话框。在该对话框中,用户可以定义该样式的样式类型是针对文本还是段落,以及样式基准和后续段落样式。除此之外,用户也可以单击"格式"按钮,分别设置该样式的字体、段落、边框、编号、文字效果、快捷键等定义。

④单击"确定"按钮,新定义的样式会出现在快速样式库中,并可以根据该样式快速调整文本或段落的格式。

模块三 Word 2010 文字处理软件

图 3-24 编辑新样式

◎任务实施

①选定文档"一、岗位职务"段落,在"开始"选项卡上的"样式"组中,单击右下角的按钮,打开如图3-25 所示"新建样式"窗口,单击"祥式"窗口下方的"新建样式"按钮,弹出"根据格式设置创建新样式"对话框,如图3-26 所示,在"名称"文本框中输入样式名"条款",然后单击"确定"按钮,新建的"条款"样式保存在样式集中。

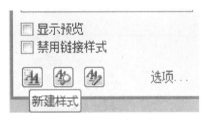

图 3-25 新建样式

图 3-26 新建样式对话框

②分别选定文档的"一、……""二、……"至"五、……"共5个段落,单击"样式"窗口中的"条款"样式,该样式就应用到了这5个段落。

任务五 添加项目符号和编号

◎任务描述

在文章输入或编排时,往往要输入项目符号或编号,可以起到强调作用,使文档的层次结构更清晰,内容更醒目。

◎任务分析

给"聘用合同书"7个段落添加编号,效果如图3-27所示。

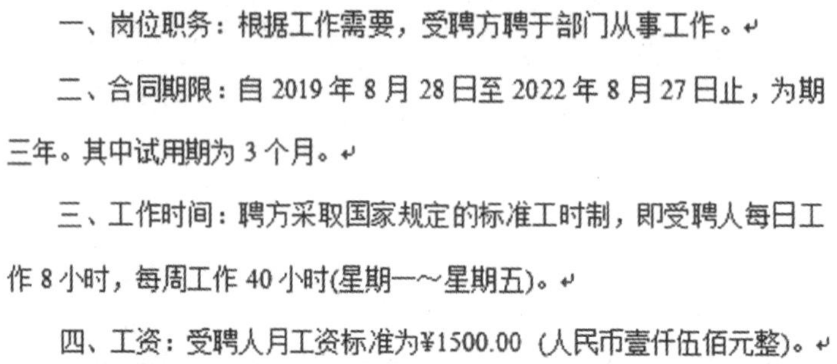

一、岗位职务:根据工作需要,受聘方聘于部门从事工作。

二、合同期限:自2019年8月28日至2022年8月27日止,为期三年。其中试用期为3个月。

三、工作时间:聘方采取国家规定的标准工时制,即受聘人每日工作8小时,每周工作40小时(星期一~星期五)。

四、工资:受聘人月工资标准为¥1500.00(人民币壹仟伍佰元整)。

图3-27 聘用合同书样板

◎知识链接

选择添加编号或项目符号的方法:选定要添加的项目符号或编号所在的段落,在"段落"功能组中单击"项目符号"或"编号"按钮右边向下箭头,在其中选择所需的项目符号或者编号,如图3-28和图3-29所示。

图3-28 "项目符号库"对话框

图3-29 "编号库"对话框

◎ 任务实施

选定"聘用合同书"7个小段,在"开始"选项卡上的"段落"组中,单击"编号"下三角按钮,在展开的库中选择需要的样式,如图3-30所示。

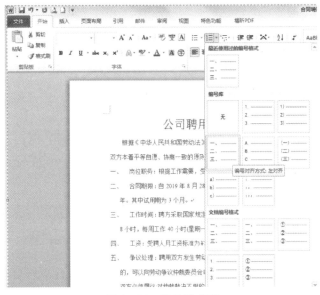

图3-30 编号样式库

任务六 插入日期

◎ 任务描述

日期是"聘用合同书"中一个非常重要的组成部分,一般日期为"聘用合同书"最后的录入的本文内容,本次任务就是给"聘用合同书"插入日期。

◎ 任务分析

在"聘用合同书"文档末尾,给甲乙双方添加日期"2019年8月8日"。

◎ 知识链接

插入日期的方法如下。

①定位插入时间的位置。

②选择"插入"选项卡,单击"文本"组中的"日期和时间"按钮,如图3-31,弹出"日期和时间"对话框,如图3-32,选择语言和可用格式即可。如果要保持时间和计算机同步,可以勾选右下角的"自动更新"选项。

图3-31 "日期和时间"按钮

◎ 任务实施

将插入点定位在甲乙双方需插入日期的位置,选择"插入"选项卡,单击"文本"组中的"日期和时间"按钮,弹出"日期和时间"对话框,如图3-32所示。在完成"语言(国家/地

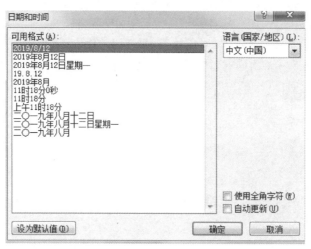

图 3-32 "日期和时间"对话框

区)"选择后,选择所需的日期样式,单击"确定"按钮即可插入日期。

项目二　制作电子宣传报

　　Word 2010 不但擅长处理普通文本内容,还擅长编辑带有图形对象的文档,即图文混排。本项目的任务是使用 Word 2010 设计并制作图文并茂、内容丰富的电子宣传报,如图 3-33 所示。通过本次工作任务要求掌握页面设置和分栏,以及在文档中插入艺术字、文本框、图片、自选图形、SmartArt 图形等操作。

图 3-33　电子宣传报

任务一　页面设置和分栏

◎任务描述

在建立新文档时,Word 已经自动设置默认的页边距、纸型、纸张方向等页面属性,也可以根据需要另外在页面设置中进行设置,在编辑论文、杂志、报刊等一些带有特殊效果的文档时,通常需要使用一些特殊排版方式,如分栏排版。

◎任务分析

使用 Word 2010,创建一个文件名为"电子宣传报"的新文档,然后进行页面设置,设置其上下左右页边距皆为"1 厘米",纸张方向为"横向"。

将文档分成两栏,其中第一栏的宽度为"18 字符",间距为"0 字符",第二栏的宽度为"48 字符",保存文档。

◎知识链接

1. 页面设置

页面设置就是对文章总体版面的设置及纸张大小的选择,页面设置的合适与否直接影响到整个文档的布局、设置以及文档的输入、编辑等。因此,页面设置对所有的用户来说都是必须掌握的。

(1)页边距的设置

页边距是文档正文和页面边缘之间的距离,只有在页面视图中才能看到页边距的效果。设置方法如下。

①在"页面布局"选项卡中,单击"页边距"按钮,打开下拉菜单,在菜单中选择"自定义页边距",弹出"页面设置"对话框,如图 3-34 所示。

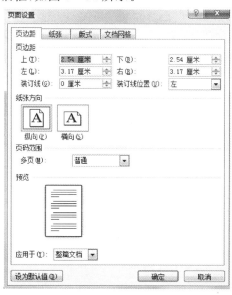

图 3-34　设置页边距

②在"页面设置"对话框中,选择"页边距"选项卡,在"上""下""左""右"栏中分别选择或输入页边距的数值。

③选择"纵向"或"横向"决定文档页面的方向。

④单击"确定"按钮。

2. 设置纸张类型

设置打印纸张的大小、来源等方法如下。

①在"页面布局"选项卡中,单击"纸张大小"按钮,打开下拉菜单,在菜单中选择"其他页面大小",弹出"页面设置"对话框,如图3-35所示。

图3-35 "页面设置"对话框

②在"页面设置"对话框中,选择"纸张"选项卡,在默认情况下,纸张大小是标准A4尺寸。

③在"纸张大小"下拉框内选择打印纸型,这时在"高度"和"宽度"中会显示纸张的尺寸。

④在"纸张来源"下可以设置打印时纸张的进纸方式,默认为软件中的"默认纸盒"。如图3-35所示。

3. 分栏排版

报刊文章中多采用分栏排版的版式,Word 2010的分栏功能可以容易地达到效果。选择"页面布局"选项卡,在"页面设置"功能组中单击"分栏"按钮,可以设置分栏,也可以通过"更多分栏"选项打开"分栏"对话框,如图3-36所示。

4. 分节控制

节格式包括:页边距、纸张大小或方向、打印机纸张来源、页面边框、页眉和页脚、分栏等。

①创建节。创建一个节,即在文档中指定位置插入一个分节符。将插入点定位在要建

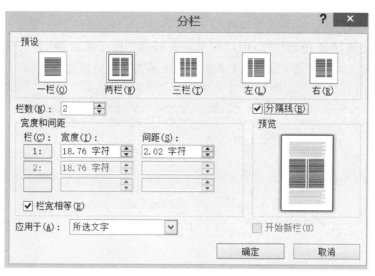

图 3-36 "分栏"对话框

立新节的位置,在"页面布局"选项卡的"页面设置"功能组中单击"分隔符"按钮,弹出下拉菜单,在菜单中根据需要进行选择"下一页""连续""偶数页""奇数页"等。如图 3-37 所示。

图 3-37 分节符

分节符是双点线,中间有"分节符"字样。在页面视图下,在"开始"选项卡的"段落"功能组中选择"显示编辑标记 ",可看到分节符。

②删除分节符。将光标移动到节标记处,按 Del 键。

◎任务实施

①启动 Word 2010 应用程序,创建一个新文档,以"电子宣传报"为文件名保存。选择"页面布局"选项卡,在"页面设置"组中单击其右下角的对话框启动器按钮,打开"页面设置"对话框,设置其上下左右页边距皆为"1 厘米",纸张方向为"横向",如图 3-38 所示。

图 3-38 页面设置

②在"页面设置"组中单击"分栏"命令按钮,选择"更多分栏"选项打开"分栏"对话框,设置其栏数为"2",其中第一栏的宽度为"18 字符",间距为"0 字符",第二栏的宽度为"48.47 字符",如图 3-39 所示,完成后保存文档。

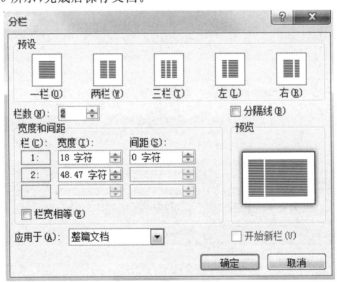

图 3-39 分栏设置

任务二 插入文本框

◎任务描述

使用 Word 对文档进行排版,经常需要用到文本框。利用文本框可以方便地将文字、图片等内容放在文档的任意位置,还可以对文本框中内容的格式进行设置。本次任务是给"电子宣传报"文档插入文本框,并设置文本框的格式,掌握在文档中插入文本框的基本操作。

◎任务分析

①在"电子宣传报"文档的第一栏插入文本框,并设置格式,具体操作后的效果如图3-33所示。其中,文本框的"形状轮廓"为"黑色",文字为淡色15%";"线形"宽度为"7磅",复合类型为"由细到粗",线端为"圆形";"发光和柔化边缘"设置其颜色为"黑色,文字1,淡色50%",大小为"8磅",透明度为"40%"。

②在文档的第二栏插入5个文本框,并输入相应的文字内容。把第二栏分为上中下三层,其中,第一个文本框放置上层的文字内容,第二个文本框放置中层左上方的文字内容,第三个放置中层右方的图片,第四个放置下层右方的文字内容,第五个放置左方的图片。各文本框的位置、大小、形状、边框、底纹等格式效果见图3-33电子宣传报。

◎知识链接

插入文本框的方法如下:

①将光标停在插入位置,在"插入"选项卡中,如图3-40所示,单击"文本"功能组的"文本框"命令,在弹出的下拉菜单中选择所需文本框,其中"绘制文本框"是绘制横排文本框,还可选择"绘制竖排文本框",如图3-41所示,"横排"和"竖排"是指文本在文本框中的排列方向。

图3-40 "插入"选项卡

图3-41 绘制竖排文本框

②若选择"绘制文本框"或"绘制竖排文本框"命令，此时鼠标变成十字状，按住鼠标左键拖动鼠标，即可将文本框插入到文档中。

③若选择系统提供的文本框样式，则该文本框直接插入到光标所在位置。

④单击文本框的内部，就可以在其中输入文字、插入图形或艺术字等对象，输入完成后单击文本框外部任意一处即可完成操作。

选取文本框后，文本框周围出现八个尺寸句柄。拖动文本框尺寸句柄可以改变文本框的大小。

绘制文本框后，双击文本框的边框，功能区展现如图3-42所示的"绘图工具"格式栏，利用这些工具可以设置文本框的格式，也可以单击"形状样式"组右下角的按钮，打开"设置形状格式"对话框进行格式设置，如图3-43所示。

图3-42 "绘图工具"格式栏

图3-43 "设置形状格式"对话框

◎任务实施

①打开"电子宣传报"文档,把文档分为左右两栏进行设置。在第一栏插入文本框,并设置格式。具体的格式操作如下:文本框的"形状轮廓"为"黑色",文字为"淡色15%";"线形"宽度为"7磅",复合类型为"由细到粗",线端为"圆形";"发光和柔化边缘"设置其颜色为"黑色,文字1,淡色50%",大小为"8磅",透明度为"40%"。

②在文档的第二栏插入5个文本框,5个文本框分为上中下三层进行放置。第一个文本框放置第二栏的上层居中位置的文字内容,线条颜色选择"无线条",文本框大小适中(需放置"广汽本田第十代雅阁"艺术字,艺术字将于任务三介绍);第二个文本框放置第二栏中层左边的文字内容,输入相应的文字内容,线条颜色选择"无线条",文本框大小适中,字体选择"宋体",字号选择"小四"。第三个放置第二栏中层右方的图片,线条颜色选择"无线条",文本框大小适中。第四个放置第二栏下层右方文字内容,输入相应文字内容,线条颜色选择"无线条",文本框大小适中,字体选择"宋体",字号选择"小四"。第五个放置第二栏下层左方相应的图片,线条颜色选择"无线条",文本框大小适中。操作完成后见图3-33电子宣传报。

任务三 插入艺术字

◎任务描述

灵活运用Word中艺术字的功能,可以为文档添加生动且具有特殊视觉效果的文字。本次任务是给"电子宣传报"文档插入艺术字,并设置艺术字的格式,掌握在文档中插入艺术字的基本操作。

◎任务分析

在"电子宣传报"文档第二栏上层文本框内插入艺术字"广汽本田第十代雅阁",效果见图3-33。其中,艺术字样式为"渐变填充-橙色,强调文字颜色6,内部阴影";文字效果为"转换,正方形",字体为"宋体",字号为"小二"。

◎知识链接

使用艺术字可以在文件中建立文字的特殊效果,并以图形的方式放置在文档中,艺术字只能在页面视图中创建和设置。操作方法如下。

①将光标停在要插入艺术字的位置。

②在"插入"选项卡中单击"文本"功能组中"艺术字"按钮,弹出"艺术字"库,如图3-44所示,在其中选择一种需要的艺术字样式。

③单击"确定"按钮后,弹出"编辑艺术字文字"对话框,在对话框输入所要编辑的艺术字,单击"确定"按钮后,即可在光标停留位置出现输入的艺术字。

④插入后,可以选中插入的"艺术字"文本框,可以对插入的"艺术字"格式进行相应设置,如图3-45所示为艺术字样式设置。

◎任务实施

打开"电子宣传报"文档,将插入点定位于第二栏上层的文本框内,选择"插入"选项卡,

图 3-44 "艺术字"库

图 3-45 艺术字样式设置

插入艺术字"广汽本田第十代雅阁",效果见图 3-33。其中艺术字的具体设置为:艺术字样式为"渐变填充-橙色,强调文字颜色 6,内部阴影";文字效果为"转换,正方形",字体为"宋体",字号为"小二"。

任务四　插入图片

◎任务描述

图片是日常文档中的重要元素之一。在制作文档时,常常需要插入相应的图片文件来具体说明一些相关的内容,使文档内容更充实更美观。本次任务是给"电子宣传报"文档插入图片,并设置图片的格式,掌握在文档中插入图片的基本操作。

◎任务分析

在"电子宣传报"文档第一栏的文本框内插入图片 pic1 和 pic2,在第二栏插入图片 pic3 和 pic4(pic1、pic2、pic3、pic4 这四张图片已保存在电脑中),并设置图片的大小、位置以及图片的文字环绕方式和图片样式等,效果见图 3-33。

◎知识链接

1. 插入剪贴画

Word 自带了一个内容丰富、种类齐全的剪贴画库,用户可以直接在其中选择需要的图片插入到文档中,插入的方法如下。

①将光标停在要插入剪贴画的位置。

②单击选项卡中"插入"→"剪贴画"命令,将在编辑区的右边弹出"剪贴画"对话框,单击搜索按钮,如图 3-46 所示。

图 3-46 "剪贴画"对话框

③在下面空白处将弹出搜索出的剪贴画,将光标停在所要插入的剪贴画上,剪贴画右边将会出现一个下拉按钮,单击按钮,弹出菜单,选择"插入"即可。

2.插入文件中的图片

用户可以在文档中插入来自文件的图片,图片文件的类型有 bmp,gif,jpg 等。插入图片时要知道图片的保存路径。

①将光标停在要插入图片的位置。

②单击选项卡中"插入"→"图片"命令,将弹出"插入图片"对话框,找到对应路径的图片,选中,最后单击"插入"按钮即可。

3.调整图片的大小以及删除图片

(1)使用鼠标

单击图片选定后,图片四周会出现八个小黑点,这些黑点称为图片句柄,将鼠标放置在句柄上,当鼠标变成双向箭头时,拖动鼠标可以放大或缩小图片。若要删除图片,在选定后,按下键盘上的 Del 键即可。

(2)使用对话框

在图片上单击鼠标右键,在弹出的快捷菜单中选择"大小和位置",弹出"布局"对话框,在对话框中选择"大小"选项卡,在选项卡中输入要设置的图片的高度和宽度,如图 3-47 所示,单击"确定"按钮。

图 3-47 "大小"选项卡

◎ 任务实施

打开"电子宣传报"文档,将插入点定位于第一栏的文本框内,选择"插入"菜单→"图片"→"来自文件",在弹出的对话框中找到图片 pic1 的存储路径,选中图片 pic1,单击"打开"按钮,即在插入点插入了图片 pic1,并把图片设置为合适大小。

图片 pic2、pic3 和 pic4 插入操作与图片 pic1 相同,操作完成后效果见图 3-33。

任务五 插入 SmartArt 图形

◎ 任务描述

单纯的文字总是令人难以记忆,如果能够将文档中的某些理念以图形方式展现出来,就能够大大促进阅读者对该理念的理解与记忆。在 Microsoft Office 2010 中,SmartArt 图形功能可以使单调乏味的文字以美轮美奂的效果呈现在用户面前,从而使用户在脑海里留下深刻的印象。

◎ 任务分析

在"电子宣传报"文档第一栏文本框下方插入 SmartArt 图形,图形类型为"关系"选项中的"射线图片列表"样式,然后输入相应的文本内容并插入图片,调整图形的大小、位置,效果见图 3-33。

◎ 知识链接

下面举例说明如何在 Word 2010 文档中添加 SmartArt 图形,其操作步骤如下。

① 首先将鼠标指针定位在要插入 SmartArt 图形的位置,然后在 Word 2010 的功能区中打开"插入"选项卡,在"插图"功能组中单击"SmartArt"按钮。

② 打开如图 3-48 所示的"选择 SmartArt 图形"对话框,在该对话框中列出了所有

SmartArt 图形的分类,以及每个 SmartArt 图形的外观预览效果和详细的使用说明信息。

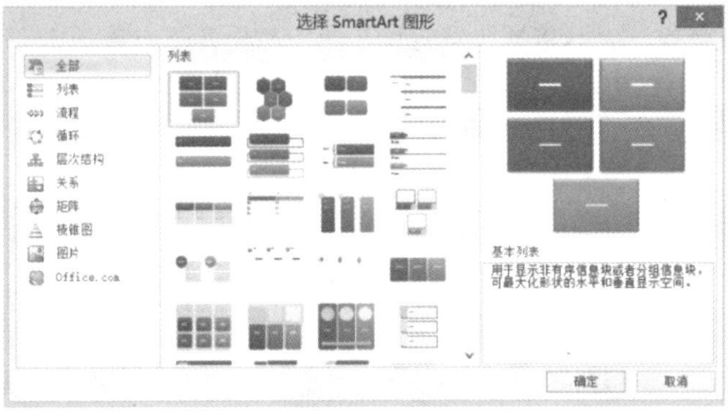

图 3-48　选择 SmartArt 图形

③在此选择"列表"类别中的"垂直框列表"图形,单击"确定"按钮将其插入到文档中。此时的 SmartArt 图形还没有具体的信息,只显示占位符文本(如"[文本]"),如图 3-49 所示。

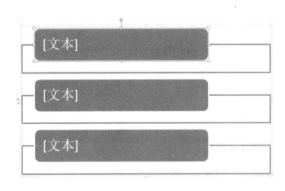

图 3-49　显示占位符

④用户可以在 SmartArt 图形中各种形状的文字编辑区域内直接输入所需信息替代占位符文本,也可以在"文本"窗格中输入所需信息。在"文本"窗格中添加和编辑内容时,SmartArt 图形会自动更新,即根据"文本"窗格中的内容自动添加或删除形状。

提示:如果用户看不到"文本"窗格,则可以在"SmartArt 工具"中的"设计"上下文选项卡上,单击"创建图形"选项组中的"文本窗格"按钮,以显示出该窗格。或者单击 SmartArt 图形左侧的"文本"窗格控件将该窗格显示出来。

⑤在"SmartArt 工具"中的"设计"上下文选项卡上,单击"SmartArt 样式"选项组中的"更改颜色"按钮。在弹出的下拉列表中选择适当的颜色,此时 SmartArt 图形就应用了新的颜色搭配效果。

⑥在"设计"选项卡上,单击"SmartArt 样式"选项组中的"其他"按钮。在展开的"SmartArt 样式库"中,系统提供了许多 SmartArt 样式供用户选择。这样,一个能够给人带来强烈视觉冲击力的 SmartArt 图形就呈现在用户面前了。

◎任务实施

①打开"电子宣传报"文档,将插入点定位于第一栏图片下方需插入 SmartArt 图形的位置,选择"插入"选项卡,在功能区中单击"SmartArt"按钮,打开"选择 SmartArt 图形"对话框,如图 3-50,选择"关系"选项卡里的"射线列表"图形。

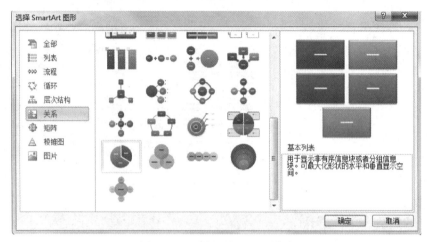

图 3-50　选择 SmartArt 图形

②在文本框内输入相应的文本内容,在图片框内插入相应的图片,并调整图片的大小、位置,得到如图 3-51 所示插入后的效果。

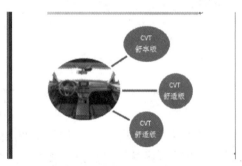

图 3-51　插入后的效果

任务六　插入自选图形

◎任务描述

对于一些简单的图形,用户可以采用自选图形的方法来绘制。本次任务为"电子宣传报"文档插入自选图形,并设置图形的格式,使用户掌握在文档中插入自选图形的基本操作。

◎任务分析

在"电子宣传报"文档第二栏下方插入"星与旗帜"类型的自选图形,添加文字,并设置其大小、位置和颜色等,效果如图 3-33 所示。

◎ 知识链接

1. 绘制自选图形

在"插入"选项卡的"插图"功能组中单击"形状"按钮,将会打开下拉菜单,如图 3-52 所示。单击其中的形状按钮,拖动鼠标左键,可绘制出相应的图形,除了线条等基本形状外,还有箭头总汇、流程图组件和标注等。

①绘制自选图形。将光标停在要插入图形的位置,在"插入"选项卡的"插图"功能组中单击"形状"按钮,将打开下拉菜单,单击其中的形状按钮,再单击文档,所选图形按默认的大小插入到文档里;若要自定义图形的大小,则单击形状按钮后,当鼠标变成十字时,按住鼠标左键拖动,直至图形变为所需大小时松开鼠标左键;若要保持图形的高宽比,拖动时应按住 Shift 键。

②绘制水平线、垂直线、圆等图形。若要绘制水平线、垂直线、圆以及正方形则在拖动鼠标时按住 Shift 键。

图 3-52 "形状"下拉菜单

2. 图形编辑

Word 2010 提供了设置图形效果的多种方法,这些之前只能通过专业绘图编辑工具才可以达到的效果,在 Word 2010 中仅需单击鼠标可以就轻松完成。

①选中要进行设置的图片,打开"图片工具格式"选项卡,单击"图片样式"功能组按钮,就可以选择所需图片样式,如图 3-53 所示。

图 3-53 "图片样式"选项组

②在"图片工具格式"选项卡中的"图片样式"功能组中,还包括"图片版式""图片边框"和"图片效果"这 3 个命令按钮。如果用户觉得"图片样式库"中内置的图片样式不能满足实际需求,可以通过单击这 3 个按钮对图片进行多方面的属性设置。

③在"图片工具格式"选项卡中的"调整"功能组中,"更正""颜色"和"艺术效果"命令可以让用户自由地调节图片的亮度、对比度、清晰度以及艺术效果。

3. 设置图片与文字环绕方式

环绕方式决定了图形之间以及图形与文字之间的交互方式。要设置图形的环绕方式,可以按照如下操作步骤执行。

①选中要进行设置的图片,打开"图片工具格式"选项卡。

②单击"排列"功能组中的"自动换行"命令,在展开的下拉选项菜单中选择想要采用的环绕方式,如图 3-54 所示。

③用户也可以在"自动换行"下拉选项列表中单击"其他布局选项"命令,打开如图3-55所示的"布局"对话框。在"文字环绕"选项卡中根据需要设置"环绕方式""自动换行"以及距离正文文字的距离。

图3-54 设置环绕方式

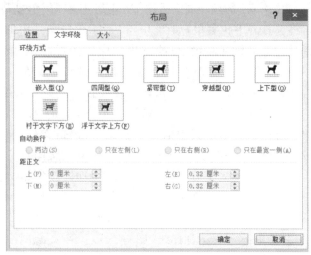

图3-55 "布局"对话框

4.设置图片在页面上的位置

Word 2010提供了可以便捷控制图片位置的工具,让用户可以合理地根据文档类型布局图片。设置图片在页面位置的操作步骤如下。

①选中要进行设置的图片,打开"图片工具格式"选项卡。

②单击"排列"功能组中的"位置"命令,在展开的下拉选项菜单中选择想要采用的位置布局方式,如图3-56所示。

③用户也可以在"位置"下拉选项列表中单击"其他布局选项"命令,打开如图3-57所示的"布局"对话框。在"位置"选项卡中根据需要设置"水平""垂直"位置以及相关的选项。其中:对象随文字移动:该设置将图片与特定的段落关联起来,使段落始终保持与图片显示在同一页面上;该设置只影响页面上的垂直位置;锁定标记:该设置锁定图片在页面上的当前位置;允许重叠:该设置允许图形对象相互覆盖;表格单元格中的版式:该设置允许使用表格在页面上安排图片的位置。

图3-56 设置"位置"命令

图 3-57 "布局"对话框

◎任务实施

打开"电子宣传报"文档,把插入点定位于在第二栏下方,选择"插入"选项卡,在功能区中单击"形状"按钮打开形状库,如图 3-58 所示。在"星与旗帜"选项区域中单击"上凸带形"形状按钮,并在文档相应位置绘制一个上凸带形状图标,双击图形,在功能区设置"形状填充"主题色为"绿色,强调文字颜色 6",调整图形的大小和位置,添加文字,"宋体五号,加粗"等。得到如图 3-59 所示的效果。

图 3-58 星与旗帜选项区

图 3-59 插入后的效果

项目三 制作个人简历表

人们在日常生活中经常遇到各种各样的表格,如统计数据表格、个人简历表格、学生信息表等。表格由"行"方向和"列"方向的单元格构成,在 Word 文档中,可以很方便地创建表格,也可对表格中的数据进行排序和计算,还可以通过表格创建图表等。本项目通过制作如图 3-60 所示的个人简历,介绍表格制作的相关内容。

个人简历

姓 名		性 别		籍 贯		近期1寸彩照（电子）
出生年月		参加工作时间		政治面貌		
毕业院校及专业						
应聘职位				联系电话及手机		
身份证号				电子邮箱		
家庭住址				身体状况		

本人学习与工作简历	起止时间（年、月）	毕业院校及专业或工作单位	职务、职位

获奖情况、工作业绩及成果、资质证书	

图 3-60 个人简历

任务一 建立表格

◎任务描述

表格是我们生活、学习和工作中常见的一种文本或数据的表示形式，Word 2010 提供了丰富的制表功能，本次任务是在文档中建立表格，掌握在文档中建立表格的基本操作。

◎任务分析

①使用 Word 2010 创建一个文件名为"个人简历"的新文档，在文档第一行输入标题"个人简历"，并设置其字体和段落格式为"宋体，小二，加粗，居中"。

②在标题下插入一个13行7列的表格。

◎ 知识链接

在表格中,行与列交叉组成的长方形网格称为单元格,每个单元格可以用来存放文字、图形或数字,创建表格的方法有多种。

1. 使用即时预览创建表格

①将鼠标指针定位在要插入表格的文档位置,然后在 Word 2010 的功能区中打开"插入"选项卡。

②在"插入"选项卡上的"表格"选项组中,单击"表格"按钮。

③在弹出的下拉列表中的"插入表格"区域,以滑动鼠标的方式指定表格的行数和列数。与此同时,用户可以在文档中实时预览到表格的大小变化。确定行列数目后,单击鼠标左键即可将指定行列数目的表格插入到文档中。

④Word 2010 的功能区中会自动打开"表格工具"中的"设计"上下文选项卡。用户可以在表格中输入数据,然后在"表样式"选项组中的"表格样式库"中选择一种满意的表格样式,以便快速完成表格格式化操作。

2. 利用"插入表格"命令创建规则表格

①单击要创建表格的位置,单击"插入"功能区下的"表格"按钮,在打开的下拉菜单中选择"插入表格"命令,弹出"插入表格"对话框,如图 3-61 所示。

图 3-61 "插入表格"对话框

②在对话框中,"列数"和"行数"框中分别输入所要插入表格的列数和行数。

③在"自动调整"操作区内,若选择了"固定列宽"框中的"自动",则可以得到总宽度和页面宽度相等的表格,调整完后,单击"确定"按钮即可。

3. 绘制自由表

①单击要创建表格的位置,单击"插入"功能区下的"表格"按钮,在打开的下拉菜单中选择"绘制表格"命令。

②这时鼠标变成铅笔形状,在需要绘制表格的位置拖动鼠标,拉出一个长方形。如图 3-62 所示。

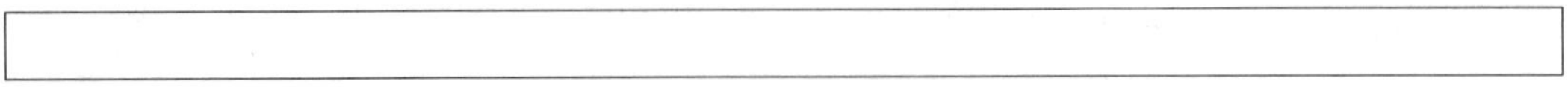

图 3-62 拉出长方形

③鼠标还是成铅笔形状,在长方形内绘制出所需要的单元格框线。如图 3-63 所示。

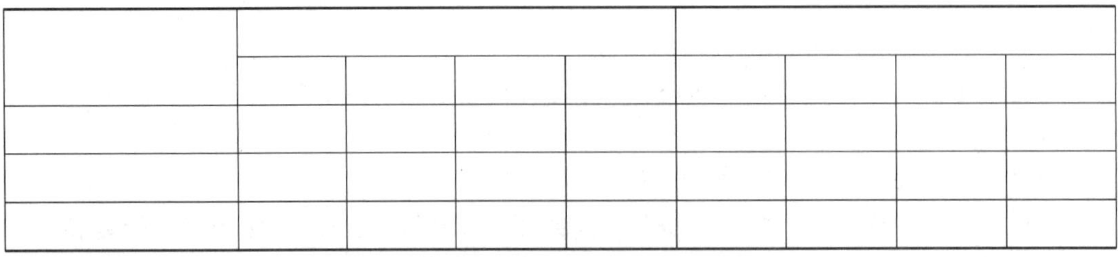

图 3-63 绘制单元格框线

④表格中单元格大小不一,这时选取所要平均分配的各行或者各列,单击"布局"选项卡中"单元格大小"功能组中的"分布行"或"分布列"按钮,并在第一个单元格内绘制一条斜线,绘制斜线时,要从表格的左上角开始向右下方移动,待识别出线条方向后,松开鼠标左键即可。如图 3-64 所示。

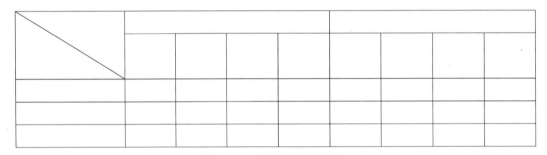

图 3-64 平均分配好的表格

⑤在单元格内输入相应的内容。

⑥若希望改变表格边框线的颜色与粗细,可通过"设计"功能区下"绘图边框"组中的"笔颜色"和"表格线的磅值"进行设置;若在绘制过程中不小心绘制了不要的线条,可以使用"设计"功能区下"绘图边框"功能组中的"擦除"按钮,此时鼠标变成橡皮擦形状,将鼠标移到要擦除的线条上单击鼠标左键,系统识别出要擦除的线条后,松开鼠标左键,系统会自动删除该线条。

4. 使用快速表格

快速表格是作为特定表格存储在库中的表格,可以随时被访问和使用。Word 2010 提供了一个"快速表格库",其中包含一组预先设计好格式的表格,用户可以从中选择以迅速创建表格。这样大大节省了用户创建表格的时间,同时减少了用户的工作量,使插入表格操作变得十分轻松。

①首先将鼠标指针定位在要插入表格的文档位置,然后在 Word 2010 的功能区中打开"插入"选项卡。

②在"插入"选项卡上的"表格"选项组中,单击"表格"按钮。

③在弹出的下拉列表中,执行"快速表格"命令,打开系统内置的"快速表格库",其中以图示化的方式为用户提供了许多不同的表格样式,如图3-65所示,用户可以根据实际需要进行选择。

④此时所选中的快速表格就会插入到文档中。另外,为了符合特定需要,用户可以用所需的数据替换表格中的占位符数据。

5.表格工具

不难发现,在文档中插入表格后,在 Word 2010 的功能区中会自动打开"表格工具"中的"设计"上下文选项卡,用户可以进一步对表格的样式进行设置。

在"设计"上下文选项卡的"表格样式选项"选项组中,用户可以选择为表格的某个特定部分应用特殊格式,例如选中"标题行"复选框,可将表格的首行设置为特殊格式。在"表样式"选项组中单击"表格样式库"右侧的"其他"按钮,用户可以在

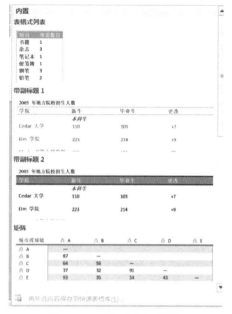

图3-65 "快速表格"制作

打开的"表格样式库"中选择合适的表格样式。当鼠标指针停留在预定义的表格样式上时,还可以实时预览到表格外观的变化。

◎任务实施

①启动 Word 2010 创建一个新文档,以"个人简历"为文件名保存。在文档第一行输入标题"个人简历",并设置其字体和段落格式为"宋体,小一,加粗,居中"。

②把插入点定位于标题下一行,在"插入"选项卡的"表格"组中,选择"表格"→"插入表格"选项,打开如图3-66所示的"插入表格"对话框。设置表格列数为"7",行数为"13",单击"确定"按钮插入表格。

任务二 编辑表格

图3-66 "插入表格"对话框

◎任务描述

上文创建的表格,离实际需求还有一定的差距,还要进行适当地编辑。本次任务是对表格进行单元格的合并与拆分、调整行高列宽等操作,掌握编辑表格的基本操作。

◎任务分析

针对"个人简历"表格进行单元格的合并与拆分、单元格的插入与删除、行高列宽的调整等操作,然后输入文字内容,并设置单元格对齐方式为"水平居中"。

◎知识链接

1. 单元格的合并与拆分

拆分单元格是将一个单元格分成几个单元格,而合并单元格则是将某行或某列中的多个单元格合并为一个单元格。

(1) 拆分单元格

①选定要拆分的单元格,单元格可以是一个或多个连续的单元格。

②单击"布局"功能区下"合并"功能组中的"拆分单元格"按钮;或单击鼠标右键,在弹出的快捷菜单中选择"拆分单元格"命令,弹出"拆分单元格"对话框,如图3-67所示。

③在该对话框中填入拆分后的行数和列数,单击"确定"按钮即可。

(2) 合并单元格

①选定要合并的单元格。

②单击"布局"功能区下"合并"功能组中的"合并单元格"按钮;或单击鼠标右键,在弹出的快捷菜单中选择"合并单元格"命令。如果合并的单元格中有数据,那么每个单元格中的数据都会出现在新单元格内部。

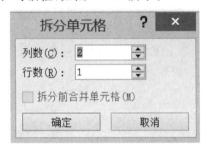

图3-67 "拆分单元格"对话框

2. 插入行、列和单元格

①在表格中,选择待插入行(或列)的位置。所插入行(或列)必须要在所选行(或列)的上面或下面(左边或右边)。

②单击"布局"功能区下"行和列"功能组中的相应按钮进行操作。

③若要插入单元格,可单击"布局"功能区下"行和列"功能组中右下角的箭头,弹出"插入单元格"对话框,选择相应命令,单击"确定"按钮。如图3-68所示。

3. 删除行、列和单元格

选定要删除的行、列或单元格,单击"布局"功能区下"行和列"功能组中的"删除"按钮,弹出下拉菜单,如图3-69所示。根据需要单击相应的命令,最后单击"确定"按钮即可。

图3-68 "插入单元格"对话框

图3-69 "删除"菜单

4. 调整表格的大小

表格的大小的调整指的是调整表格的行高和列宽,可以用鼠标和菜单两种方法进行调整。

①用鼠标调整。将鼠标放在想调整的垂直(水平)框线上,鼠标指针变成双向箭头形状,此时按住鼠标左键左右(上下)拖动框线,即可调整列宽(行高)。

②用"表格属性"对话框调整。将光标停在想调整的单元格内,单击鼠标右键,弹出快捷菜单,在菜单中单击"表格属性",弹出"表格属性"对话框,如图 3-70 所示,在对话框中选择"列"选项卡,设置列的宽度,选择"行"选项卡,设置行的高度。

图 3-70 "表格属性"对话框

◎ 任务实施

1. 拆分与合并单元格

打开"个人简历"表格,选中需要合并的两个或数个单元格,单击右键,在弹出的菜单中选中"合并单元格",那么之前选中的几个单元格就会合并为一个。类似的,如果需要拆分单元格,则将该单元格选中,单击右键,选择"拆分单元格",在弹出的菜单中选择需要拆分的行数和列数,单击确定完成操作。或者也可以选择"表格工具"选项卡展开表格布局工具按钮,如图 3-71 所示;选择"布局"选项卡展开表格布局工具按钮,如图 3-72 所示。单击"合并单元格"或"拆分单元格"按钮以完成操作。

图 3-71 表格工具选项卡

图 3-72 合并单元格

2. 调整行高列宽

如果不需要精确设定单元格的长宽,只需按住鼠标左键,根据需要上下左右拖动单元格边框,就可以改变其大小。

3. 填表

填入文字信息内容,完成后保存,效果如图 3-73 所示。

个人简历

姓　名		性　别		籍　贯		近期1寸彩照（电子）
出生年月		参加工作时间		政治面貌		
毕业院校及专业						
应聘职位			联系电话及手机			
身份证号			电子邮箱			
家庭住址			身体状况			

	起止时间（年、月）	毕业院校及专业或工作单位	职务、职位
本人学习与工作简历			

获奖情况、工作业绩及成果、资质证书	

图 3-73　合并拆分单元格以及输入文字后的表格

任务三　格式化表格

◎任务描述

为了使创建后的表格达到需要的外观效果，往往需要进一步对边框、颜色、字体以及文本等进行一定的排版，本任务要掌握对表格格式的设置方法。

◎任务分析

设置"个人简历"表格的边框和底纹，其中表格的外边框为"2.25 磅"；"应聘职位"行的上下边框线为"双线"；"获奖情况……"行的上边框以及"本人学习与工作简历"行的上下边框为"1.5磅""双线";"照片"单元格的底纹为主题颜色"茶色,背景色2,深色10%",调整后效果如图3-74所示。

个人简历

姓名		性别		籍贯		近期1寸彩照(电子)
出生年月		参加工作时间		政治面貌		
毕业院校及专业						
应聘职位				联系电话及手机		
身份证号				电子邮箱		
家庭住址				身体状况		
本人学习与工作简历	起止时间(年、月)		毕业院校及专业或工作单位		职务、职位	
获奖情况、工作业绩及成果、资质证书						

图3-74 效果图

◎ 知识链接

1.设置边框

①选中要设置边框的表格、行、列或单元格。

②切换到"设计"选项卡,在"绘图边框"组中对"笔样式""笔画粗细""笔颜色"进行设置,如图3-75所示。

③单击"表格样式"组中的"边框"下拉按钮,在弹出的下拉列表中选择框线类型,如图3-76所示。参照效果图进行表格边框的设置操作。

2.设置底纹

①选中要设置底纹的行、列、单元格或整个表格。

②切换到"设计"选项卡,在"表格样式"组中单击"底纹"下拉按钮,在弹出的下拉列表中选择需要填充的底纹颜色,如图3-77所示。

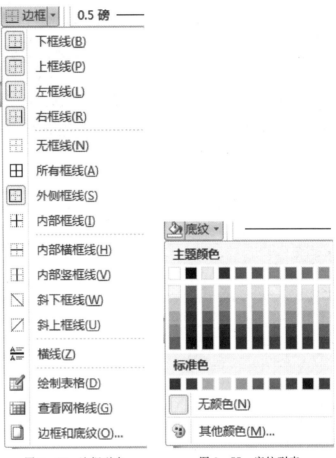

图3-75 笔的设置　　　图3-76 边框列表　　　图3-77 底纹列表

3.套用格式

Word 2010提供了丰富的表格样式,套用现成的表格样式是一种快捷的方法,操作方法如下。

①选中要套用格式的表格。

②切换到"设计"选项卡,在"表格样式"组中单击"其他"下拉按钮,在其下拉列表中选择要套用的样式。

◎ 任务实施

①首先,选定整张表格,在"表格工具设计"选项卡中,单击"绘图边框"功能组右下方的箭头,弹出"边框和底纹"对话框,选择"边框"选项卡,选择"设置"下的"自定义",在"样式"中选择"单线",宽度选择"2.25磅",在预览框中,点击"上、下,左、右边框",单击"确定"按钮,

即可将外边框设置为"单线,2.25磅",如图3-78所示。

图3-78 设置外边框线

②选择"应聘职位"这行,打开"边框和底纹"对话框,选择"边框"选项卡,在"样式"中,选择"双实线",在"宽度"下选择"0.25磅",单击"预览"区域中表格的上边框和下边框,单击"确定"按钮,即可设置好上下边框线。

③选择"本人学习与工作简历"右侧的6行,打开"边框和底纹"对话框,选择"边框"选项卡,在"样式"中选择"双实线",在"宽度"下选择"1.5磅",单击"预览"区域中表格的上边框和下边框,单击"确定"按钮,即可设置好上下边框线。

④最后,将光标定位在"近期1寸彩照"单元格中,打开"边框和底纹"对话框,选择"底纹"选项卡,在"填充"下选择"茶色",在"样式"后选择"10%",在"应用于"下选择"单元格",单击"确定"按钮,即可设置好贴照片处的底纹。如图3-79所示。

图3-79 设置底纹

⑤设置完毕后保存到 D 盘,文件名为"个人简历"。

项目四　制作策划案

策划案,是对某个未来的活动或者事件进行策划,并展现给读者的文本。本项目的任务是制作一份策划案。本次任务要求用户掌握在 Word 文档中插入封面、设置页眉页脚和页码、添加水印效果、利用样式格式化文档、制作目录等操作,具备处理长篇文章的排版能力。

任务一　制作封面

◎任务描述

封面是文书的外皮,它能起到美化文书和保护文书的作用。但要制作一个让人满意的封面,就不是那么容易的事了。在制作策划案之前,我们可以先制作一个简洁美观的封面。本次任务是给"策划案"制作封面。

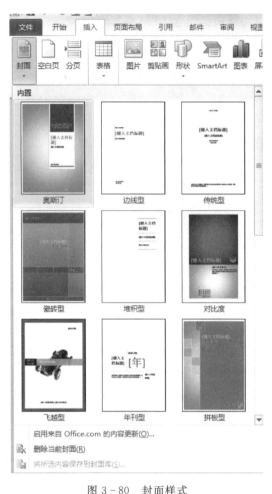

图 3-80　封面样式

◎任务分析

借助 Word 2010 自带的插入封面功能,插入一个封面。

◎知识链接

通过使用插入封面功能,用户可以借助 Word 2010 提供的多种封面样式为 Word 文档插入风格各异的封面,生成的封面自动置于文档首页。此功能使用起来简单、快捷、方便,大大提高了文档排版的效率。

◎任务实施

①新建"策划案"文档,选择"插入"选项卡,在功能区单击"封面"按钮,在打开的下拉选项中选择"瓷砖型"封面样式,如图 3-80 所示。这样该封面样式就应用到文档的第一页中。

②在封面中相应的文本位置,写上文字,设置完成后,效果如图 3-81 所示。

图 3-81　"瓷砖型"封面

任务二　应用样式格式化文档

样式是指一组已经命名的字符和段落格式。它规定了文档中标题、正文以及要点等各个文本元素的格式。用户可以将一种样式应用于某个选定的段落或字符,使所选定的段落或字符具有这种样式所定义的格式。

◎任务描述

使用样式有诸多便利之处,它可以帮助用户轻松统一文档的格式;辅助构建文档大纲以使内容更有条理;简化格式的编辑和修改操作。此外,样式还可以用来生成文档目录。

◎任务分析

创建标题、标题1、标题2样式,分别设置字体、字号、字形以及段落行间距等。

应用样式格式化"策划案"文档,其中,文章标题应用"标题"样式,一级标题"第1部分 概述""第2部分　行业分析"应用"标题1"样式,二级标题"2.1　市场现状分析"应用"标题2"样式,结果如图3-82所示。

第1部分 概述

　　随着中国互联网的长足发展、计算机的逐渐普及、中青年娱乐方式的改变以及大学生对时尚生活的追求,数码产品正驶入高速增长的快车道,2010年主要数码产品全面飘红,都实现了2位数以上的高速增长(具体数码产品增长数据详见下面的分析),此时数码港的介入可谓正是时候,同时,由于有利可图,新的生产商不断加入,数码产品将进入军阀混战的时代,2010年数码产品价格的普遍跳水就是一个明证,激烈的竞争正在厂商和供应商各个领域展开;由于数码产品的时尚性和互联网在数码领域的特殊地位(网络媒体占用户了解数码市场信息来源的65.3%),互联网已经成为各厂商和经销商竞争的第二战场,数码港作为专门经营数码产品的门户网站,正是厂商和经销商的必争之地,当然,对于数码港网站本身而言,正是获得长足发展的良好机遇。

第2部分 行业分析

2.1　市场现状分析

　　据赛迪顾问股份有限公司(股票代码:HK8235)对中国主要数码产品市场的研究,2010年中国数码相机市场实现销售量135.4万台,销售额29.3亿元人民币,分别同比增长139.2%和61.4%;数码摄像机市场实现销售总量55.6万台,销售额31.4亿元,同比增长197.3%和125.9%;MP3播放器市场实现销量177.3万台,销售额15.55亿元,同比增长235.8%和130.4%;PDA市场实现销量218.48万台,销售额58.56亿元,同比增长22.3%和90.4%;闪存盘市场实现销量420.67万台,销售额10.73亿元,同比增长27.05%和41.74%;移动硬盘市场实现销量61.37万台,销售额8.19亿元,同比增长63.3%和41.5%。

图3-82　应用样式的效果

◎知识链接

1. 在文档中应用样式

在编辑文档时,使用样式可以省去一些格式设置上的重复性操作。在Word 2010中提供了"快速样式库",用户可以从中进行选择以便为文本快速应用某种样式。

例如,要为文档的标题应用 Word 2010"快速样式库"中的一种样式,可以按照如下操作步骤进行设置。

①在 Word 文档中,选择要应用样式的文本。

②在"开始"选项卡上的"样式"功能组中,单击"其他"按钮。

③在如图 3-83 所示"快速样式库"中,用户只需在各种样式之间轻松滑动鼠标,标题文本就会自动呈现出应用当前样式后的视觉效果。

图 3-83　快速样式库

④如果用户还没有决定哪种样式符合需求,只需将鼠标移开,标题文本就会恢复到原来的样子;如果用户找到了满意的样式,只需单击它,该样式就会被应用到当前所选文本中。这种全新的实时预览功能可以帮助用户节省宝贵时间,大大提高工作效率。

用户还可以使用"样式"任务窗格将样式应用于选中的文本,操作步骤如下。

①在 Word 文档中,选择要应用样式的文本。

②在"开始"选项卡上的"样式"选项组中,单击右下角的箭头。

③打开"样式"任务窗格,在列表框中选择希望应用到选中文本的样式,即可将该样式应用到文档中。

提示:在"样式"任务窗格中选中下方的"显示预览"复选框方可看到样式的预览效果,否则所有样式只以文字描述的形式列举出来,如图 3-84 所示。

除了单独为选定的文本或段落设置样式外,Word 2010 还内置了许多经过专业设计的样式集,而每个样式集都包含了一整套可应用于整篇文档的样式设置。只要用户选择了某个样式集,其中的样式设置就会自动应用于整篇文档,从而实现一次性完成文档中的所有样式设置。

2. 创建样式

如果用户需要添加一个全新的自定义样式,可以在已经完成格式定义的文本或段落上执行如下操作。

①选中已经完成格式定义的文本或段落,单击右键所选内容,在弹出的快捷菜单中选择"样式"→"将所选内容保存为新快速样式"命令。

②此时打开"根据格式设置创建新样式"对话框,在"名称"文本框中输入新样式的名称,例如"一级标题",如图 3-85 所示。

③如果在定义新样式的同时,还希望针对该样式进行进

图 3-84　"样式"任务窗格

模块三 Word 2010 文字处理软件

图 3-85 "根据格式设置创建新样式"对话框

一步定义,则可以单击"修改"按钮,打开如图 3-86 所示的对话框。在该对话框中,用户可以定义该样式的样式类型是针对文本还是段落,以及样式基准和后续段落样式。除此之外,用户也可以单击"格式"按钮,分别设置该样式的字体、段落、边框、编号、文字效果、快捷键等定义。

图 3-86 编辑新样式

④单击"确定"按钮,新定义的样式会出现在快速样式库中,并可以根据该样式快速调整文本或段落的格式。

◎ 任务实施

①首先打开"策划案"文档,切换到"开始"选项卡,在"样式"组中单击右下角按钮,打开"样式"任务窗格。

②单击"样式"任务窗格左下角的"新建样式"按钮,打开"根据格式设置创建新样式"对话框,如图 3-86 所示。在"属性"选项组中设置"名称"为"标题 1","样式类型"设置为"链接段落和字符","样式基准"设置为"正文","后续段落样式"为"我的正文"。在"格式"选项组中设置字体为宋体,字号为二号,字体加粗,其他为默认设置。

③单击对话框左下角的"格式"下拉按钮,在其下拉列表中选择"段落"命令,打开"段落"对话框,设置 1.5 倍行距。单击"确定"按钮返回"根据格式设置创建新样式"对话框,再次单击"确定"按钮返回文档编辑区。至此,"标题 1"样式创建完毕。依照同样的方法创建"标题

2"样式。

④样式创建完毕后,按住 Ctrl 键的同时,依次选中文档的"第 1 部分　概述""第 2 部分　行为分析""第 3 部分　行业网站分析""第 4 部分　网站策划"等一级标题后,单击"样式"任务窗格的快速样式中的"标题 1"按钮,将选中的内容设置为"标题 1"样式。

⑤按住 Ctrl 键的同时,依次选中文档的"2.1　市场现状分析""2.2　市场需求分析"等二级标题后,单击"样式"任务窗格的快速样式中的"标题 2"按钮,将选中的内容设置为"标题 2"样式。

⑥完成以上操作后,效果如图 3-82 所示。

任务三　添加水印效果

◎任务描述

我们经常需要使用 Word 编辑一些办公文档,有时在打印一些重要文件时还需要给文档添加"秘密""保密"的水印,以便让阅读文件的人都知道该文档的重要性和保密性。本次任务是给"策划案"文档添加水印效果,使用户掌握添加水印的基本操作。

◎任务分析

给"策划案"文档添加文字水印,文字内容为"策划案"。

◎知识链接

Word 2010 提供了图片水印和文字水印等水印设置功能,用户可以根据需要选择插入合适的水印样式,也可以自定义水印内容和格式,操作简单方便。

◎任务实施

打开"策划案"文档,单击"页面布局"选项卡,在"页面背景"组中选择"水印",然后选择"自定义水印"选项,弹出"水印"对话框,在此对话框中选择"文字水印",设置语言为"中文(中国)",文字为"策划案",如图 3-87 所示。单击"应用"或"确定"按钮完成插入水印的操作。

图 3-87　"水印"对话框

任务四　导出目录

◎任务描述

目录通常是长篇幅文档不可缺少的一项内容,它列出了文档中的各级标题及其所在的页码,便于文档阅读者快速查找到所需内容。本次任务是为"策划案"文档添加目录,要求用户掌握编制目录的基本操作。

◎任务分析

使用自动生成目录的方法在"策划案"文档第一页添加目录,采用"自动目录1"样式,并设置标题"目录"字号为"五号""居中对齐",设置目录内容的段落格式为"1.5倍行距",结果如图3-88所示。

目　录

第1部分	概述	1
第2部分	行业分析	1
2.1	市场现状分析	1
2.2	市场需求分析	2
2.3	区域市场分析	3
2.4	用户结构分析	4
2.5	市场渠道分析	4
2.6	市场竞争分析	4
2.7	购买行为分析	5
2.8	市场发展趋势	6
第3部分	行业网站分析	6
3.1	主要竞争对手	6
3.2	次要竞争对手	8
3.3	中国电子商务现状	8
第4部分	网站策划	11
4.1	站点规划	11
4.2	网站定位	11
4.3	用户定位	11
4.4	信箱规划	12
4.5	网页规划	12

图3-88　生成目录

◎知识链接

1.使用"目录库"创建目录

Word 2010提供了一个内置的"目录库",其中有多种目录样式可供选择,从而可代替用

户完成大部分工作,使插入目录的操作变得快捷、简便。在文档中使用"目录库"创建目录的操作步骤如下:

①首先将鼠标指针定位在需要建立文档目录的地方,通常是文档的最前面。

②在"引用"选项卡中的"目录"功能组中,单击"目录"按钮,打开如图 3-89 所示的下拉列表,系统内置的"目录库"以可视化的方式展示了多种目录的编排方式和显示效果。

图 3-89　目录库

③用户只需单击其中一个满意的目录样式,Word 2010 就会自动根据所标记的标题在指定位置创建目录。

2. 使用自定义样式创建目录

如果用户已将自定义样式应用于标题,则可以按照如下操作步骤来创建目录。用户可以选择 Word 在创建目录时使用的样式设置。

①将鼠标指针定位在需要建立文档目录的地方,然后在 Word 2010 的功能区中,打开"引用"选项卡。

②在"引用"选项卡上的"目录"功能组中,单击"目录"按钮。在弹出的下拉列表中,执行"插入目录"命令。

③在如图 3-90 所示的"目录"对话框中单击"选项"按钮。

④此时弹出如图 3-91 所示的"目录选项"对话框,在"有效样式"区域中可以查找应用于文档中的标题的样式,在样式名称旁边的"目录级别"文本框中输入目录的级别(可以输入 1 到 9 中的一个数字),以指定希望标题样式代表的级别。如果希望仅使用自定义样式,则可删除内置样式的目录级别数字,例如删除"标题 1""标题 2"和"标题 3"样式名称旁边的代表目录级别的数字。

⑤当有效样式和目录级别设置完成后,单击"确定"按钮,关闭"目录选项"对话框。

⑥完成上述操作后返回到"目录"对话框,用户可以在"打印预览"和"Web 预览"区域中

模块三　Word 2010 文字处理软件

图 3-90　"目录"对话框

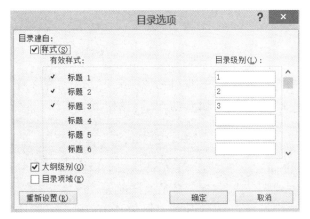

图 3-91　"目录选项"对话框

看到 Word 在创建目录时使用的新样式设置。另外,如果用户正在创建读者阅读的文档,那么在创建目录时应包括标题和标题所在页面的页码,即选中"显示页码"复选框,从而便于读者快速翻到需要的页。如果用户创建的是读者将要在 Word 中联机阅读的文档,则可以将目录中各项的格式设置为超链接,即选中"使用超链接而不使用页码"复选框,以便者可以通过单击目录中的某项标题转到对应的内容。最后,单击"确定"按钮完成所有设置。

3. 更新目录

如果用户在创建好目录后,又添加、删除或更改了文档中的标题或其他目录项,可以按照如下操作步骤更新文档目录:

①在 Word 2010 的功能区中,打开"引用"选项卡。

②在"引用"选项卡上的"目录"功能组中,单击"更新目录"按钮。

③弹出"更新目录"对话框,在该对话框中选中"只更新页码"单选按钮或者"更新整个目录"单选按钮,然后单击"确定"按钮即可按照指定要求更新目录。

◎任务实施

打开"策划案"文档,将插入点定位于"策划案"文档中需要添加目录的位置,选择"引用"选项卡,在"目录"组中单击"目录"按钮,在下拉列表中选择"自动目录 1"样式选项插入目录。

在插入的目录中,设置标题"目录"字号为"五号""居中对齐",设置目录内容的段落格式为"1.5倍行距",操作完成后,结果如图3-88所示。

任务五　设置页眉/页脚和页码

◎任务描述

在制作策划案时,为方便用户查看和阅读,通常需要添加页眉、页脚和页码,以显示文档的页数和一些相关的信息。本次任务是为"策划案"文档添加页眉、页脚和页码,要求用户掌握添加页眉、页脚和页码的基本操作。

◎任务分析

给"策划案"文档设置页眉、页脚,其中页眉采用"空白"样式,页眉内容为"策划案";插入页脚内容为"××公司";在页脚中间位置插入页码,页码格式为"第1页,第2页,……"。

◎知识链接

1. 设置页眉和页脚

页眉页脚是在文档每一页的顶端(页眉)或底端(页脚)打印的文字,在编辑文档时,可以在页眉和页脚中插入文本或图形,如日期、页码或作者姓名等。设置页眉和页脚的方法如下。

①打开待排版的文档,在"插入"选项卡中,单击"页眉和页脚"功能组中的"页眉"或"页脚"命令,弹出下拉菜单,可在菜单中选择页眉或页脚的样式。

②单击选择一种样式后,光标停到页眉或页脚的插入位置上,输入相应内容。

③双击页眉或页脚的位置,激活页眉和页脚工具的"设计"选项卡,如图3-92所示,进入页眉页脚编辑状态。

图3-92　"页眉和页脚工具"设计选项卡

④单击工具栏中相应按钮,可以在页眉或页脚处插入页码、日期、时间以及图片等,也可直接输入页眉和页脚的内容,单击工具栏中"页脚"按钮,可以切换到插入页脚位置。

⑤在文档处双击鼠标左键可退出页眉页脚编辑状态。

2. 插入页码

页面设置就是对文章的总体版面的设置及纸张大小的选择,页面设置的好坏与否直接影响到整个文档的布局、设置以及文档的输入、编辑等。因此,页面设置对所有用户来说都是必须掌握的。

①打开需要插入页码的文档,在"插入"选项卡中,单击"页眉和页脚"功能组中的"页码"按钮,在弹出的下拉菜单中可选择页码插入的位置,选择"页面顶端"或"页面底端",即可在

页眉位置或者页脚位置插入页码。

②插入页码的同时,激活"页眉和页脚工具设计"功能区,在"页眉和页脚"功能组中,单击"页码"按钮,在弹出的下拉菜单中可选择"设置页码格式"。

③弹出"页码格式"对话框,如图 3-93 所示,在对话框中可进行页码的设置和相关页码的输入,设置完毕后,单击"确定"按钮。

图 3-93　"页码格式"对话框

◎任务实施

①打开"策划案"文档,在"插入"选项卡上的"页眉和页脚"组中→单击"页眉"→选择"空白"样式,如图 3-94 所示,在页眉的文本框内输入内容"策划案",如图 3-95 所示。

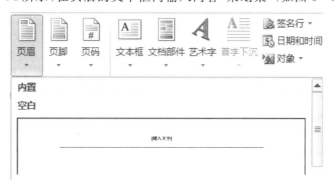

图 3-94　插入页眉

图 3-95　页眉

②双击页脚区域,把插入点移至页脚居中位置,单击"页眉和页脚"组中的"页码"→选择"当前位置"→"普通数字"插入页码,如图 3-96 所示。

③在页码数字前面输入"第"字,在数字后面输入"页"字,如图 3-97 所示。

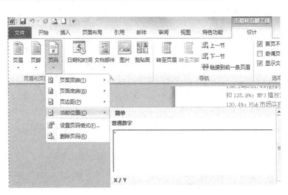

图3-96 插入页码

图3-97 编辑页码

项目五 Word 2010 高效办公应用

任务一 邮件合并

◎任务描述

发送电子邮件是我们工作、生活中很常见的一种操作,在邮件发送时,我们一般一封一封地编写发送,但如果邮件内容相同,只是收件人不同,可以快速地完成邮件编辑发送吗?当然可以,我们可以利用 Word 2010 的邮件合并功能来完成这项工作。假设某学校要招开大学生创新创业交流会,现要求使用邮件合并的方式快速制作邀请函。

◎任务分析

使用邮件合并的方法,利用"邀请函模板"和"合作伙伴数据"制作邀请函。

◎知识链接

Word 的邮件合并可以将一个主文档与一个数据源结合起来,最终生成一系列输出文档。在此需要明确以下几个基本概念。

1. 创建主文档

主文档是经过特殊标记的 Word 文档,它是用于创建输出文档的"蓝图"。其中包含了基本的文本内容,这些文本内容在所有输出文档中都是相同的,比如信件的信头、主题以及落款等。另外还有一系列指令(称为合并域),用于插入在每个输出文档中都要发生变化的文本,比如收件人的姓名和地址等。

2.选择数据源

数据源实际上是一个数据列表,其中包含了用户希望合并到输出文档的数据。通常它保存了姓名、通信地址、电子邮件地址、传真号码等数据字段。Word 的"邮件合并"功能支持很多类型的数据源,其中主要包括下列几类数据源。

①Microsoft Office 地址列表:在邮件合并的过程中,"邮件合并"任务窗格为用户提供了创建简单的"Office 地址列表"的机会,用户可以在新建的列表中填写收件人的姓名和地址等相关信息。此方法适用于不经常使用的小型、简单列表。

②Microsoft Word 数据源:可以使用某个 Word 文档作为数据源。该文档应该只包含 1 个表格,该表格的第 1 行必须用于存放标题,其他行必须包含邮件合并所需要的数据记录。

③Microsoft Excel 工作表:可以从工作簿内的任意工作表或命名区域选择数据。

④Microsoft Outlook 联系人列表:可直接在"Outlook 联系人列表"中直接检索联系人信息。

⑤Microsoft Access 数据库:在 Access 中创建的数据库。

⑥HTML 文件:使用只包含 1 个表格的 HTML 文件。表格的第 1 行必须用于存放标题,其他行则必须包含邮件合并所需要的数据。

3.邮件合并的最终文档

邮件合并的最终文档包含了所有的输出结果,其中,有些文本内容在输出文档中都是相同的,而有些会随着收件人的不同而发生变化。

利用"邮件合并"功能可以创建信函、电子邮件、传真、信封、标签、目录(打印出来或保存在单个 Word 文档中的姓名、地址或其他信息的列表)等文档。

◎任务实施

使用邮件合并技术制作邀请函。

如果用户要制作或发送一些信函或邀请函之类的邮件给客户或合作伙伴,这类邮件的内容通常分为固定不变的内容和变化的内容。例如,有一份如图 3-98 所示的邀请函文档,在这个文档中已经输入了邀请函的正文内容,这一部分就是固定不变的内容。邀请函中的被邀请人姓名以及称谓等信息就属于变化的内容。具体的操作步骤如下:

①在"邮件"选项卡中,选择"开始邮件合并"功能组,单击"开始邮件合并"→"邮件合并分步向导"命令。

②在文档右侧打开"邮件合并"任务窗格,进入"邮件合并分步向导"的第 1 步(总共有 6 步)。在"选择文档类型"选项区域中,选择一个希望创建的输出文档的类型(本例选中"信函"单选按钮)。

③单击"下一步:正在启动文档",进入"邮件合并分步向导"的第 2 步,在"选择开始文档"选项区域中选中"使用当前文档"单选按钮,以当前文档作为邮件合并的主文档。接着单击"下一步:选取收件人",进入"邮件合并分步向导"的第 3 步,在"选择收件人"选项区域中选中"键入新列表"单选按钮,然后在"键入新列表"下单击"创建",弹出"新建地址列表对话框"如图 3-99 所示,在对话框中输入所需信息,单击"新建条目"可以增加联系人信息。

④回到"邮件合并分步向导"的第 3 步,在"选择收件人"选项区域中选中"使用现有列

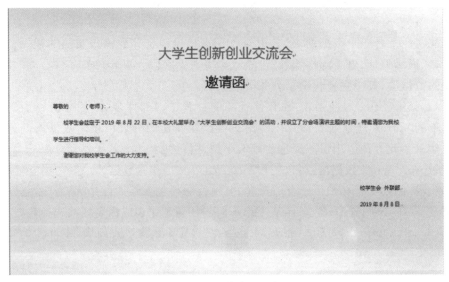

图3-98 邀请函正文

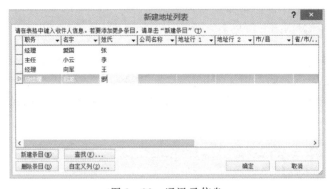

图3-99 通讯录信息

表"单选按钮,单击"浏览",弹出"选取数据源"对话框,如图3-100所示,找到上一步保存在桌面上的"通讯录.mdb"文件,单击"打开",弹出"邮件合并收件人"对话框,可以对需要合并的收件人信息进行修改,最后单击"确定"。

⑤输入完毕后,单击"确定"按钮,弹出"保存通讯录"菜单,本例题中以"通讯录"为文件名将文件保存到桌面上,单击"保存"按钮,弹出"邮件合并"对话框,单击"确定",桌面上将出现一个"通讯录.mdb"文件。

⑥选择了收件人的列表之后,单击"下一步:撰写信函",进入"邮件合并分步向导"的第4步。如果用户此时还未撰写信函的正文部分,可以在活动文档窗口中输入与所有输出文档中保持一致的文本。如果需要将收件人信息添加到信函中,先将鼠标指针定位在文档中的合适位置,本例题中先将光标停在"尊敬的"后面,然后单击"地址块""问候语"等。本例单击"其他项目"。

⑦打开如图3-101所示的"插入合并域"对话框,在"域"列表框中,选择要添加到邀请函中被邀请人姓名所在位置的域,本例题选择"姓名"域,单击"插入"按钮。

图 3-100　选取数据源

图 3-101　插入合并域

⑧插入完所需的域后,单击"关闭"按钮,关闭掉"插入合并域"对话框。文档中的相应位置就会出现已插入的域标记。

⑨在"邮件合并"任务窗格中,单击"下一步:预览信函",进入"邮件合并分步向导"的第5步。在"预览信函"选项区域中,单击"<<"或">>"按钮,可以查看具有不同被邀请人姓名和称谓的信函。

提示:如果用户想要更改收件人列表,可单击"做出更改"选项区域中的"编辑收件人列表"超链接,在随后打开的"邮件合并收件人"对话框中进行更改。如果用户想要从最终的输出文档中删除当前显示的输出文档,可单击"排除此收件人"按钮。

⑩预览并处理输出文档后,单击"下一步:完成合并"超链接,进入"邮件合并分步向导"的最后一步。在"合并"选项区域中,用户可以根据实际需要选择单击"打印"或"编辑单个信函",进行合并工作。本例单击"编辑单个信函"。

⑪打开"合并到新文档"对话框,在"合并记录"选项区域中,选中"全部"单选按钮,然后单击"确定"按钮。这样,Word 会将收件人信息自动添加到邀请函正文中,并合并生成一个新文档,在该文档中,每页中的邀请函客户信息均由数据源自动创建生成。合并后的效果如图 3-102 所示。

图 3-102　合并后的效果

任务二　宏定义

◎任务描述

宏是一个批量处理程序命令,正确地运用它可以提高工作效率。如果在 Word 中反复执行某项任务,就可以使用宏自动执行该任务。宏是 Word 中的命令和指令,这些命令和指令组合在一起,形成了一个单独的命令,以实现任务的自动化。

◎任务分析

使用宏插入一个两行三列的表格。

◎知识链接

宏简单点说就是批处理,但是要比批处理功能更灵活、方便。如果在 Word 中反复执行某项任务,可以使用宏自动执行该任务。宏是将一系列的 Word 命令和指令组合在一起,形成一个命令,以实现任务执行的自动化。用户可创建并执行一个宏,以替代人工进行一系列费时而重复的 Word 操作。

◎任务实施

使用宏插入一个两行三列的表格的操作如下。

①在"视图"选项卡中,单击"宏",在弹出的菜单中选择"录制宏",弹出"录制宏"对话框,

如图 3-103 所示。

图 3-103　"录制宏"对话框

②在"宏名"下可以输入宏的名称,本例题使用默认的宏名"宏 1",在"说明"下输入对于宏的说明,本例题输入"插入两行三列的表格",如图 3-104 所示。

图 3-104　输入宏的说明

③单击"键盘",弹出"自定义键盘"对话框,将光标停在"请按新快捷键"下的输入框,这时在键盘上按下用于代替宏操作的快捷键,本例中选择的是"Ctrl+F7",如图 3-105 所示,单击"指定"按钮,再单击"关闭"按钮。

④这时光标变成空心箭头加磁带形式,表示进入录制状态。

⑤按照插入表格的方法,在本文档中插入一个两行三列的表格。

⑥在"视图"选项卡中,单击"宏",在弹出的菜单中选择"停止录制"。

⑦将光标停在需要插入表格的位置,按下快捷键"Ctrl+F7"或者单击"宏",在弹出的菜单中选择"查看宏",弹出对话框后,选择"宏 1",再单击"运行"按钮,就可以在光标停留位置插入一个两行三列的表格。

图 3-105 键入宏的运行快捷键

任务三　打印文档

◎任务描述

当文档编辑完成后,下面我们就要输出了。本任务将要求使用 Word 2010 的打印功能,根据打印要求,打印出相对应的纸质文档。

◎任务分析

假设已有一个创建并编辑好的 Word 文档,现在使用打印功能,打印出该文档。本任务要求把本模块中项目三中制作的"个人简历"表进行打印。

◎知识链接

在 Word 2010 中,用户可以用多种方式打印文档的内容,使用打印预览功能,还能在打印之前就看到打印的效果,减少不必要的浪费。

1. 打印预览

单击"文件"→"打印"命令,打开"打印"窗口,如图 3-106 所示。

①"打印"窗口右侧是打印预览区,用户可以从中预览文件的打印效果;窗口的左侧是打印设置区,包含了一些常用的打印设置按钮及页面设置命令。

②在打印预览区中,可以通过窗口左下角的翻页按钮选择需要浏览的页面,或移动垂直滚动条选择需要预览的页面;可以通过窗口右下角的显示比例滑块调节页面显示的大小。

2. 打印设置与输出

在打印文档之前,通常要设置打印格式。单击"文件"→"打印"命令,打开"打印"窗口,如图 3-106 所示,在"打印"窗口左侧的"设置"区中,可以设置打印格式。

①"份数"右侧的下拉列表框中,可设置文档的打印份数。

模块三　Word 2010 文字处理软件

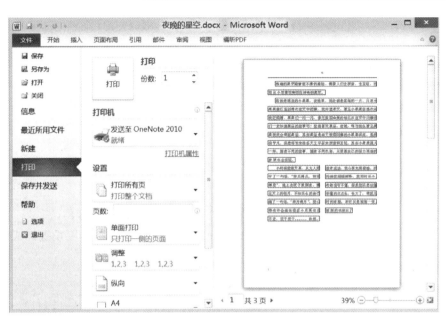

图 3-106　"打印"窗口

②单击"打印机"下的向下三角形按钮，打开下拉菜单，在菜单中可选择一种打印机为当前 Word 2010 的默认打印机。单击"打印机属性"，弹出"打印机属性"对话框，可以设置打印机的参数。

③在"设置"功能组中，可以对以下打印格式进行相关的设置，如图 3-107。

图 3-107　"设置"窗口

a."打印所有页":单击该选项,打开菜单,在菜单中可以选择打印文档的指定范围。

b."页数"后的文本框中,可输入需要打印的页面的页码,如只需要打印第1页和第3页,则在"页数"后输入"1,3",单击"打印"按钮,便可只打印第1页和第3页。

页码表示方法为,连续页以"-"表示,如打印第3页至第6页,则在此栏填入"3-6;不连续页以逗号表示,如打印第3页和第10页,则在此栏填入"3,10";若要打印的页码包括不连续和连续的可表示为"1,3,4-6,即要打印第1,3,4,5,6页文本。

c."单面打印":单击该选项,打开菜单,在菜单中可选择"单面打印"或"手动双面打印"。

d."调整":单击该选项,打开菜单,在菜单中可选择"调整"或"取消排序"。

e."纵向":单击该选项,打开菜单,在菜单中可选择"纵向"或"横向"。

f."纸张设置":单击该选项,打开菜单,在菜单中可选择所需纸张的样式。

g."页边距设置":单击该选项,打开菜单,在菜单中可选择所需页边距设置样式。

◎任务实施

①打开本模块项目三中已制作好的"个人简历"表格。

②点击"文件"菜单项,选择"打印"选项,设置"打印份数",选择当前"打印机",然后点击"打印"按钮,打印设置如图3-108所示。

图 3-108　打印设置

模块小结

1.Office 2010为家庭和小型企业提供了一些基本软件,使用户可以更加快速、轻松地完成任务。一直以来,Microsoft Word都是最流行的文字处理程序。作为Office套件的核心应用程序之一,Word 提供了许多易于使用的文档创建工具,同时也提供了丰富的功能供创建复杂的文档使用。哪怕只使用 Word 应用一点文本格式化操作或图片处理,也可以使简单的文档变得比只使用纯文本更具吸引力。

2. 为了使文档具有漂亮的外观,必须对文档进行必要的排版。文档的排版包括输出页面设置、字符格式设置、段落格式设置、特殊排版要求效果等操作。

3. 图文并茂的文章,使人赏心悦目,同时也能增强文章的表现效果。在 Word 2010 中,也有插入图片和艺术字的功能。

4. 表格是一种简明、直观的表达方式,一个简单的表格远比一大段文字更有说服力,更能清楚表明问题。在 Word 2010 中,不仅可以制作表格,还可以对表格进行编辑和格式化操作。

习 题

一、单选题(请选择 A、B、C、D 中的一个字母写到本题的括号中)

1. 在 Word 2010 中,为打开同一目录下两个非连续的文件,在打开对话框中,其选择方式是(　　)。

　　A. 单击第一个文件,Shift+单击第二个文件
　　B. 单击第一个文件,Ctrl+单击第二个文件
　　C. 双击第一个文件,Shift+双击第二个文件
　　D. 单击第一个文件,Ctrl+双击第二个文件

2. 在 Word 2010 编辑状态下,若要进行选定文本行间距的设置,应该选择的操作是(　　)。

　　A. 单击"编辑"→"格式"　　　　　　B. 单击"格式"→"段落"
　　C. 单击"编辑"→"段落"　　　　　　D. 单击"格式"→"字体"

3. 在编辑文章时,要将第五段移到第二段前,可先选中第五段文字,然后(　　)。

　　A. 单击"剪切",再把插入点移到第二段开头,单击"粘贴"
　　B. 单击"粘贴",再把插入点移到第二段开头,单击"剪切"
　　C. 把插入点移到第二段开头,单击"剪切",再单击"粘贴"
　　D. 单击"复制",再把插入点移到第二段开头,单击"粘贴"

4. 在 Word 编辑状态下,超链接可以使用(　　)。

　　A. 工具选项卡中的命令　　　　　　B. 编辑选项卡中的命令
　　C. 格式选项卡中的命令　　　　　　D. 插入选项卡中的命令

5. 页面设置对话框中不能设置(　　)。

　　A. 纸张大小　　　　　　　　　　　B. 页边距
　　C. 打印范围　　　　　　　　　　　D. 正文横排或竖排

6. 在使用 Word 文本编辑软件时，可在标尺上直接进行的是（　　）操作。
A. 嵌入图片　　　　　　　　　　B. 对文章分栏
C. 段落首行缩进　　　　　　　　D. 建立表格

7. Word 中显示有页码、节号、页数、总页数等的是（　　）。
A. 常用工具栏　　　　　　　　　B. 菜单栏
C. 格式工具栏　　　　　　　　　D. 状态栏

8. 使用常用工具栏的按钮，可以直接进行的操作是（　　）。
A. 嵌入图片　　　　　　　　　　B. 对文章分栏
C. 插入表格　　　　　　　　　　D. 段落首行缩进

9. 在哪种视图模式下，首字下沉和首字悬挂无效？（　　）。
A. 页面　　　　　　　　　　　　B. 普通
C. Web　　　　　　　　　　　　D. 全屏显示

10. Word 2010 主窗口的标题栏最右边显示的按钮是（　　）。
A. 最小化按钮　　　　　　　　　B. 还原按钮
C. 关闭按钮　　　　　　　　　　D. 最大化按钮

11. "页面设置"命令在哪个选项卡中？（　　）。
A. "页面布局"选项卡　　　　　　B. "插入"选项卡
C. "开始"选项卡　　　　　　　　D. "引用"选项卡

12. "样式"命令在哪个选项卡上？（　　）。
A. 文件　　　　　　　　　　　　B. 页面布局
C. 开始　　　　　　　　　　　　D. 邮件

13. 若要在打印文档之前预览，应使用的命令是（　　）。
A. "开始"→"段落"　　　　　　　B. "插入"→"书签"
C. "页面布局"→"页面边框"　　　D. "文件"→"打印"

14. 在 Word 中，为了选择一个完整的行，用户应把鼠标指针移到行左侧的选定栏，出现斜向箭头后，（　　）。
A. 单击鼠标的左键　　　　　　　B. 双击鼠标的左键
C. 三击鼠标的左键　　　　　　　D. 单击鼠标的右键

15. 在 Word 中，以下说法正确的是（　　）。
A. Word 中可将文本转化为表，但表不能转成文本
B. Word 中可将表转化为文本，但文本不能转成表
C. Word 中文本和表不能互相转化
D. Word 中文本和表可以互相转化

16. "减少缩进量"和"增加缩进量"调整的是（　　）。
A. 全文的左缩进　　　　　　　　B. 右缩进
C. 选定段落的缩进　　　　　　　D. 所有缩进

17. 在 Word 2010 编辑状态，执行两次"复制"操作后，此时剪贴板中（　　）。
A. 仅有第一次被复制的内容　　　B. 仅有第二次被复制的内容

C. 有两次被复制的内容　　　　　　　D. 无内容

18. 有关 Word 2010"打印预览"窗口,说法错误的是(　　)。
A. 此时不可插入表格　　　　　　　B. 此时可全屏显示
C. 此时可调整页边距　　　　　　　D. 可以单页或多页显示

19. 如果想在 Word 主窗口中显示标尺,应当使用的选项卡是(　　)。
A. "开始"选项卡　　　　　　　　　B. "视图"选项卡
C. "引用"选项卡　　　　　　　　　D. "插入"选项卡

20. 在使用 Word 文本编辑软件时,为了选定文字,可先把光标定位在起始位置,然后按住(　　),并用鼠标单击结束位置。
A. 控制键 Ctrl　　　　　　　　　　B. 组合键 Alt
C. 换档键 Shift　　　　　　　　　　D. 退出键 Esc

21. 在 Word 文档中创建图表的正确方法有(　　)。
A. 使用"格式"工具栏中的"图表"按钮
B. 根据文档中的文字生成图表
C. 使用"插入"菜单中的"对象"
D. 使用"插入"选项卡中的"图表"

22. 在 Word 编辑状态,先后打开了 d1.doc 文档和 d2.doc 文档,则(　　)。
A. 可以使两个文档的窗口都显示出来　　B. 只能显示 d2.doc 文档的窗口
C. 只能显示 d1.doc 文档的窗口　　　　D. 打开 d2.doc 后两个窗口自动并列显示

23. 在 Word 编辑状态,进行"打印"操作,应当使用的菜单是(　　)。
A. "编辑"菜单　　　　　　　　　　B. "文件"菜单
C. "视图"菜单　　　　　　　　　　D. "工具"菜单

24. 在 Word 的菜单中,经常有一些是呈灰色的,这表示(　　)。
A. 这些命令在当前状态不起作用　　B. 系统运行故障
C. 这些命令在当前状态下有特殊效果　D. 应用程序本身有故障

25. 在(　　)视图下,可以显示分页效果。
A. 普通　　　　　　　　　　　　　B. Web 版式
C. 页面　　　　　　　　　　　　　D. 大纲

26. 在 Word 的编辑状态,文档窗口显示出水平标尺,拖动水平标尺上沿的"首行缩进"滑块,则(　　)。
A. 文档中各段落的首行起始位置都重新确定
B. 文档中被选择的各段落首行起始位置都重新确定
C. 文档中各行的起始位置都重新确定
D. 插入点所在行的起始位置被重新确定

27. 在 Word 的编辑状态,当前编辑的文档是 C 盘中的 d1.doc 文档,要将该文档拷贝到 U 盘,应当使用(　　)。
A. "文件"选项卡中的"另存为"命令　　B. "文件"选项卡中的"保存"命令
C. "文件"选项卡中的"新建"命令　　　D. "插入"选项卡中的"书签"命令

28. 若要进入页眉页脚编辑区,可以单击(　　)选项卡,再选择"页眉"或"页脚"按钮。
   A. 文件　　　　　　　　　　　　B. 插入
   C. 编辑　　　　　　　　　　　　D. 格式
29. 在 Word 编辑状态,可以使插入点快速移到文档首部的组合键是(　　)。
   A. Ctrl＋Home　　　　　　　　　B. Alt＋Home
   C. Home　　　　　　　　　　　　D. PageUp
30. 在 Word 编辑状态,打开一个文档,进行"保存"操作后,该文档(　　)。
   A. 被保存在原文件夹下　　　　　B. 可以保存在已有的其他文件夹下
   C. 可以保存在新建文件夹下　　　D. 保存后文档被关闭

二、判断题(请在正确的题后括号中打√,错误的题后括号中打×)

1. 页码的外观不能用"字体"命令改变。(　　)
2. 用户自定义的项目符号既可以是图片,也可以是特殊符号。(　　)
3. 一行中不能有多于一个的项目编号。(　　)
4. 给段落加边框,其四边均可不同。(　　)
5. Word 2010 中"＄、＃"不可定义为项目符号。(　　)
6. 在"自动套用格式"中,将会把段落前键入的空格左缩进。(　　)
7. 网格线只有在页面方式下才可以显示出来。(　　)
8. 在 Word 2010 中,可以通过"页面设置"对话框中的"版式"选项来自定义纸张大小。(　　)
9. 在设置制表位时,只能利用"格式"菜单中的"制表位"命令。(　　)
10. Word 2010 中的分栏命令分出的都是等宽的栏。(　　)
11. 若要进行输入法之间的切换,可以在任务栏上的下拉式菜单中选择,也可按 Ctrl＋Alt 键。(　　)
12. "表格"菜单中的"表格自动套用格式"命令中,可对应用的格式进行改变。(　　)
13. 在 Word 2010 中能够打开 Excel 文件,并且能够以 Excel 形式保存它。(　　)
14. "首行缩进"只能使所有段落首行保持统一格式。(　　)
15. 在 Word 2010 中,不能调用 PowerPoint 演示文稿和幻灯片文件。(　　)

三、上机操作题

1. 在 Word 2010 中完成以下操作。
   ①创建一空白 Word 文档,并命名为"课堂练习1"保存在 D:\student 文件夹下。
   ②打开"课堂练习1"Word 文档,并输入以下文字。

水资源

水是人类及一切生物赖以生存的必不可少的重要物质,是工农业生产、经济发展和环境改善不可替代的极为宝贵的自然资源。水资源(water resources)一词虽然出现较早,随着时代进步其内涵也在不断丰富和发展。但是水资源的概念却既简单又复杂,其复杂的内涵通常表现在:水类型繁多,具有运动性,各种水体具有相互转化的特性;水的用途广泛,各种用途对其量和质均有不同的要求;水资源所包含的"量"和"质"在一定条件下可以改变;更为重要的是,水资源的开发利用受经济技术、社会和环境条件的制约。因此,人们从不同角度的认识和体会,造成对水资源一词理解的不一致和认识的差异。目前,关于水资源普遍认可的概念可以理解为人类长期生存、生活和生产活动中所需要的既具有数量要求又有质量前提的水量,包括使用价值和经济价值。

广义上的水资源是指能够直接或间接使用的各种水和水中物质,对人类活动具有使用价值和经济价值的水均可称为水资源。

狭义上的水资源是指在一定经济技术条件下,人类可以直接利用的淡水。本词条中所论述的水资源限于狭义的范畴,即与人类生活和生产活动以及社会进步息息相关的淡水资源。

③设置自动保存时间为1分钟。将标题"水资源"改为空心字(宋体、14号、居中);将第一段(水是人类及一切生物……经济价值)右缩二个字符;将第二段首行缩进两个字符,并将段落中的汉字调整为红色。

④给第三段加上着重号,并将全文文字字体调整为黑体,字号调整为小四。

2. 在 Word 2010 中完成以下操作。

①创建一空白 Word 文档,并命名为"课堂练习2"保存在 D:\student 文件夹下。

②打开"课堂练习2"Word 文档,并输入以下文字。

国际博物馆日

1977年5月18日是国际博物馆协会向世界宣布的第一个国际博物馆日。

约在公元前5世纪,在希腊的特尔费·奥林帕斯神殿里,有一座收藏各种雕塑和战利品的宝库,它被博物馆界视为博物馆的开端。在相当长的时间里,博物馆一直作为皇室贵族和少数富人观赏奇珍异宝的展览室。后来到了18世纪末,西欧一些国家的博物馆相继出现,并对公众开放,博物馆的文化功能才得到了新的发展,这样人们对博物馆的重视与认识逐步得到了提高。

1946年11月,国际博物馆协会在法国巴黎成立。1974年6月,国际博物馆协会于哥本哈根召开第11届会议,将博物馆定义为"是一个不追求营利,为社会和社会发展服务的公开的永久机构。它把收集、保存、研究有关人类及其环境见证物当做自己的基本职责,以便展出,公诸于众,提供学习、教育、欣赏的机会。"

1971年国际博物馆协会在法国召开大会,针对当今世界的发展,探讨了博物馆的文化教育功能与人类未来的关系。1977年,国际博物馆协会为促进全球博物馆事业的健康发展,吸引全社会公众对博物馆事业的了解、参与和关注,向全世界宣告:1977年5月18日为第一个国际博物馆日,并每年为国际博物馆日确定活动主题。

③将标题设置为小二、蓝色、楷体、居中、加菱形圈号,并添加文字黄色底纹;将每一个段落段后间距设置为2行,行间距设置为2倍行距;将第二段分为两栏,并设置为右缩进两个字符,以及首字下沉2行;给第三段添加紫色边框,灰色15%的底纹。

3. 制作如图3-109所示表格。要求:将表格居中,表格中所有中文的格式设置为华文新魏,英文字体为 Times New Roman,小四号,在单元格中居中。将表格外框线改为1.5磅单实线,内框线改为0.75磅单实线。将列宽和行距调整到合适的大小。

散客定餐单

DINNER ORDER FORM　　NO.

<table>
<tr><td colspan="2">房号
Room No.</td><td colspan="2">姓名
Name</td><td>国籍
Nationality</td></tr>
<tr><td colspan="2"></td><td colspan="2"></td><td></td></tr>
<tr><td colspan="2">酒家
Name of restaurant</td><td colspan="2"></td><td></td></tr>
<tr><td colspan="2">用膳日期时间
Date&Time</td><td colspan="2"></td><td></td></tr>
<tr><td>人数
Persons</td><td></td><td>台数
Tables</td><td colspan="2"></td></tr>
<tr><td colspan="3">每人（台）标准
Price for each
Person(table)</td><td colspan="2"></td></tr>
<tr><td colspan="3">有何特殊要求
Special Preferences
Price</td><td colspan="2"></td></tr>
<tr><td>处理情况</td><td colspan="4">酒家承办人：

经手人：</td></tr>
</table>

年　　月　　日

图 3－109　练习表格

4. 在 Word 2010 中完成以下操作。

给家长的一封信

尊敬的______同学家长：

寒假来临，祝您身体健康、新春快乐、万事如意！

您的孩子已在我系顺利完成了一个学期的学习，感谢您对我系学生工作的大力支持与配合！现将______同学本学期期末考试的成绩单寄给您。如果您的孩子本学期有不及格的课程，请您督促他在假期中认真复习，做好开学补考的准备。如果您在教育和培养孩子方面有什么建议，请您及时与辅导员取得联系，或者将建议以书面方式邮寄至我系。

谢谢您的支持与配合！

信息学科部计算机系

2020－1－12

①编辑上述信件，并进行保存。

②对上述信件内容制作套用信函，学生信息表如表 3－1 所示。

表 3-1 计算机系学生通讯录

学号	姓名	专业	联系电话
1	胡成款	计算机科学与技术	13807919199
2	阮迎贤	计算机科学与技术	13979137999
3	刘群	软件工程	13707984699
4	张文荣	软件工程	13979160299
5	李辉	电子商务	13694837499

模块四　电子表格 Excel 2010

Microsoft Excel 是由微软公司为 Windows 和 Mac 操作系统开发的一款应用软件。它以电子表格的方式对数据进行处理、统计、分析等,具有非常友好的人机界面和强大的计算功能。目前,该软件广泛地应用于统计、管理、金融等领域。

Microsoft Excel 从诞生到现在,经历了多次的改进和升级,本模块介绍的是 Microsoft Excel 2010 中文版。由于它是 Office 2010 中的一个组件,因此它和 Word、PowerPoint 等之间具有良好的信息交互性和相似的操作方法。

项目一　制作"图书销售情况"工作簿

Excel 最基本的功能就是制作表格,并在表格中记录相关的数据及信息,以便日常生活和工作中信息的记录、查询和管理。本项目分为六个任务来制作"图书销售情况"工作簿。

任务一　Excel 2010 的入门

◎任务描述

Excel 2010 可以通过比以往更多的方法分析、管理和共享信息,从而帮助您做出更好、更明智的决策。使用 Excel 2010,需要了解哪些知识呢?

◎任务分析

在使用 Excel 2010 之前,需要掌握它的启动和退出方法,熟悉它的工作界面,认识 Excel 2010 中的一些基本概念。要完成本次任务,需要进行如下操作。

①正确启动和退出 Excel 2010。
②认识 Excel 2010 的工作界面。
③掌握 Excel 2010 中的一些常用基本概念。
④进行 Excel 2010 中的一些常用选择操作。

◎知识链接

1. Excel 2010 的启动和退出

(1)启动的常用方法
①单击"开始"→"所有程序"→"Microsoft Office"→"Microsoft Excel 2010"命令。
②双击桌面上"Microsoft Excel 2010"的快捷方式图标。

③在桌面空白任意位置处,单击鼠标右键,然后在弹出的快捷菜单中选择"新建"→"Microsoft Excel 工作表"命令,将在桌面上生成一个相关文件,最后双击其文件图标。

(2)退出的常用方法

①单击 Excel 窗口标题栏右上角的 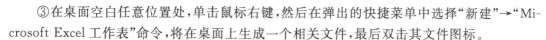 ("关闭")按钮。

②单击功能区的"文件"标签下的"退出"命令。

③按键盘上的快捷键"Alt+F4"。

当用户退出时,若当前文件还没有保存,将弹出一个对话框,提示是否保存对其的更改。

2. Excel 2010 的工作界面

当启动 Microsoft Excel 2010 时,界面显示如图 4-1 所示的窗口。该窗口一般由标题栏、功能区、编辑栏、工作表格区、工作表标签、工作簿窗口滚动条等部分组成。

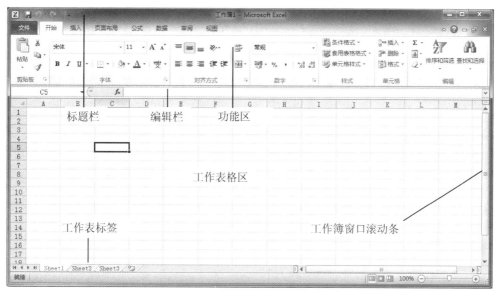

图 4-1　Microsoft Excel 2010 窗口

(1)标题栏

标题栏的最左端是控制菜单图标,单击它将弹出下拉菜单,包括"还原""移动""大小""最小化""最大化""关闭"命令。控制菜单图标右边显示的是快速访问工具栏("保存""撤消""恢复"和"自定义")按钮,旁边是当前文件名,例如"工作簿1"。标题栏最右端有窗口的("最小化""最大化/还原""关闭")按钮。

(2)功能区

Excel 2010 功能区与 Word 类似,它以选项卡的方式对命令进行分组和显示。包括"开始""插入""页面布局""公式""数据""审阅"和"视图"选项卡,这些选项卡可引导用户开展各种工作,简化对应用程序中多种功能的使用,并会直接根据用户正在执行的任务来显示相关命令。

(3)编辑栏

编辑栏包括"名称框""编辑框"和"按钮"。"名称框"用来显示当前单元格的名称或单元格区域的起始单元格名称等信息,还可通过它给单元格区域定义一个别名,若在其中输入正确的单元格、单元格区域名称或定义的别名,按回车键即可快速选定所指区域;"编辑框"用来显示当前单元格的内容或引用的公式函数,也可以进行输入、编辑操作; fx ("函数")按钮可以在当前单元格插入函数, ✕ ("取消")和 ✓ ("确认")按钮分别用于对当前输入或编辑的内容进行取消或确认操作。

(4) 工作表格区

工作表格区是窗口中间最大的区域,用户在此可以输入数据。它是由行、列交叉排列而成的表格,最小的一格称为单元格,每个单元格由列标加行号表示,其中列标位于工作表格区的上端,由 A、B、C……Z、AA、AB、AC……依次标识。行号位于工作表格区的左端,由 1、2、3……依次标识,例如,第 2 列与第 7 行相交叉的单元格的名称为 B7。

(5) 工作表标签

工作表标签显示的是当前工作簿中所有工作表的名称,用鼠标单击相应的标签可以在它们之间切换,当前工作表的标签呈凹状显示。在默认情况下,一个工作簿包含 3 个工作表,分别用"Sheet1""Sheet2""Sheet3"标签标识。单击左侧的标签滚动按钮,可以查看未显示的工作表标签,但当前的工作表没有改变。

(6) 工作簿窗口滚动条

工作簿窗口滚动条可以在上下、左右方向调整工作区的内容,包括"水平滚动条"和"垂直滚动条",可用键盘、鼠标滚轮或鼠标拖动控制。

3. Excel 2010 的基本概念

(1) 工作表

工作表是工作簿窗口中由暗灰色的横竖线组成的表格,是存储和处理数据最重要的部分。使用工作表可以对数据进行组织和分析,可以同时在多张工作表上输入并编辑数据,并且可以对来自不同工作表的数据进行汇总计算。

(2) 工作簿

工作簿就是报表文件,它的文件扩展名为"xlsx"。工作簿就如同活页夹,工作表就如同其中的一张张活页纸。

(3) 单元格

单元格是表格中行与列的交叉部分,它是组成表格的最小单位,也是最基本的存储单元。单个数据的输入和修改都是在单元格中进行的。任意时刻工作表中有且只有一个单元格是激活的,用户的所有操作都是针对它进行的,我们把它称为"活动单元格"。

(4) 单元格区域

单元格区域是由单个单元格/多个单元格组成的区域或者整行/整列等。例如"E4:H9"表示以 E4 单元格和 H9 单元格为对角的一片连续矩形区域。

4. Excel 2010 中的选择

(1) 选择一个单元格

单击鼠标或使用键盘上的方向键进行选择。还可单击功能区中的"查找和选择"→"转到"命令,在弹出的对话框中输入单元格的地址即可。

(2)选择连续的单元格区域

单击单元格区域左上角的单元格,鼠标保持在该单元格内,拖动鼠标至单元格区域的右下角单元格;或者单击单元格区域左上角的单元格,按住 Shift 键不放,再单击单元格区域的右下角单元格。

(3)选择不连续的单元格或单元格区域

选择第一个单元格或单元格区域,按住 Ctrl 键不放,依次选择需要的其他单元格或单元格区域。

(4)选择行或列

将鼠标移至行号格或列标格内(应呈单向箭头),单击行号或列标,可选择某行或某列。若在行号或列标上拖动鼠标可选择相邻的若干行或若干列。

(5)选择整个工作表

单击名称框左下方灰色的小方块或者按快捷键"Ctrl+A"。

(6)取消单元格的选择

单击工作表中选择单元格区域以外的任意位置。若在全选状态时,单击工作表中任意位置即可。选择区域呈反色显示。

◎任务实施

请上机进行 Excel 2010 的启动与退出操作;了解它的工作界面,记住常用的概念,并进行一些常用的选择和取消等操作。

任务二　工作簿的操作

◎任务描述

工作簿是处理和存储数据的文件,可以说,Excel 文档就是工作簿,它为用户提供了一个计算操作环境。因此,我们进行任何操作之前需要先创建工作簿,然后再根据要求进行相应的操作。

◎任务分析

工作簿常用的操作有新建、保存、打开和关闭,这些都是工作簿的基本操作,大家需要掌握它们的常用方法。完成本次任务,需要进行如下操作。

①新建一个 Excel 工作簿。
②以"图书销售情况"为名,并保存在 D 盘目录下。
③关闭该文档。

◎知识链接

1.新建工作簿的常用方法

①单击"文件"→"新建"命令,在窗口的右侧将弹出如图 4-2 所示的界面,根据需要进行选择模板(通常选择"空白工作簿"),将建立一个工作簿。

②启动 Microsoft Excel 2010 后,会自动新建一个空白的工作簿文件。

③按快捷键"Ctrl+N"。

说明:"工作簿 1""工作簿 2""工作簿 3"……为新建工作簿的默认文件名。

图 4-2 "新建工作簿"窗口

2. 保存工作簿的常用方法

① 对于当前没有保存过的工作簿,通过单击"文件"→"保存"命令或者单击标题栏上的"保存"按钮,都将弹出如图 4-3 所示的对话框,在该对话框中可对"保存位置""文件名"和"保存类型"进行设置,确定后单击"保存"按钮即可。

图 4-3 "另存为"对话框

②对于已经保存过的当前工作簿,若不改变原来的名字和位置,只需要单击"文件"→"保存"命令或者单击标题栏上的"保存"按钮。

若要改变文件原来的名字或位置,可以单击"文件"→"另存为"命令,将弹出如图 4-3 所示的对话框,在其中进行保存位置、文件名、保存类型的设置。

③自动定时保存工作簿。单击"文件"→"选项"命令,在弹出的对话框中选择"保存"标签进行设置。

3.打开工作簿的常用方法

单击"文件"→"打开"命令,将弹出如图 4-4 所示的对话框,选择文件所在位置,最后单击"打开"按钮。若是所需文件是最近处理过的,还可通过"文件"→"最近所用文件"命令,选择要打开的文件。

图 4-4 "打开"对话框

4.关闭工作簿的常用方法

①单击"文件"→"关闭"命令。

②按快捷键"Ctrl+F4"或者"Ctrl+W"。

③单击右上方"关闭"按钮下面的"关闭窗口"按钮。两者的区别在于,前者是关闭应用程序,当前文件也会随之关闭;后者只是关闭当前文件,应用程序并没有关闭。

◎任务实施

①运行 Microsoft Excel 2010 应用程序。

②单击"文件"→"保存"命令,在弹出的"另存为"对话框中,将"保存位置"设置为"D:\""文件名"设置为"图书销售情况.xlsx",然后单击"保存"按钮。

③最后单击右上方的"关闭"按钮。

任务三　工作表的操作

◎任务描述

每个工作簿可以包含多张工作表。每张工作表可以存储不同类型的数据。在一个工作簿中,默认情况下包含3个工作表,最多可达到255个工作表。

◎任务分析

工作表常用的操作有插入、删除、复制、移动、重命名和保护,这些都是工作表的基本操作,大家需要掌握它们的常用方法。要完成本次任务,需要进行如下操作:

①将工作簿中的Sheet1重命名为"6月"。
②在最后插入一张工作表并命名为"4月"并移动到最前面。
③删除工作表Sheet2,然后将工作表"4月"复制至"6月"前并将其命名为"5月"。
④最后将Sheet3重命名为"图书目录",并对其进行保护不被编辑。

◎知识链接

1.工作表插入和删除的常用方法

(1)插入

选择一张工作表,单击功能区的"开始"标签,在"单元格"选项组中选择"插入"命令下的下拉按钮,在弹出的菜单中选择"插入工作表"。或在该工作表标签上单击右键,在弹出的快捷菜单中选择"插入",在弹出的对话框中选择在该工作表前插入一张空白的工作表。

(2)删除

选择要删除的工作表,单击功能区的"开始"标签,在"单元格"选项组中选择"删除"命令下的下拉按钮,在弹出的菜单中选择"删除工作表"。或在该工作表标签上单击右键,在弹出的快捷菜单中选择"删除"。该操作将永久性地删除工作表,不可恢复。

2.工作表复制和移动的常用方法

(1)复制

①同一个工作簿中:单击功能区的"开始"标签,在"单元格"选项组中选择"格式"命令下的下拉按钮,在弹出的菜单中选择"移动或复制工作表…",将弹出如图4-5所示的对话框,在"下列选定工作表之前"框中设置它的位置即可;还可将鼠标指向该工作表的标签,在工作表标签区域进行拖动的同时按下Ctrl键,当到达目标位置时,松开鼠标左键即可。

②不同的工作簿中:方法与上文同一个工作簿中的复制工作表操作相似。"将选定工作表移至工作簿"框的下拉按钮选择目标工作簿,在"下列选定

图4-5　"移动或复制工作表"对话框

工作表之前"框中设置它的位置,然后选择"建立副本"复选项,最后单击"确定"按钮即可。

(2)移动

①同一个工作簿中:选择该工作表,将鼠标指向该表的标签,拖动至目标位置时,松开鼠标左键即可。

②不同的工作簿中:方法与上文复制工作表的操作相似。需要注意的是应该同时打开目标工作簿,在如图4-5所示的对话框中,通过将选定工作表移至"工作簿"框的下拉按钮选择目标工作簿,并且无需选择"建立副本"复选项,最后单击"确定"按钮即可。

3.工作表重命名的常用方法

双击要重命名的工作表标签,或者在该工作表标签上单击右键,在弹出的快捷菜单中选择"重命名"命令,此时名字将反色显示,重新输入新的名字,按回车键确定。

4.工作表保护的常用方法

在需要进行保护的工作表标签上单击右键,在弹出的快捷菜单中选择"保护工作表"命令,将弹出如图4-6所示的对话框,进行相应的设置。

单击功能区的"开始"标签,在"单元格"选项组中选择"格式"命令下的下拉按钮,在弹出的菜单中选择"可见性"组中的相关命令,可隐藏行、列、工作表。

图4-6 "保护工作表"对话框

◎任务实施

①启动Excel 2010,单击"文件"→"打开"命令,在"打开"对话框中选择D盘根目录,并选择"图书销售情况.xlsx"文件,最后单击"打开"按钮。

②在工作表Sheet1的标签上单击右键,在弹出的快捷菜单中选择"重命名"命令,此时名字将反色显示,重新输入"6月",按回车键确定。

③单击工作表标签最右侧的 图标,可在最后插入一张新的工作表"Sheet4",在其标签上双击,输入"4月",按回车键确定。然后将鼠标指向该工作表的标签,拖动至最前面后,松开左键。

④在工作表Sheet2标签上单击右键,在弹出的快捷菜单中选择"删除"。

⑤在工作表"4月"标签上单击右键,在弹出的快捷菜单中选择"移动或复制"。在弹出的对话框中"下列选定工作表之前"设置为"6月",然后选择"建立副本"复选项,接着单击"确定"按钮。

⑥将第二和第四个工作表分别命名为"5月"和"图书目录",并在工作表"图书目录"标签上单击右键,在弹出的快捷菜单中选择"保护工作表"命令,在弹出的对话框中按默认设置即可,最后单击"确定"按钮。

任务四 数据的输入

◎任务描述

在工作表的当前单元格中可输入两种数据:常量和公式。常量包括数值类型、文本类型、日期时间类型和逻辑类型等,公式的使用将在后面的内容中介绍。工作表数据的输入方法以及正确与否都将影响用户的操作。

◎ **任务分析**

在输入大量数据时,我们需要掌握一些数据输入的便捷方法,从而达到事半功倍的效果。要完成本次任务,需要进行如下操作。

①在"图书目录"工作表中输入如图4-7所示的数据。

	A	B	C	D	E	F	G	H	I
1	编号	名称		类别	进价				
2	L0001	NET开发技术		编程语言	12				
3	L0002	office全应用		办公软件	14				操作系统
4	L0003	JAVA程序设计		编程语言	16				图形图像
5	L0004	WINDOWS10教程		操作系统	18				编程语言
6	L0005	EXCEL入门教程		办公软件	20				办公软件
7	L0006	玩转PHOTOSHOP		图形图像	22				
8	L0007	C语言入门与精通		编程语言	24				
9	L0008	EXCEL函数大全		办公软件	26				
10	L0009	FLASH应用教程		图形图像	28				
11	L0010	深入解析Mac OS X & iOS操作系统		操作系统	30				
12									
13									
14									
15									

图4-7 "图书目录"工作表

②编号和单价用自动填充进行输入,类别用数据有效性进行设置。

◎ **知识链接**

1. Excel 数据类型

(1)数值类型

在 Excel 中,数值类型数据包括0~9共10个数字以及含有正号、负号、货币符号、百分号等任一种符号的数据。数值有一个共同的特点,就是常常用于各种数学计算。例如工资、学生成绩、员工年龄、销售额等数据,都属于数值类型。

(2)文本类型

在 Excel 中,文本类型数据包括汉字、英文字母、空格等,它们是说明性、解释性的数据。当输入的文本超出了当前单元格的宽度时,如果右边相邻单元格里没有数据,那么字符串会往右延伸;如果右边单元格有数据,超出的那部分数据就会隐藏起来,只有把单元格的宽度变大后才能显示出来。

文本和数值有时候容易混淆,比如手机号码、学号、邮政编码、银行帐号等,虽然从外表上看都是由数字组成的,但实际上我们应告诉 Excel 应把它们作为文本类型处理,因为它们并不是数量,而是描述性的文本。

(3)日期时间类型

在 Excel 中,日期时间类型数据包括0~9共10个数字以及"/""-"和":"连接符号。它们表示日期和时间。日期的默认格式是"mm/dd/yyyy",其中"mm"表示月份,"dd"表示日期,"yyyy"表示年度;时间的默认格式是"hh:mm:ss[＋空格＋am/pm]",其中"hh"表示小时,"mm"表示分钟,"ss"表示秒数,若采用12小时制"am"表示上午,"pm"表示下午。

(4)逻辑类型

在 Excel 中,逻辑值是判断条件或表达式的结果,常用的判别符号有"="">"">="
"<""<=",如果条件成立或判断结果是对的,值为 TRUE,否则为 FALSE。逻辑值还可以参与计算,在计算式中,把 TRUE 当成 1,FALSE 当成 0 看待。

2.直接输入数据

(1)数值类型

输入数值类型的数据后,系统默认将右对齐,输入有下列几种情况。

小数:直接输入。小数点位数可通过功能区的"开始"选项卡中的"单元格"组中的"格式"按钮选择"设置单元格格式",打开相应的对话框,选择"数字"选项卡,在其中的分类列表框中选择"数值"进行设置。

若单元格数字格式设置为两位小数,此时若输入三位小数,则自动将第三位小数四舍五入。若数值整数部分长度大于或等于 12 时,Excel 会以科学计数法显示,但计算是以输入值为准而不是显示值。

负数:直接输入,即先输入"-",再输入数值。或者用"()"把正值数据括起来。例如-10,可以直接输入-10,或者输入(10)。

分数:先输入分母部分,再输入空格,最后输入分子部分。

(2)文本类型

对于文本类型的数据直接输入即可,系统默认将左对齐。若要把数值类型作为文本类型,可通过功能区的"开始"选项卡中的"单元格"组中的"格式"按钮选择"设置单元格格式",打开相应的对话框,选择"数字"选项卡,在其中的分类列表框中选择"文本",或者输入时直接在其前面加上单引号(英文符号)。

(3)日期时间类型

对于日期时间类型的数据,系统默认将右对齐。输入日期的格式:mm/dd/yyyy 或 dd-mm-yyyy;输入时间的格式:hh:mm:ss[+空格+am/pm]。输入当前日期:按快捷键"Ctrl+;";输入当前时间:按快捷键"Ctrl+:"。如果想在同一个单元格中输入日期和时间,输入时在两者之间加一个空格即可。

对于逻辑类型的数据,系统默认将居中对齐。直接输入 TRUE 或 FALSE,也可参与运算,并可作为公式的结果以 TRUE 或 FALSE 显示出来。

3.自动填充数据

当选择单元格或单元格区域时,位于单元格区域框右下角的黑色方块称为填充柄。将鼠标指向它时,指针形状由空心粗十字变成实心细十字,这时按住左键拖动鼠标,可完成自动填充操作。根据单元格初始内容的不同,自动填充将完成不同的效果。

(1)普通填充

①单元格初始值的内容为纯数字、纯字符或公式时,填充操作相当于复制操作。

②单元格初始值的内容为字符加数字时,执行填充操作,将按字符不变,数字递增的方式填充。

③单元格区域内的单元格的内容存在等差关系时,执行填充操作会自动按照等差序列

的方式填充。

(2) 特别填充

在前面的自动填充中,若要只实现复制填充,则在拖动时按住 Ctrl 键即可。若要在自动填充时进行功能选择,可以按住鼠标右键进行拖动至最后一个单元格时松开右键,在弹出的快捷菜单中进行选择。

(3) 自定义序列填充

选择功能区的"文件"标签,单击"选项"→"高级"→"常规"→"编辑自定义序列"命令,将弹出如图 4-8 所示的对话框,选择"自定义序列"框中的"新序列",在"输入序列"框中输入要自定义的序列,每输入一项后按回车键分隔列表条目,输入完所有项后,单击"添加"按钮。

图 4-8 "选项"对话框之"自定义序列"选项卡

如果在某一单元格输入初值,单击功能区的"开始"标签,在"编辑"选项组中选择"填充"命令下的下拉按钮,选择"向下""向右""向上"和"向左"填充,还可选择"系列",则会弹出如图 4-9 所示的"序列"对话框,根据需要进行设置。

表 4-1 通过举例的方式,列出了自动填充操作将会建立的序列。

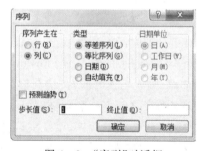

图 4-9 "序列"对话框

表 4-1 自动填充例表

选择的初始值	填充后的结果
1,3(等差序列,步长为 2)	1,3,5,7,9,11,…
2(等比序列,步长为 4)	2,8,32,128,512,2048,…
HELLO5	HELLO6,HELLO7,HELLO8,HELLO9,HELLO10,…
星期四	星期五,星期六,星期日,星期一,星期二,星期三,…
HELLO5,GoodBye	HELLO6,GoodBye,HELLO7,GoodBye,HELLO8,GoodBye,…
7:00	8:00,9:00,10:00,11:00,12:00,13:00,…

预先设定单元格或单元格区域允许输入的数据类型和范围,还可以设置数据的输入信息和出错警告,若不满足设置的要求,将限制输入。操作方法如下。

①首先,选择要设定有效性数据的单元格或单元格区域。

②然后单击功能区的"数据"标签,在"数据工具"选项组中选择"数据有效性"命令下的下拉按钮,在弹出的菜单中选择"数据有效性",将弹出如图 4-10 所示的对话框,从中进行设置。选择"圈释无效数据",将对已输入的数据进行审核,工作表中不符合设定的有效性规则的数据将会被标记出来。

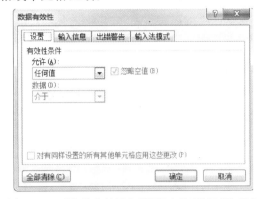

图 4-10 "数据有效性"对话框中的"设置"选项卡

◎ 任务实施

①打开"图书销售情况"工作簿。

②在工作表标签区域上单击"图书目录",使之成为当前工作表并进行编辑。

③在 A2 单元格输入"L0001",将鼠标指向填充柄,指针形状由空心粗十字变成实心细十字时,拖动鼠标左键至 A11 单元格,完成填充操作。

④在 D2、D3 单元格分别输入"12""14",然后选中 D2:D3 单元格区域,接着将鼠标指向填充柄,指针形状由空心粗十字变成实心细十字时,拖动鼠标左键至 D11 单元格,完成填充操作。

⑤在报表数据区以外的任意处,如 H3:H6 中输入"操作系统""图形图像""编程语言""办公软件"。

⑥选择 C2:C11 区域,然后单击功能区的"数据"标签,在"数据工具"选项组中选择"数据有效性"命令下的下拉按钮,在弹出的"数据有效性"对话框中选择"设置"选项卡,在"允许"下拉框中选择"序列",在"来源"下拉框中输入"=＄H＄3:＄H＄6",最后单击"确定"。

⑦此时,工作表中的"类别"列中的单元格右侧会出现下拉按钮,通过此按钮可进行"类别"值的快速选择,也可自行输入数据,但如果输入"操作系统""图形图像""编程语言""办公软件"以外的值,将被限制输入。

⑧其他内容按图 4-7 所示输入即可。

任务五 单元格的操作

◎ 任务描述

每个工作表都由多个长方形构成,这些长方形即为"单元格"。当用户需要向工作表中输入数据时,首先需要对单元格进行相应的操作。

◎ 任务分析

单元格的基本操作主要包括数据的修改、删除与清除、复制与剪切、区域的插入与删除、合并与拆分等,应熟练掌握这些基本操作,将有利于我们顺利开展工作。要完成本次任务,需要进行如下操作。

①在工作表"4月"中输入如图4-11所示的数据。

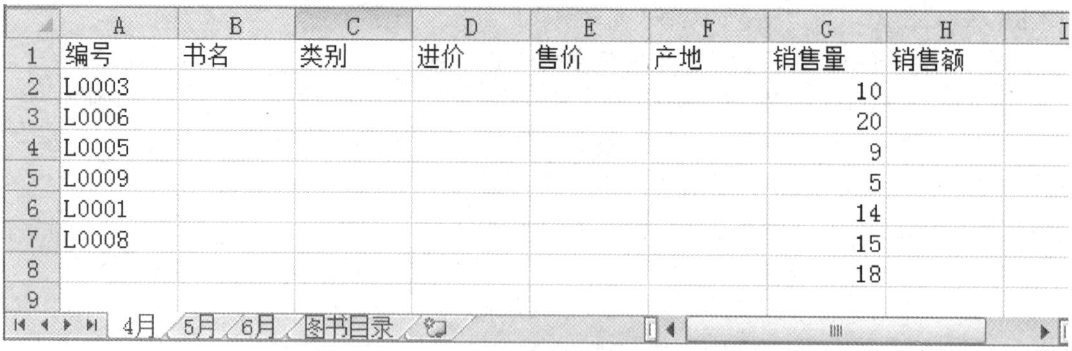

	A	B	C	D	E	F	G	H	I
1	编号	书名	类别	进价	售价	产地	销售量	销售额	
2	L0003						10		
3	L0006						20		
4	L0005						9		
5	L0009						5		
6	L0001						14		
7	L0008						15		
8							18		
9									

图4-11 "4月"工作表

②在A2单元格处插入一个单元格,内容为"L0007",并使下面的单元格全部下移。
③删除第6列,在第1行前插入1行。
④将第1行的A1:G1单元格区域进行合并,内容为"SUN公司4月图书销售表"。
⑤复制工作表"4月"中的内容至工作表"5月"和"6月",并修改表头中的月份。
⑥清除工作表"5月"和"6月"中的销售量数据。

◎ 知识链接

1. 数据的修改

(1)直接在单元格中进行修改

若要替换原单元格的内容,可单击目标单元格,直接输入,按回车键确认。若要修改原单元格的内容,可双击目标单元格,进行编辑,按回车键确认。

(2)通过编辑栏进行修改

单击目标单元格,然后单击编辑框,进行编辑,单击 ✓ 按钮确认,单击 ✗ 按钮或Esc键可取消修改。

2. 数据的删除与清除

(1)删除

选择目标单元格或单元格区域,单击功能区的"开始"标签,在"单元格"选项组中选择"删除"命令下的下拉按钮,在弹出的菜单中选择"删除单元格"命令,将弹出如图4-12所示的对话框,根据需要进行设置。

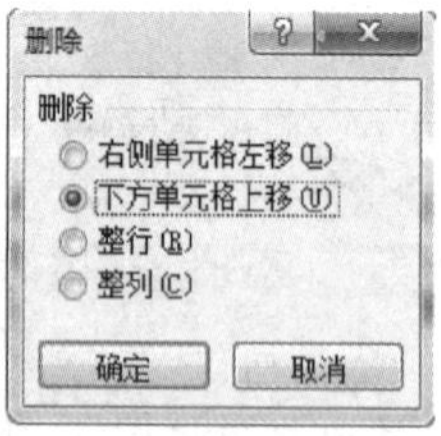

图4-12 "删除"对话框

(2)清除

选择目标单元格或单元格区域,然后在选中区域上单击鼠标右键,在弹出的快捷菜单中选择"清除内容"命令,或者按Del键。

单击功能区的"开始"标签,在"编辑"选项组中选择"清除"命令下的下拉按钮,在弹出的菜单中可选择"全部""格式""内容"或"批注"等。

注意:数据删除是将单元格和里面的数据一起删除。数据清除只是清除了单元格里的数据,单元格本身并不受影响。

3. 数据的复制与剪切

(1) 使用鼠标

首先选择源单元格或单元格区域,然后将鼠标移到选定框的边缘,当鼠标变成空心箭头加四维箭头时,拖动鼠标的同时按住 Ctrl 键,最后至目标区域时松开左键,实现复制操作。若不按住 Ctrl 键,则实现剪切操作。

(2) 使用功能区相关按钮

首先选择源单元格或单元格区域,然后单击功能区的"开始"标签中的"剪贴板"选项组中的"复制"按钮,再选择目标区域,最后单击"粘贴"按钮,实现复制操作。若选择"剪切"按钮,则实现剪切操作。

若单击"粘贴"下拉按钮,可进行"选择性粘贴"。根据需要在如图 4-13 所示的对话框中进行设置。

图 4-13 "选择性粘贴"对话框

(3) 使用快捷键

复制:"Ctrl+C""Ctrl+V",剪切:"Ctrl+X""Ctrl+V"。方法与在 Word 里介绍的一样。

4. 单元格区域的插入与删除

(1) 插入

选择目标区域,单击功能区的"开始"标签,在"单元格"选项组中选择"插入"命令下的下拉按钮,在弹出的菜单中选择"插入单元格"命令,将弹出如图 4-14 所示的对话框,根据需要进行设置。

图 4-14 "插入"对话框

(2) 删除

方法参照上文介绍的"数据的删除与清除"知识点。

5. 行、列的插入与删除

(1) 插入

①行:选择一行或多行,单击功能区的"开始"标签,在"单元格"选项组中选择"插入"命令下的下拉按钮,在弹出的菜单中选择"插入工作表行"命令。

②列:选择一列或多列,单击功能区的"开始"标签,在"单元格"选项组中选择"插入"命令下的下拉按钮,在弹出的菜单中选择"插入工作表列"命令。

(2) 删除

①行:选择一行或多行,单击功能区的"开始"标签,在"单元格"选项组中选择"删除"命令下的下拉按钮,在弹出的菜单中选择"插入工作表行"命令。

②列:选择一列或多列,单击功能区的"开始"标签,在"单元格"选项组中选择"删除"命令下的下拉按钮,在弹出的菜单中选择"插入工作表列"命令。

插入的行或列位于选定行或列之前。不管选择的是空白还是有内容的行或列,插入的都将是空行或空列。

6.单元格区域的合并与拆分

当一个单元格的列宽不足以容纳所输入的内容时,就会出现隐藏现象,可以通过合并单元格的方法解决这个问题。

首先,选择需要进行操作的单元格区域,然后单击"开始"功能区的"对齐方式"选项组中 合并后居中旁的下拉按钮,可进行如下操作。

①合并后居中:将选择区域合并为一个单元格并居中显示。但若区域中有多个内容,只保存最左上角单元格中的内容。

②跨越合并:按行进行单元格区域分别合并,但列不会合并。

③合并单元格:仅将选择区域合并为一个单元格。

④取消单元格合并:恢复为合并前的状态。

◎任务实施

①打开"图书销售情况"工作簿。

②在工作表"4月"中选择 A2 单元格,然后单击"开始"功能区的"单元格"选项组中的"插入"按钮→选择"活动单元格下移"→单击"确定"按钮,输入"L0007"。

③选择第 6 列 F 列,在选中区域上单击右键,在弹出的快捷菜单中选择"删除"命令。

④选择第 1 行,在选中区域上单击右键,在弹出的快捷菜单中选择"插入"命令。

⑤选择 A1:G1 单元格区域,然后单击"开始"功能区的"对齐方式"选项组中的"合并后居中"按钮,在其中输入"SUN 公司 4 月图书销售表"。

⑥选择 A1:G9 单元格区域,然后按快捷键"Ctrl+C",切换至工作表"5月",选中 A1 单元格,接着按快捷键"Ctrl+V"。复制至工作表"6月"方法相同。

⑦双击工作表"5月"的 A1 单元格,编辑成"5月"。工作表"6月"的表头内容修改方法相同。

⑧选择工作表"5月"的 F3:F9 单元格区域,然后按 Del 键即可。删除工作表"6月"中的销售量数据方法相同。

任务六 工作表的格式化

◎任务描述

在完成对工作表中数据的输入之后,可能存在一些数据格式或表现方式不符合用户日常习惯的问题,用户可以通过单元格的格式化操作,对其中的数据按照不同需要进行设置。

◎任务分析

用户根据不同的需要,可以对工作表中的数据设置不同的格式,如设置单元格数据格式、单元格字体格式、数据的对齐方式和单元格的边框和底纹,以及对工作表中的行列进行设置。还可以通过自动套用条件格式、主题快速应用预设的格式。要完成本次任务,需要进行如下操作。

①将工作表"4月"中的表格内容设置为水平方向"居中",垂直方向"靠下"。

②标题设置为"华文楷体""加粗""20 号"。
③列标题所在行加上"6.25％灰色底纹"。
④表头所在行高为"60 像素",每列的宽度均设置为"15"。
⑤对销售量低于 10 的标记为"浅红色填充"。
⑥将工作表"5 月"表格的外框线设置为"双实线",内框线设置为"单实线"。

◎ 知识链接

1. 单元格格式设置

(1)"开始"功能区选项组

在窗口中使用如图 4-15 所示的"字体""对齐方式"和"数字"选项组中的相关按钮,可快速对工作表的一些格式进行简单的设置。

图 4-15 "开始"功能区

(2)"设置单元格格式"对话框

选择目标单元格或单元格区域,单击功能区的"开始"标签,在"单元格"选项组中选择"格式"命令下的下拉按钮,在弹出的菜单中选择"设置单元格格式"命令,或者单击鼠标右键,在弹出的快捷菜单中选择"设置单元格格式"命令,都将弹出如图 4-16 所示的对话框,使用该对话框可对工作表的格式进行详细设置。

图 4-16 "设置单元格格式"对话框之"数字"选项卡

①数字的格式:在"设置单元格格式"对话框中单击"数字"选项卡,在分类列表框中可选择所需要的类型,再通过右边的相应选项进行设置。

②数据的对齐方式:在"设置单元格格式"对话框中单击"对齐"选项卡,将出现如图

4-17所示的界面。在其中可对文本对齐方式、文本控制、文字方向和角度等进行设置。

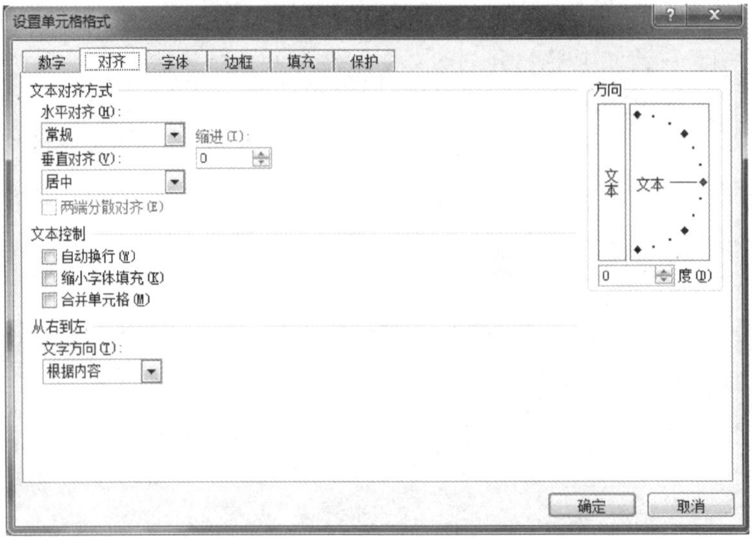

图 4-17 "设置单元格格式"对话框之"对齐"选项卡

③字体的格式:在"设置单元格格式"对话框中单击"字体"选项卡,将出现如图 4-18 所示的界面。在其中可对字体、字形、字号、下划线、颜色等进行设置。

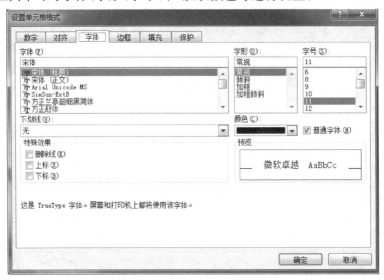

图 4-18 "设置单元格格式"对话框之"字体"选项卡

④单元格的边框:在"设置单元格格式"对话框中单击"边框"选项卡,将出现如图 4-19 所示的界面,在其中可对边框、线条样式和颜色等进行设置。

⑤单元格的填充:在"单元格格式"对话框中单击"填充"选项卡,将出现如图 4-20 所示的界面,在其中可对单元格背景色和图案进行设置。

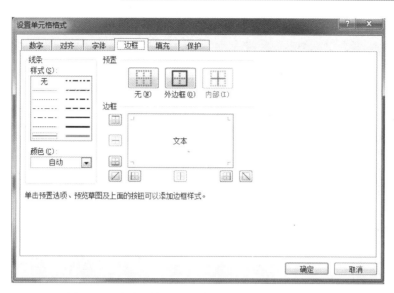

图 4-19 "设置单元格格式"对话框之"边框"选项卡

图 4-20 "设置单元格格式"对话框之"填充"选项卡

2. 行列设置

(1)调整行高和列宽

①手动调整:把鼠标移到某两行或列的分界线上,此时光标显示为双箭头的形状,拖动鼠标左键,随之会出现一个动态显示数值大小的框,移至需要的位置时,松开左键即可。

②对话框调整:行高:选择要改变行高的一行或多行,单击功能区的"开始"标签,在"单元格"选项组中选择"格式"命令下的下拉按钮,在弹出的菜单中选择"行高"命令,将弹出如图 4-21 所示的对话框,输入行高的值,单击"确定"按钮即可。

列宽:选择要改变列宽的一列或多列,单击功能区的"开始"标签,在"单元格"选项组中选择"格式"命令下的下拉按钮,在弹出的菜单中选择"列宽"命令,将弹出如图 4-22 所示的对话框,输入列宽的值,单击"确定"按钮即可。

图4-21 "行高"对话框

图4-22 "列宽"对话框

(2)行、列的隐藏

选择要隐藏的行或列,单击功能区的"开始"标签,在"单元格"选项组中选择"格式"命令下的下拉按钮,在弹出的菜单中选择"隐藏和取消隐藏"下子菜单中的"隐藏行"或"隐藏列"命令,或把要隐藏行的高度或列的宽度调整为"0"即可。

若已隐藏C、D两列,要取消隐藏,选择B、E两列,在弹出的菜单中选择"隐藏和取消隐藏"下子菜单中的"取消隐藏列"。

(3)行、列的冻结(锁定)

行、列的锁定是指将用户希望看到的某些行或列冻结起来。在滚动窗口时,被锁定的行或列不会随着滚动条的滚动而滚动。

若想锁定前三列,则选择D列;若想锁定前三行,则选择第四行;若想同时锁定前三列和前三行,则选择D4单元格,单击功能区的"视图"标签,在"窗口"选项组中选择"冻结窗格"命令下的下拉按钮,在弹出的菜单中选择"冻结拆分窗格"命令。

若想取消锁定,可选择菜单中的"取消冻结窗格"命令。

3. 样式设置

(1)自动套用格式

①单元格样式:选择预设置样式的单元格区域,单击功能区的"开始"标签,在"样式"选项组中选择"单元格样式"命令下的下拉按钮,在弹出的如图4-23所示的界面中选择一种方案。

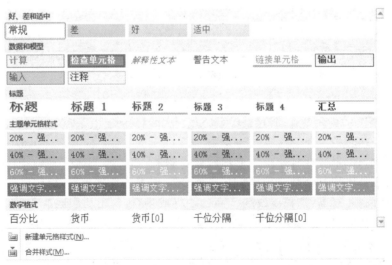
图4-23 "单元格样式"界面

②表格格式：选择要套用格式的单元格区域，单击功能区的"开始"标签，在"样式"选项组中选择"套用表格格式"命令下的下拉按钮，在弹出的如图4-24所示的界面中选择一种方案。

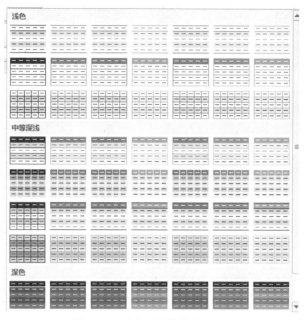

图4-24 "套用表格格式"界面

(2)条件格式

条件格式可以根据单元格内容有选择地自动应用格式。它在很大程度上改进了电子表格的设计和可读性，允许指定多个条件（最多可设置3个）来确定单元格的行为，根据单元格的内容自动地应用格式。但只会应用一个条件所对应的格式，即按顺序测试条件，如果该单元格满足某条件，则应用相应的格式设置，并忽略其他条件。

①快速格式化：快速格式化就是利用预置条件实现快速格式化。首先，选择需要设置条件格式的单元格区域，然后单击功能区的"开始"标签，在"样式"选项组中选择"条件格式"命令下的下拉按钮，在弹出的如图4-25所示的下拉菜单中进行选择。

突出显示单元格规则：通过使用大于、小于、等于等比较运算符限定数据范围，对属于该数据范围内的单元格设定特殊格式。

项目选取规则：可以将选定单元格区域中的前若干个最高值或后若干个最低值、高于或低于该区域平均值的单元格设定特殊格式。

图4-25 "条件格式"下拉菜单

数据条：数据条可快速直观地查看单元格间数值的比较情况。

色阶：通过使用多种颜色的渐变效果来直观地比较单元格区域中的数据。

图标集:对数据进行注释,每个图标代表一个值的范围。

②高级格式化:高级格式化就是利用对话框的详细设置满足用户自定义的格式化要求。在如图 4-26 所示的下拉菜单中选择管理规则。

图 4-26 "条件格式规则管理器"对话框

单击"新建规则"按钮,将弹出如图 4-27 所示的对话框。首先,在"选择规则类型"列表框中选择一个规则类型,然后在"编辑规则说明"区中设定条件及格式,最后确定即可。规则建立好后,也可进行编辑和删除操作。

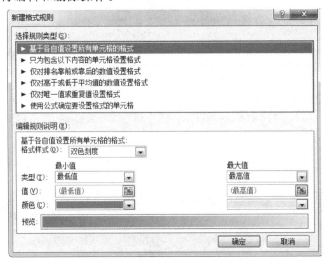

图 4-27 "新建格式规则"对话框

(3)主题

主题是一组格式集合,其中包括主题颜色、主题字体和主题效果等。通过应用文档主题,可以快速设定文档格式基调并使其看起来更加美观和专业。

选择要使用主题的单元格区域,单击功能区的"页面布局"标签,在"主题"选项组中选择"主题"命令下的下拉按钮,在弹出的如图 4-28 所示的界面中选择一种方案。"主题"选项组中的颜色、字体、效果可根据需要自行设定。

模块四 电子表格 Excel 2010

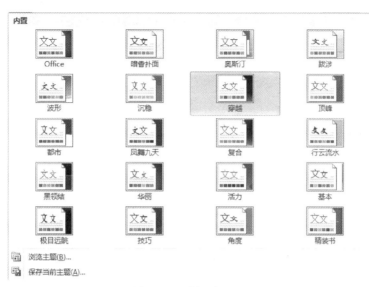

图 4-28 "主题"界面

◎ 任务实施

① 打开"图书销售情况"工作簿。

② 激活工作表"4月",选择 A2:G9 区域,单击"开始"功能区的"单元格"选项组中的"格式"按钮,在弹出的菜单中选择"设置单元格格式"命令,在打开的对话框中,单击"对齐"选项卡,将"水平对齐"框设置为"居中","垂直对齐"框设置为"靠下"。

③ 选择表头 A1 单元格,然后对"字体"选项卡中的"字体""字形""字号"框分别进行设置,参数为"华文楷体""加粗""20"。

④ 选择 A2:G2 区域,打开"设置单元格格式"对话框,单击"填充"选项卡,接着将"图案样式"下拉框中的参数设置为"6.25%灰色",最后单击"确定"按钮即可。

⑤ 鼠标移到第 1 行和第 2 行的分界线上,此时光标显示为双箭头,拖动鼠标左键,随之会出现一个动态显示数值大小的框,当显示为"60 像素"时,松开左键即可。

⑥ 选择 A 至 G 列,在选择区域上单击右键,在弹出的快捷菜单中选择"列宽"命令,在弹出的"列宽"对话框的"列宽"框中输入"15",单击"确定"按钮。

⑦ 选择 F3:F9 区域,然后单击功能区的"开始"标签,在"样式"选项组中选择"条件格式"命令下的下拉按钮,在弹出的"条件格式"下拉菜单中选择"突出显示单元格规则"下的"小于"命令,打开如图 4-29 所示的对话框,并做如下设置。

图 4-29 "小于"对话框

⑧激活"5月"工作表,选择 A1:G9 区域,打开"设置单元格格式"对话框,单击"边框"选项卡,在"样式"框中选择"双实线",单击"外边框"按钮,接着在"样式"框中选择"单实线",再单击"内部"按钮,最后单击"确定"按钮。

⑨最后的操作界面如图 4-30、4-31 所示。

	A	B	C	D	E	F	G
1			SUN公司4月图书销售表				
2	编号	书名	类别	进价	售价	销售量	销售额
3	L0007					10	
4	L0003					20	
5	L0006					9	
6	L0005					5	
7	L0009					14	
8	L0001					15	
9	L0008					18	

图 4-30 工作表"4月"修改后的界面

	A	B	C	D	E	F	G	H
1				SUN公司5月图书销售表				
2	编号	书名	类别	进价	售价	销售量	销售额	
3	L0007							
4	L0003							
5	L0006							
6	L0005							
7	L0009							
8	L0001							
9	L0008							

图 4-31 工作表"5月"修改后的界面

项目二 统计"图书销售情况"

Excel 中最强大的功能之一就是数据的计算功能,在进行数据计算时,需要输入各种公式、函数,并在公式中对单元格进行不同类型的引用,以便计算出所需的结果。本项目分为两个任务来统计"图书销售情况"工作簿。

任务一 公式的使用

◎任务描述

在 Excel 中,提供了若干数据统计计算的公式,可以直接使用这些公式。需要使用单元格时,在单元格中输入的公式应以"="开头,接着可以是各种运算符、常量、单元格引用或者函数。

◎任务分析

公式的使用包括单元格引用、输入公式、编辑公式、复制和移动公式等。要完成本次任务,需要进行如下操作。

①继续使用项目一的"图书销售情况"工作簿,用公式对工作表"4月"中销售量统计总数。

②为 G3:G9 单元格区域快速定义名称,命名为"4月各图书销售量"。

◎ 知识链接

1. 公式的基本操作

公式有数值、逻辑、字符三种类型。在公式中所输入的运算符都必须是西文的半角字符。单元格中显示的是公式的计算结果,编辑栏的编辑框显示的是公式。按快捷键"Ctrl+"可在公式和计算结果间切换。当输入的公式或函数有错误时,系统会给出一些提示信息。常见的如表 4-2 所示。

表 4-2 出错信息

符号	含义
###	公式产生的结果太大,单元格容纳不下
#NUM!	函数中使用了非法数字参数
#N/A	公式中无可用的数值、缺少函数参数
#NULL!	使用了不正确的区域运算、不正确的单元格引用
#NAME?	函数名拼写错误、引用了错误的单元格地址、单元格区域
#VALUE	公式中数据类型不匹配
#DIV/0	除数为 0
#REF!	引用了一个所在列、行已被删除的单元格

(1)公式的输入与编辑

输入公式时,单击要运用公式的单元格,首先以等号开头,接着可以是常量、运算符、函数或单元格的引用,最后按回车键确认。

编辑公式时,双击公式所在单元格,在单元格或编辑栏内皆可进行编辑,最后按回车键确认。

(2)公式的复制与填充

输入到单元格中的公式,可以像普通数据一样,通过拖动单元格右下角的填充柄进行公式的复制填充,此时自动填充的实际上是公式,而不是数据本身,填充时公式中对单元格的引用采用的是相对引用。

2. 运算符

(1)算术运算符

算术运算符优先级按表 4-3 中的等级递减,优先级相同的,按至左向右结合。

表 4-3 算术运算符

优先级	符号	功能	示例
1	%(百分号)	百分比	50%=0.5
2	^(脱字号)	乘方	3^2=9

续表

优先级	符号	功能	示例
3	*（星号）	乘法	2*8=16
3	/（正斜号）	除法	7/2=3.5
4	+（加号）	加法	1+9=10
4	-（减号）	减法	5-2=3

(2) 比较运算符

使用比较运算符可以对数字型、文字型、日期型的数据进行大小比较。当比较的结果成立时，其值为 TRUE，否则为 FALSE。比较运算符优先级相同，按至左向右结合，如表 4-4 所示。（设 A2 内容为 3，C3 内容为 9）

表 4-4 比较运算符

优先级	符号	功能	示例
1	=（等号）	等于	A2=C3 FALSE
1	>（大于号）	大于	A2>C3 FALSE
1	>=（大于等于号）	大于等于	A2>=C3 FALSE
1	<（小于号）	小于	A2<C3 TRUE
1	<=（小于等于号）	小于等于	A2<=C3 TRUE
1	<>（不等号）	不等于	A2<>C3 TRUE

(3) 文本连接运算符

文本连接运算符"&"，用它可以将不同的文本连接成新的文本。例如：在 C5 单元格输入"大"，在 D8 单元格输入"学"，在 A3 单元格输入"=C5&D8"，按回车键后 A3 单元格中的内容为"大学"。

引用运算符优先级相同，按至左向右结合。

(4) 引用运算符

引用运算符优先级相同，按至左向右结合，如表 4-5 所示。

表 4-5 引用运算符

优先级	符号	功能	示例
1	:（冒号）	生成对两个引用之间的所有单元格的引用	A2:C7 表示以 A2 单元格和 C7 单元格为对角的一片连续矩形区域
1	,（逗号）	将多个引用合并为一个引用	A4:B8,C2:E3 相当于 A4:B8 和 C2:E3 两片单元格区域
1	空格	生成对两个引用共同的单元格的引用	D2:F5 B4:D5 相当于 D4:D5

以上运算符的优先级如表 4-6 所示。

表 4-6 优先级

优先级	运算符	优先级	运算符
1	:	5	—
1	,	6	&
1	空格	7	=
2	%	7	>
3	^	7	<
4	*	7	>=
4	/	7	<=
5	+	7	<>

优先级相同的,按从左向右结合。

3.引用单元格

在公式中很少输入常量,最常用到的就是引用单元格,单元格的引用方式分为以下几类。

(1)相对引用

相对引用的地址是单元格的相对位置。当公式所在单元格的地址发生变化时,公式中引用的单元格的地址也会随之发生变化。

(2)绝对引用

绝对引用的地址是单元格的绝对位置。它不随单元格地址的变化而变化。绝对引用的地址是在单元格的行号和列标前面加上"$"。

(3)混合引用

混合引用是指行和列采用不同的引用方式。例如"$C9:E$4"。当要引用其他工作表的单元格时应使用"!",例如在 Sheet2 中引用 Sheet1 中的 C9 单元格,则应写成"Sheet1!C9"。如果是引用其他工作簿中的工作表,则需在最前面加上工作簿的名称。

(4)单元格区域命名

①快速定义名称:选择单元格区域,再单击编辑栏左端的名称框,输入名称,以后在公式中可直接使用。

②将现有行或列标题转换为名称:首先选择要命名的区域,必须包括行或列标题,然后单击功能区的"公式"标签,在"定义的名称"选项组中选择"根据所选内容创建"命令,将弹出如图 4-32 所示的对话框进行设置。

③使用新名称对话框定义名称:单击功能区的"公式"标签,在"定义的名称"选项组中选

图 4-32 "以选定区域创建名称"对话框

择"定义名称"命令,将弹出如图 4-33 所示的对话框进行设置。

图 4-33 "新建名称"对话框

◎任务实施

①打开项目一创建的"图书销售情况"工作簿,单击"4月"工作表标签。

②单击 F10 单元格,输入"=F3+F4+F5+F6+F7+F8+F9",按回车键确认。

③选择 G3:G9 单元格区域,再单击编辑栏左端的名称框,输入名称"4月各图书销售量"。

④最后的操作界面如图 4-34 所示。

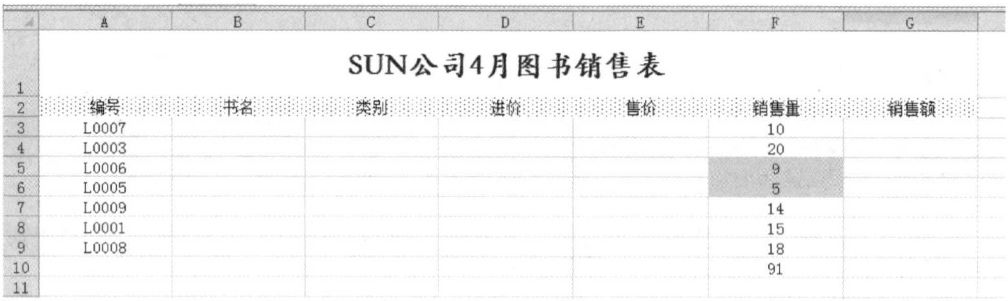

图 4-34 操作后的界面

任务二 函数的使用

◎任务描述

函数是一类特殊的、系统预先编辑好的公式。主要用于处理简单的四则运算不能处理的算法,是为解决那些复杂计算需求而提供的一种预置算法。

◎任务分析

在 Excel 中使用函数,能够使我们的工作变得简单轻松,如果要把函数运用自如,需要熟悉相关知识以及常用函数的具体使用方法。要完成本次任务,需要进行如下操作。

①用函数对工作表"4月"中销售量统计总数。

②获取各图书的信息,包括书名、类别、进价。

③计算进价的平均值。

④计算各图书的售价。若进价低于平均进价,则按进价的 1.5 倍进行销售,否则按 1.2

倍进行销售。

⑤统计各图书的销售额。

◎知识链接

1. 函数的格式

函数的一般格式为:函数名:(参数1,[参数2],…),括号中的参数可以有多个,用逗号分隔,方括号里的为可选参数,而没有方括号的为必选参数,也存在无参函数。函数中的参数可以是常量、单元格区域、数组、公式等。

2. 函数的分类

①日期与时间函数:通过日期与时间函数,可以在公式中分析和处理日期值和时间值。

②数据库函数:当需要分析数据清单中的数值是否符合特定条件时,可以使用数据库函数。

③工程函数:工程函数用于工程分析。

④财务函数:财务函数可以进行一般的财务计算。

⑤信息函数:可以使用信息函数确定存储在单元格中的数据的类型。

⑥逻辑函数:使用逻辑函数可以进行真假值判断,或者进行复合检验。

⑦查询和引用函数:当需要在数据清单或表格中查找特定数值,或者需要查找某一单元格的引用时,可以使用查询和引用函数。

⑧数学和三角函数:通过数学和三角函数,可以处理简单的数学计算。

⑨统计函数:统计函数用于对数据区域进行统计分析。

⑩文本函数:通过文本函数,可以在公式中处理文字串。

⑪用户自定义函数:如果要在公式或计算中使用特别复杂的计算,而工作表函数又无法满足需要,则需要创建用户自定义函数。

3. 常用函数

常用函数如表4-7所示。

表4-7 常用函数

函数名	功能
SUM	计算单元格区域中所有数值的和
SUMIF	对指定单元格区域中符合指定条件的值求和
SUMIFS	对指定单元格区域中满足多个条件的单元格求和
VLOOKUP	搜索表区域首列满足条件的元素,确定待检索单元格在区域中的行序号,再进一步返回选定单元格的值
AVERAGE	返回其参数的算术平均值
AVERAGEIF	对指定区域中满足给定条件的所有单元格中的数值求算术平均值
AVERAGEIFS	对指定区域中满足多个条件的所有单元格中的数值求算术平均值
MID	从文本字符串中的指定位置开始返回特定个数的字符

续表

函数名	功能
ROUND	将指定数值按指定的位数进行四舍五入
INT	将数值向下舍入到最接近的整数
MAX	返回一组数值中的最大值,忽略逻辑值及文本
MIN	返回一组数值中的最小值,忽略逻辑值及文本
COUNT	计算包含数字的单元格以及参数列表中的数字的个数
IF	判断一个条件是否满足,如果满足返回一个值,如果不满足则返回另一个值
SIN	返回给定角度的正弦值
RANK	返回某数字在一列数字中相对于其他数值的大小排位

4. 函数的输入

① 键盘直接输入:选择存放结果的单元格,在其中先输入"=",然后输入函数名及相关参数。

② 使用"插入函数"对话框:选择存放结果的单元格,然后单击功能区的"公式"标签,在"函数库"选项组中选择"插入函数"命令,将弹出如图 4-35 所示的对话框进行设置。

图 4-35 "插入函数"对话框

◎ 任务实施

① 激活工作表"4月",单击 F11 单元格,输入"=SUM(F3:F9)",也可输入"=SUM(4月各图书销售量)",按回车键确认。

② 在工作表"图书目录"中获取相应书名。单击 B3 单元格,然后单击功能区的"公式"标签,在"函数库"选项组中选择"插入函数"命令,在弹出对话框中选择"VLOOKUP"函数,接着如图 4-36 所示在对话框中进行设置。拖动 B3 的填充柄至 B9,完成其他书名的获取。

③ 类别的获取可参照上一步,也可单击 C3 单元格,直接输入"=VLOOKUP(A3,图书目录!A:D,3,1)"。接着拖动 C3 的填充柄至 C9,完成其他类别的获取。进价的获取方法

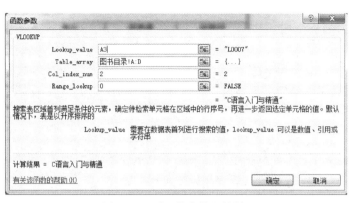

图 4-36 "函数参数"对话框

相同。

④单击 D10 单元格,输入"=AVERAGE(D3:D9)",按回车键确认计算平均进价。

⑤单击 E3 单元格,输入"=IF(D3<＄D＄10,D3*1.5,D3*1.2)"。接着拖动 E3 的填充柄至 E9,完成其他售价的计算。

⑥单击 G3 单元格,输入"=E3*F3",也可输入"=PRODUCT(E3,F3)",确认后拖动 G3 的填充柄至 G9,完成各图书的销售额统计。

⑦最后的操作界面如图 4-37 所示。

	A	B	C	D	E	F	G
1	SUN公司4月图书销售表						
2	编号	书名	类别	进价	售价	销售量	销售额
3	L0007	C语言入门与精通	编程语言	24	28.8	10	288
4	L0003	JAVA程序设计	编程语言	16	24	20	480
5	L0006	玩转PHOTOSHOP	图形图像	22	26.4	9	237.6
6	L0005	EXCEL入门教程	办公软件	20	30	5	150
7	L0009	FLASH应用教程	图形图像	28	33.6	14	470.4
8	L0001	NET开发技术	编程语言	12	18	15	270
9	L0008	EXCEL函数大全	办公软件	26	31.2	18	561.6
10				21.14285714		91	
11							

图 4-37 操作后的界面

注意:此例中需要理解单元格的相对引用、绝对引用以及混合引用的概念并掌握其使用方法。

项目三 绘制"图书销售情况"图表

制作完工作簿后,其中包含大量的数据。我们也许无法记住这些数字,以及它们之间的关系和趋势。但是可以很轻松地记住一幅图画或者一个曲线。因此通过使用图表,会使得用 Excel 编制的工作表更易于理解和交流。本项目分为两个任务来绘制"图书销售情况"图表。

任务一　图表的创建

◎**任务描述**

Excel 图表是将单元格中的数据以各种统计图表的形式表现出来,这样用户可以很容易地发现数据的某些关系、信息或规律。

◎**任务分析**

为了更好地将工作表中的数据按照某种需要转换成合适的图表,需要了解不同类型图表的特点和功能,要完成本次任务,需要进行如下操作。

继续项目二"图书销售情况"工作簿,为工作表"4月"中每种书的进价和售价创建一个"三维簇状柱形图"的独立图表。

◎**知识链接**

1. Excel 图表结构

在创建图表前,我们先来认识一下图表的结构。图表由许多部分组成,每一部分就是一个图表项,如图表区、绘图区、标题、坐标轴、数据系列、图例等,如图 4-38 所示。

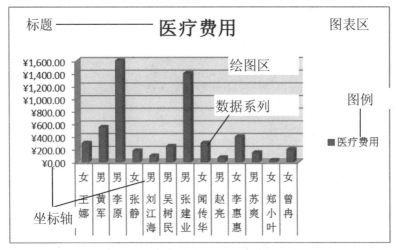

图 4-38　图表结构

2. Excel 图表类型

(1)常用图表

利用 Excel 2010 可以创建各种类型的图表,帮助我们以多种方式表示工作表中的数据,如图 4-39 所示。常用各图表类型的作用如下,"其他图表"中包括股价图、曲面图、圆环图、气泡图和雷达图。

图 4-39　常用图表

柱形图:用于显示一段时间内的数据变化或显示各项之间的比较情况。在柱形图中,通常沿水平轴组织类别,沿垂直轴组织数值。

折线图:可显示随时间而变化的连续数据,非常适用于显示在相等时间间隔下数据的趋势。在折线图中,类别数据沿水平轴均匀分布,数值数据沿垂直轴均匀分布。

饼图:显示一个数据系列中各项的大小与各项总和的比例。饼图中的数据点显示为整个饼图的百分比。

条形图:显示各个项目之间的比较情况。

面积图:强调数量随时间而变化的程度,也可用于引起人们对总值趋势的注意。

散点图:显示若干数据系列中各数值之间的关系,或者将两组数绘制为横纵坐标的一个系列。

对于大多数 Excel 图表,如柱形图和条形图,可以将工作表的行或列中排列的数据绘制在图表中,而有些图形类型,如饼图和气泡图,则需要特定的数据排列方式。

(2)迷你图

由于分析数据时,常常用图表的形式来直观展示,有时图线过多,容易出现重叠,现在可以在单元格中插入迷你图来更清楚地展示。迷你图是 Excel 2010 中的一个新功能,如图 4-40 所示。它是插入到工作表单元格中的微型图表,因此,可以在单元格中输入文本并使用迷你图作为其背景。

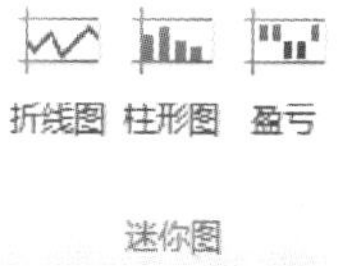

图 4-40 迷你图

3.创建图表

Excel 中的图表主要有两种:嵌入图表和独立图表。前者是把创建图表的数据源放置在同一张工作表上,可同时打印。后者是一张独立的图表工作表,打印时与数据表分开打印。

默认情况下,图表以嵌入的形式放在包含数据的工作表上。如果要创建独立图表,可以更改其位置,单独放在一个空工作表中。

◎ 任务实施

①打开项目二的"图书销售情况"文档,激活工作表"4月"。选择数据区域 B2:B9、D2:D9 和 E2:E9,然后单击功能区的"插入"标签,在"图表"选项组中选择"柱形图"命令,将弹出如图 4-41 所示的"柱形图子类型"界面进行选择。

②在界面中选择"三维柱形图",将创建一个嵌入图表。

③单击图表,选择位置组框中的"移动图表"命令,打开移动图表对话框,如图 4-42 所示。

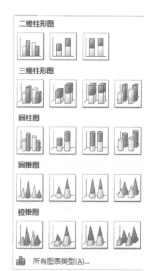

图 4-41 "柱形图子类型"界面

图 4-42 "移动图表"对话框

④最后的操作界面如图4-43所示。

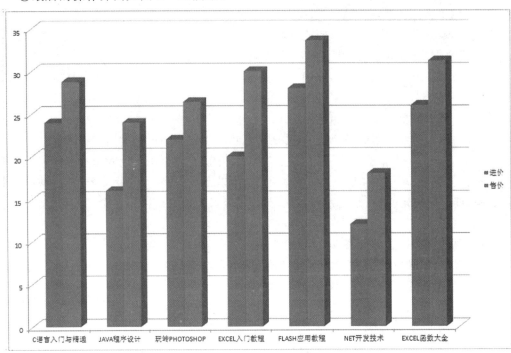

图4-43 操作后的界面

任务二 图表的编辑

◎任务描述

图表创建后,经常会根据不同的使用需要,对图表进行调整和设置,以最佳的图表形式向用户传达更多有用的信息。

◎任务分析

在分析不同数据时,有时需要将已经创建好的图表进行类型转换,以便于查看和分析数据。同样,为了使图表更加美观,可以设置图表的外观样式,也可以通过直接套用默认样式,快速美化图表。要完成本次任务,需要进行如下操作。

①为图表添加一个在上方显示的标题,内容为"价格",要求图例在顶部显示。

②修改之前的图表类型为"三维条形图"。

③删除"进价"系列。

④调整图表布局为"布局5",图表样式为"样式8"。

⑤图表区的阴影为预设内部居中。

◎知识链接

图表创建后,我们还可以根据需要进一步对其进行修改,使其更加美观和丰富。通过图表工具中的设计、布局和格式标签进行设置,编辑图表主要包括以下功能。

1. 更改图表类型

已创建的图表可以根据需要更改图表的类型,但要注意更变后的图表类型要支持所基于的数据,否则系统可能会报错。

单击图表区中的任意位置将其激活,然后单击功能区的"图表工具"下的"设计"标签,在"类型"选项组中选择"更改图表类型"命令,将弹出如图4-44所示的对话框进行选择。

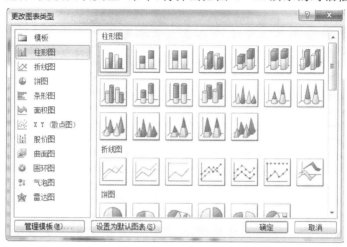

图4-44 "更改图表类型"对话框

2. 修改图表数据

工作表中选择的数据区域和创建的图表之间的关系是动态一致的。即当修改了工作表中的数据时,图表也会随着发生相应的改变;反之,当修改了图表中的图形时,工作表中的数据也会随着发生相应的改变。

图表一旦创建后,还可根据需要对图表中的数据系列进行编辑。单击图表区中的任意位置将其激活,然后单击功能区的"图表工具"下的"设计"标签,在"数据"选项组中选择"选择数据源"命令,将弹出如图4-45所示的对话框进行设置,包括添加、编辑和删除功能。

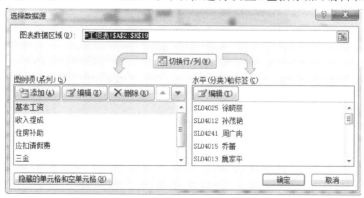

图4-45 "选择数据源"对话框

3. 设置图表布局和样式

创建图表后,可以为图表应用预定义布局和样式以快速更改它的外观。必要时还可以根据需要通过手动更改各个图表元素的布局和格式。

①图表布局:单击图表区中的任意位置将其激活,然后单击功能区的"图表工具"下的"设计"标签,在"图表布局"选项组中选择下拉按钮,将弹出如图 4-46 所示的界面进行选择。

②图表样式:单击图表区中的任意位置将其激活,然后单击功能区的"图表工具"下的"设计"标签,在"图表样式"选项组中选择下拉按钮,将弹出如图 4-47 所示的界面进行选择。

图 4-46 "图表布局"界面

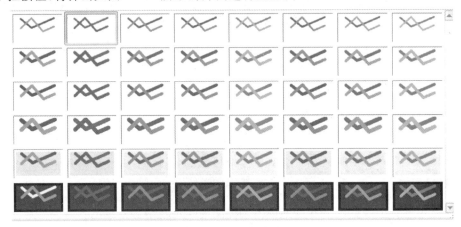

图 4-47 "图表样式"界面

③形状样式:单击图表区中的任意位置将其激活,然后单击功能区的"图表工具"下的"格式"标签,在"形状样式"选项组中选择下拉按钮,将弹出如图 4-48 所示的界面进行选择。

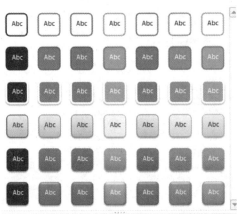

图 4-48 "形状样式"界面

④艺术字样式：单击图表区中的任意位置将其激活，然后单击功能区的"图表工具"下的"格式"标签，在"艺术字样式"选项组中选择下拉按钮，将弹出如图 4-49 所示的界面进行选择。

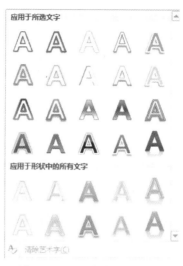

图 4-49 "艺术字样式"界面

4．添加标签

创建图表后，为了快速直接地标识图表中的某些组成部分，可以为其设置图表标题、坐标轴标题、图例、数据标签等。

①图表标题：单击图表区中的任意位置将其激活，然后单击功能区的"图表工具"下的"布局"标签，在"标签"选项组中选择"图表标题"的下拉按钮，将弹出如图 4-50 所示的界面进行选择。

②坐标轴标题：单击图表区中的任意位置将其激活，然后单击功能区的"图表工具"下的"布局"标签，在"标签"选项组中选择"坐标轴标题"的下拉按钮，将弹出如图 4-51 所示的界面进行选择。

图 4-50 "图表标题"界面　　　　图 4-51 "坐标轴标题"界面

③图例：单击图表区中的任意位置将其激活，然后单击功能区的"图表工具"下的"布局"标签，在"标签"选项组中选择"图例"的下拉按钮，将弹出如图 4-52 所示的界面进行选择。

④数据标签：单击图表区中的任意位置将其激活，然后单击功能区的"图表工具"下的"布局"标签，在"标签"选项组中选择"数据标签"的下拉按钮，将弹出如图 4-53 所示的界面

进行选择。

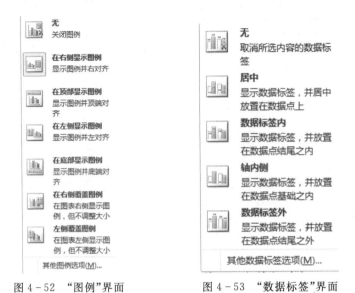

图 4-52 "图例"界面　　　　图 4-53 "数据标签"界面

5. 设置坐标轴

①坐标轴:单击图表区中的任意位置将其激活,然后单击功能区的"图表工具"下的"布局"标签,在"坐标轴"选项组中选择"坐标轴"的下拉按钮,将弹出如图 4-54 所示的界面进行选择。

②网格线:单击图表区中的任意位置将其激活,然后单击功能区的"图表工具"下的"布局"标签,在"坐标轴"选项组中选择"网格线"的下拉按钮,将弹出如图 4-55 所示的界面进行选择。

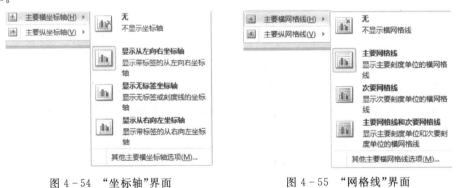

图 4-54 "坐标轴"界面　　　　图 4-55 "网格线"界面

6. 修改背景

为了丰富图表的显示,满足用户的需求,我们可以对图表进行图案、字体、内容等方面的格式化设置,主要有绘图区和图表区两方面。

①绘图区:在绘图区上单击右键,在弹出的快捷菜单中选择"设置绘图区格式",将弹出如图 4-56 所示的对话框,可进行绘图区的填充、边框颜色及样式、阴影等项目的设置。

②图表区:在图表区上单击右键,在弹出的快捷菜单中选择"设置图表区格式",将弹出

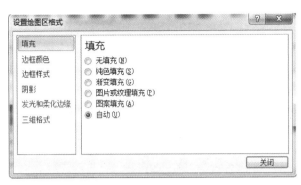

图 4-56 "设置绘图区格式"对话框

如图 4-57 所示的对话框,可进行图表区的填充、边框颜色及样式、阴影等项目的设置。

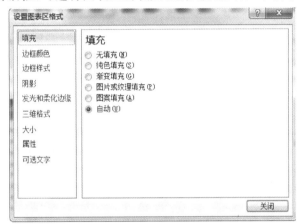

图 4-57 "设置图表区格式"对话框

◎任务实施

①单击图表区中的任意位置将其激活,然后单击功能区的"图表工具"下的"布局"标签,在"标签"选项组中选择"图表标题"的下拉按钮,在弹出的"图表标题"界面中,选择"图表上方",这时在图表中会添加一个"图表标题"文本框,编辑里面的内容为"价格"。

②然后单击功能区的"图表工具"下的"设计"标签,在"类型"选项组中选择"更改图表类型"命令,将弹出"更改图表类型对话框",选择"条形图"下的"三维条形图"。

③在图表中单击"进价"系列,然后按下键盘上的 Del 键即可。

④单击功能区的"图表工具"下的"设计"标签,在"图表布局"选项组中选择下拉按钮,在弹出的"图表布局"界面中选择"布局 5"。

⑤接着在"图表样式"选项组中选择下拉按钮,在弹出的"图表样式"界面中选择"样式 8"。

⑥在图表区上单击右键,在弹出的快捷菜单中选择"设置图表区域格式",在弹出的"设置图表区格式"对话框中选择"阴影"标签,在右侧的界面中选择预设的下拉按钮,在弹出的界面中选择"内部居中"。

⑦最后的操作界面如图 4-58 所示。

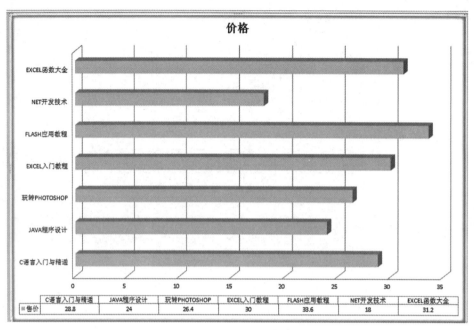

图 4-58 操作后的界面

项目四　管理"图书销售情况"

在 Excel 中可以通过排序、筛选和分类汇总来分析数据,这为我们提供了很大的便利。利用数据透视表可以灵活地显示和隐藏数据,也可以用不同的方式对数据进行汇总。本项目分为四个任务来管理"图书销售情况"工作簿。

任务一　数据排序

◎任务描述

在日常工作中有时需要对一些数据进行排序。排序就是根据工作表内容中的一列或几列数据的大小,对各个记录进行重新排列顺序。它有助于快速直观地呈现数据并更好地理解数据。

◎任务分析

排序分为升序和降序。可进行排序的数据类型有:数值类型、文本类型、逻辑类型和日期和时间类型。要完成本次任务,需要进行以下操作。

①继续使用项目三"图书销售情况"工作簿,为工作表"4月"的图书销售情况按"类别"的笔划进行升序排列。

②若"类别"相同,再按"销售量"进行降序排列。

③若"销售量"相同,最后按"销售额"降序排列。

◎ 知识链接

1. 简单排序

简单排序只按一个关键字段排序。方法是选择要排序的列中的任意单元格,然后单击功能区的"开始"标签,在"编辑"选项组中选择"排序和筛选"命令下的下拉按钮,在弹出的下拉菜单中选择"升序"或"降序"命令进行数据的快速排序。也可单击功能区的"数据"标签,在"排序和筛选"选项组中单击 ("升序")按钮或 ("降序")按钮进行数据的排序。

2. 复杂排序

利用简单排序只能对单一的行列进行排序。如果需要按若干个关键字段排序,可以利用对话框操作方法来解决,单击功能区的"数据"标签,在"排序和筛选"选项组中单击排序按钮,在弹出的对话框中进行数据的排序。

◎ 任务实施

①激活工作表"4月",选择数据区域A2:G9。

②然后单击功能区的"开始"标签,在"编辑"选项组中选择"排序和筛选"命令下的下拉按钮,在弹出的下拉菜单中选择"自定义排序"。

③在如图4-59所示"排序"对话框中进行如图所示的设置。其中多个关键字通过"添加条件"按钮实现。并且在设置"类别"关键字时,需单击上方的"选项"按钮,将弹出如图4-60所示的"排序选项"对话框,然后在"方法"栏中选择"笔划排序"。

图4-59 "排序"对话框

图4-60 "排序选项"对话框

④最后的操作界面如图4-61所示。

	A	B	C	D	E	F	G	H
1			SUN公司4月图书销售表					
2	编号	书名	类别	进价	售价	销售量	销售额	
3	L0008	EXCEL函数大全	办公软件	26	31.2	18	561.6	
4	L0005	EXCEL入门教程	办公软件	20	30	5	150	
5	L0009	FLASH应用教程	图形图像	28	33.6	14	470.4	
6	L0006	玩转PHOTOSHOP	图形图像	22	26.4	9	237.6	
7	L0003	JAVA程序设计	编程语言	16	24	20	480	
8	L0001	NET开发技术	编程语言	12	18	15	270	
9	L0007	C语言入门与精通	编程语言	24	28.8	10	288	
10				21.14285714		91		
11								
12								

图4-61 操作后的界面

任务二 数据筛选

◎任务描述

使用筛选命令可以只显示满足指定条件的那些数据,不满足条件的数据暂时被隐藏起来。它具有查找的功能。这对于一个大型的数据库而言是很有用的。

◎任务分析

通过筛选数据,可以快速地查找和使用单元格区域或工作表中数据的子集。系统提供了"自动筛选"和"高级筛选"两种方式。要完成本次任务,需要进行以下操作。

①对工作表"4月"进行筛选,只显示编程语言类图书。

②显示其中进价在20元至25元之间的图书情况。

③关闭自动筛选,重新进行筛选,显示编程语言类图书且销售数量超过18本或者销售额大于500元的数据。将筛选结果放置在同一个工作表中。

◎知识链接

1.自动筛选

自动筛选提供了快速查找工作表中数据的功能,只需要简单操作就能筛选出所需的数据。

①单击筛选区域中任意一个单元格,接着在功能区的"开始"标签下的"编辑"选项组中选择"排序和筛选"命令下的下拉按钮,在弹出的下拉菜单中选择"筛选"。

②此时所有的列标题右侧会出现下拉按钮。当单击它时,会显示相应列标题的"筛选器"选择列表。

③从列表中进行设置,可快速进行自动筛选。

2.高级筛选

与简单的自动筛选相比,高级筛选条件则较为复杂。在使用高级筛选时,需要具备三部分区域:数据区域、条件区域以及结果输出区域。

①首先在正文以外创建一个条件区域。

②接着在功能区的"数据"标签下的"排序和筛选"选项组中选择"高级"命令,将弹出如

图 4-62 所示对话框。

③最后在对话框中设置列表区域、条件区域等参数。

◎任务实施

①激活工作表"4月",选择数据区域 A2:G9。

②单击功能区的"开始"标签,在"编辑"选项组中选择"排序和筛选"命令下的下拉按钮,在弹出的下拉菜单中选择"筛选"。

③单击"类别"列旁边的下拉按钮,在弹出的界面完成如图 4-63 所示的设置。然后单击"确定"按钮。

图 4-62 "高级筛选"对话框

图 4-63 筛选列表

④此时工作表中只显示编程语言的图书情况,继续筛选进价区间。单击"进价"列旁边的下拉按钮,在弹出的界面中选择"数字筛选"菜单下的"自定义筛选"命令。在弹出的对话框中完成如图 4-64 所示的设置,单击"确定"按钮。

图 4-64 "自定义自动筛选方式"对话框

⑤操作后的界面如图 4-65 所示。

⑥单击功能区"开始"标签中"编辑"选项组的"排序和筛选"命令下的"清除"命令。再单

	A	B	C	D	E	F	G
1	SUN公司4月图书销售表						
2	编号	书名	类别	进价	售价	销售量	销售额
9	L0007	C语言入门与精通	编程语言	24	28.8	10	288
12							

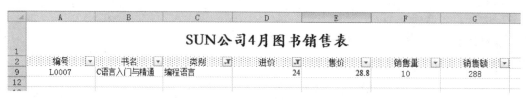

图 4－65　操作后的界面

击功能区“开始”标签中“编辑”选项组的“排序和筛选”命令下的“筛选”命令即可关闭自动筛选。

⑦新建一个工作表 Sheet1，并输入如图 4－66 所示的内容。（其中 A2 单元格输入“＝编程语言”）

⑧在工作表“4 月”中选择 A2：G9 单元格区域，然后单击功能区的“数据”标签，在“排序和筛选”选项组中选择“高级”命令，将弹出“高级筛选”对话框，并完成如图 4－67 所示的设置，单击“确定”按钮。

	A	B	C	D
1	类别	销售量	销售额	
2	=编程语言	>18		
3			>500	

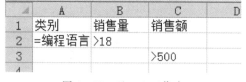

图 4－66　Sheet1 工作表

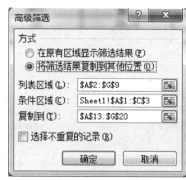

图 4－67　“高级筛选”对话框

⑨操作后的界面如图 4－68 所示。

	A	B	C	D	E	F	G
1	SUN公司4月图书销售表						
2	编号	书名	类别	进价	售价	销售量	销售额
3	L0008	EXCEL函数大全	办公软件	26	31.2	18	561.6
4	L0005	EXCEL入门教程	办公软件	20	30	5	150
5	L0009	FLASH应用教程	图形图像	28	33.6	14	470.4
6	L0006	玩转PHOTOSHOP	图形图像	22	26.4	9	237.6
7	L0003	JAVA程序设计	编程语言	16	24	20	480
8	L0001	NET开发技术	编程语言	12	18	15	270
9	L0007	C语言入门与精通	编程语言	24	28.8	10	288
10				21.14285714		91	
11							
12							
13	编号	书名	类别	进价	售价	销售量	销售额
14	L0008	EXCEL函数大全	办公软件	26	31.2	18	561.6
15	L0003	JAVA程序设计	编程语言	16	24	20	480
16							

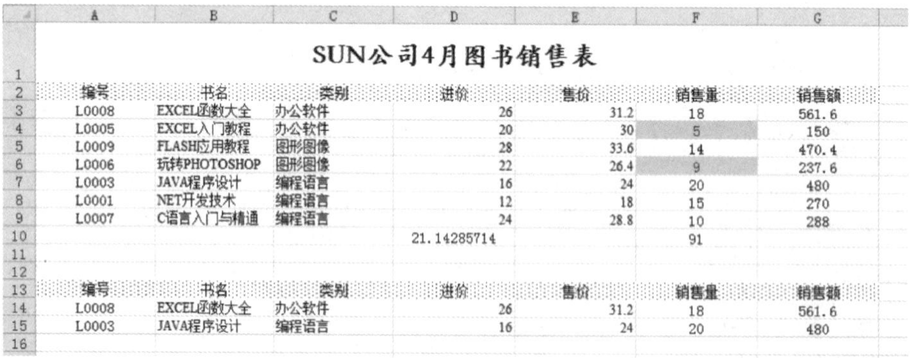

图 4－68　操作后的界面

注意：筛选条件的标题要和数据表中的标题一致，筛选条件中的值在同一行表示“与”的关系，筛选条件中的值在不同行表示“或”的关系。

任务三 数据分类汇总

◎任务描述

分类汇总就是把某一个关键字段的相同数据汇总在一起。对数据进行分类汇总后,不但增加了数据表格的可读性,而且为进一步分析数据提供了便利条件。

◎任务分析

使用分类汇总命令之前,应对关键字段进行排序,使关键字段相同的数据记录可以被连续访问。要完成本次任务,需要进行以下操作。

①对相同类别的图书进行销售量和销售额求和的统计。

②最后再将分类汇总全部删除。

◎知识链接

1. 创建分类汇总

在分类汇总前需要确保数据区域中需要进行分类汇总计算的每一列的第一个单元格都有一个标题,每一列包含相同含义的数据,并且该区域不包含任何空白行或空白列。

①打开需要进行分类汇总的工作表,选择参与分类汇总的数据区域,并进行按分类字段进行排序。方法参照前面数据排序任务中介绍的内容,升序降序皆可。

②接着单击功能区的"数据"标签,在"分组显示"选项组中单击"分类汇总"命令,在弹出的"分类汇总"对话框中,完成相应设置,然后单击"确定"按钮。

在分类汇总窗口中分别单击"1""2""3"按钮,将分别显示"一级分类汇总结果""二级分类汇总结果""三级分类汇总结果"。

2. 嵌套分类汇总

嵌套分类汇总是指在一个已经建立了分类汇总的汇总工作表中再按照另一种分类方式进行汇总,两次分类汇总中使用的关键字不同。

3. 删除分类汇总

对工作表进行了分类汇总后,若要返回汇总之前的状态,可打开"分类汇总"对话框,单击"全部删除"命令即可。

◎任务实施

对相同类别的图书进行销售量和销售额求和的统计。

①激活工作表"4月",选择参与分类汇总的数据区域A2:G9。

②由于在之前的任务中已经对图书类别进行排序了,因而此处略过。

③接着单击功能区的"数据"标签,在"分组显示"选项组中单击"分类汇总"命令,在弹出的"分类汇总"对话框中,完成如图4-69所示的设置,然后单击"确定"按钮。

④操作后的界面如图4-70所示。

图4-69 "分类汇总"对话框

	A	B	C	D	E	F	G	H
1			SUN公司4月图书销售表					
2	编号	书名	类别	进价	售价	销售量	销售额	
3	L0008	EXCEL函数大全	办公软件	26	31.2	18	561.6	
4	L0005	EXCEL入门教程	办公软件	20	30	5	150	
5			办公软件 汇总			23	711.6	
6	L0009	FLASH应用教程	图形图像	28	33.6	14	470.4	
7	L0006	玩转PHOTOSHOP	图形图像	22	26.4	9	237.6	
8			图形图像 汇总			23	708	
9	L0003	JAVA程序设计	编程语言	16	24	20	480	
10	L0001	NET开发技术	编程语言	12	18	15	270	
11	L0007	C语言入门与精通	编程语言	24	28.8	10	288	
12			编程语言 汇总			45	1038	
13			总计			91	2457.6	

图4-70 操作后的界面

⑤打开"分类汇总"对话框,单击"全部删除"命令即可。

注意:当工作表套用表格格式时会创建列表,这时是不能对列表进行分类汇总的,可先把列表转化为普通的数据区域,然后就可以进行分类汇总了。

任务四 数据透视表

◎任务描述

数据透视表的功能是将排序、筛选和分类汇总三个过程结合在一起,对表格中的数据或来自于外部数据库的数据进行重新组织生成新的表格,使人们从不同的角度发现有用的信息。

◎任务分析

数据透视表可以动态地改变版面布置,以便按照不同方式分析数据,也可以重新安排行号、列标和页字段。由于数据透视表是对数据进行分析的,因此数据透视表中的数据是只读的。要完成本次任务,需要进行如下操作。

①在工作表"4月"中插入一列"分店",并输入数据(如南昌、上海、北京)。

②创建数据透视表,要求对各分店所有图书所属类别进行销售额求和的统计。

◎知识链接

1.创建数据透视表

制作完表中数据后,就可以使用数据透视表向导创建数据透视表了。

①选择数据源单元格区域。

②单击功能区的"插入"标签,在"表格"选项组中选择"数据库透视表"命令,将弹出如图4-71所示的"创建数据透视表"对话框。

2.添加数据透视表中的字段

设置完要分析的数据区域和放置的存放位置后,便可进行字段的编辑。因为创建的默认数据透视表中是没有数据的。"数据透视表字段列表"窗格分为上下两个区域:上方显示数据透视表中可以添加的字段,下方的4个布局区域用于排列和组合字段,如图4-72所示。

模块四　电子表格 Excel 2010

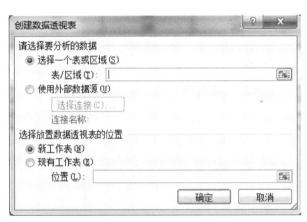

图 4-71　"创建数据透视表"对话框　　图 4-72　"数据透视表字段列表"界面

①报表筛选:该区域的字段可以使之包含在数据透视表的筛选区域。
②列标签:该区域的字段可以在数据透视表顶部显示该字段相应的值。
③行标签:该区域的字段可以在数据透视表左边的整个区域显示该字段相应的值。
④数值:添加一个字段到数值区域,可以使该字段包含在数据透视表的值区域中,并使用该字段中的值进行指定计算。

◎任务实施

①激活工作表"4 月",并选择数据源 A2:H9 单元格区域。
②单击功能区的"插入"标签,在"表格"选项组中选择"数据库透视表"命令,在弹出的"创建数据透视表"对话框中按默认设置,单击"确定"按钮。
③此时将创建一个新的工作表。
④将"编号"字段拖动到"报表筛选"区域,将"分店"字段拖动到"列标签"区域,将"类别"字段拖动到"行标签"区域,将"销售额"字段拖动到"数值"区域进行求和统计。
⑤操作后的界面如图 4-73 所示。
⑥通过界面中行标签、列标签旁的下拉按钮,可进行筛选显示。

图 4-73 操作后的界面

项目五 打印"图书销售情况"

当用户将各种数据输入到工作表中,并对其进行相应的处理后,经常需要将工作表打印出来。本项目分为三个任务来打印"图书销售情况"工作簿。

任务一 打印区域的设置

◎任务描述

有时 Excel 工作表内容非常多,若不想全部打印,只打印部分内容时,那么怎样才能按需打印呢?这时我们需要设置一下打印区域。

◎任务分析

在打印工作表之前,用户需要熟悉设置打印区域、插入分页符等基本操作。要完成本次任务,需要进行以下操作。

① 设置工作表"4 月"中 A1:H9 单元格区域为打印区域。

② 从"进价"列开始另起一页。

◎知识链接

1. 打印区域

在默认情况下,执行"打印"命令,会打印当前工作表中所有非空单元格中的内容。有时,我们可能仅仅需要打印当前 Excel 工作表中的一部分内容,而非所有内容。此时,可以为当前 Excel 工作表设置打印区域,具体操作方法如下。

① 在工作表中选择要打印的区域。

② 单击功能区的"页面布局"标签,在"页面设置"选项组中选择"打印区域"旁的下拉按钮,选择"设置打印区域"。

此打印区域一直有效,若要改变打印区域时,选择"取消打印区域"命令即可。

还可单击功能区的"视图"标签,在"工作簿视图"选项组中选择"分页预览"命令,此时屏幕显示"分页预览"视图,系统默认的打印区域用蓝色边框包围。将鼠标移到边框上拖动时,可对打印区域进行调整。

2.分页

如果用户要打印的工作表很大,不但长度超过一页,而且宽度也超过纸张的宽度时,系统会自动在水平方向和垂直方向插入分页符,显示为一条虚线,表示工作表从这条线的位置自动分页。但有时用户并不想用这种固定的分页方式,而是希望将某些行(或某些列)放在新的一页,这就需要采用人工分页方法。

①插入水平或垂直分页符:选择要另起一页的行或列,单击功能区的"页面布局"标签,在"页面设置"选项组中选择"分隔符"旁的下拉按钮,选择"插入分隔符"命令,会在该行或列的上端或左端产生一条虚线,打印时将会按要求另起一页。

②删除水平或垂直分页符:选择虚线的下一行或右一列中的任意单元格,单击功能区的"页面布局"标签,在"页面设置"选项组中选择"分隔符"旁的下拉按钮,选择"删除分隔符"命令,则将取消之前设置的人工分页。

若要选择整个工作表,单击功能区的"页面布局"标签,在"页面设置"选项组中选择"分隔符"旁的下拉按钮,选择"重设所有分页符"命令,可以删除所有人工插入的分页符。

◎任务实施

①激活工作表"4月",并选择A1:H9单元格区域。

②单击功能区的"页面布局"标签,在"页面设置"选项组中选择"打印区域"旁的下拉按钮,选择"设置打印区域"。

③选择"进价"列,单击功能区的"页面布局"标签,在"页面设置"选项组中选择"分隔符"旁的下拉按钮,选择"插入分隔符"命令,可在该列的左端产生一条虚线。

任务二　页面设置

◎任务描述

在打印工作表之前,应对表格进行相关的页面设置,使其输出效果更加直观和美观。那么页面设置包括哪些常用操作呢?

◎任务分析

我们可以通过"页面布局"标签下的"页面设置"选项组或打开"页面设置"对话框进行操作,设置纸张的大小、起始页码、打印方向、页边距、打印顺序、页眉和页脚等。要完成本次任务,需要进行以下操作。

①设置文档起始页码为"3"。

②纸张大小为"A3"。

③页边距上、下、左、右各设置为"2"。

④页脚中文本设置为"SUN"。

⑤页面打印"行号列标"。

◎ 知识链接

1. "页面设置"选项组

单击功能区的"页面布局"标签,在如图4-74所示的"页面设置"选项组中,可选择"页边距""纸张方向""纸张大小"和"打印标题"等功能。

图4-74 "页面设置"选项组

2. "页面设置"对话框

单击功能区的"页面布局"标签,选择"页面设置"选项组右下角 按钮,将打开"页面设置"对话框。它包含4个标签,分别是"页面""页边距""页眉/页脚"和"工作表"。如图4-75至4-78所示。

图4-75 "页面设置"对话框之"页面"选项卡

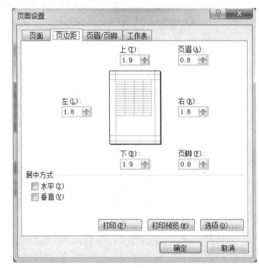

图4-76 "页面设置"对话框之"页边距"选项卡

图4-77 "页面设置"对话框之"页眉/页脚"选项卡

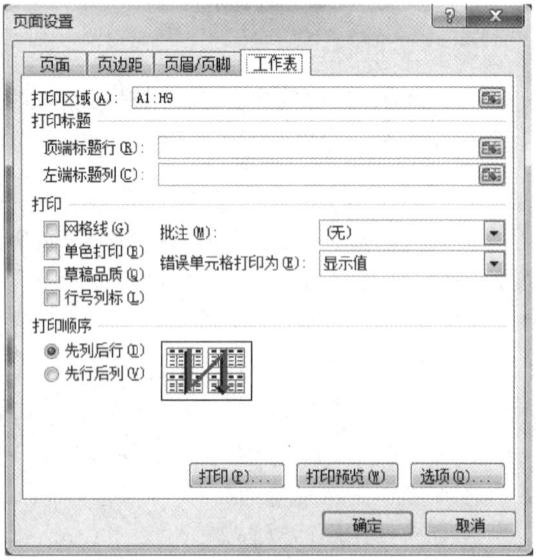

图4-78 "页面设置"对话框之"工作表"选项卡

◎任务实施

①激活工作表"4月"。

②单击功能区的"页面布局"标签,选择"页面设置"选项组右下角 按钮,将弹出"页面设置"对话框。在"页面"选项卡中,将纸张大小设置为"A3",起始页码设置为"3"。

③单击"页边距"选项卡,将上、下、左、右页边距都设置为"2"。

④单击"页眉/页脚"选项卡,然后单击"自定义页脚",在"中"文本框中输入:"SUN",如图4-79所示。

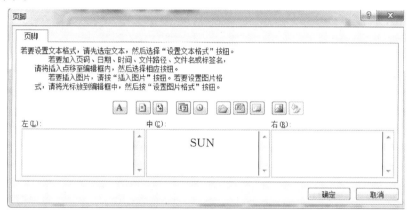

图4-79 "页面设置"中"页脚"设置

⑤单击"工作表"选项卡,在"打印"组框中勾选"行号列标"。

任务三 工作表的预览和打印

◎任务描述

打印预览是在打印之前浏览工作表的打印效果,以便对打印格式和内容做进一步调整,避免造成纸张和时间的浪费。

◎任务分析

我们可以通过"文件"标签下的"打印"命令,打开预览窗口。还可进行打印前的参数设置,包括打印机的属性、打印份数和页数等。要完成本次任务,需要进行以下操作。

①预览工作表"4月"。

②设置左端标题列"编号",使每页都能输出指定的内容,增加其可读性。

③设置打印份数为"10"。

◎知识链接

1.预览

首先激活需进行打印预览的工作表,单击功能区的"文件"标签下的"打印"命令,将进入到打印预览窗口,如图4-80中右侧的区域。

当报表太宽或太长时,系统会自动在水平方向或垂直方向分页。这样的话,除了第一页,其他页上都没有行标题或列标题。通过进行一些相关的设置,可以使其他页也显示指定

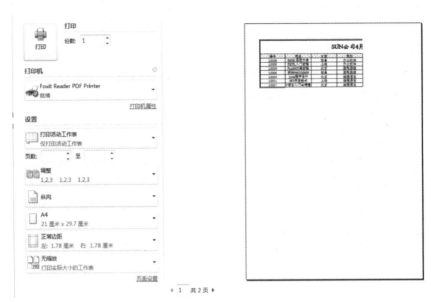

图 4-80 "预览与打印"界面

的信息,方便报表的查看。

2. 打印

当页面设置好或使用系统默认的设置后,需要将工作表内的文字和图片等可见数据,通过打印机输出时,可通过以下方法进行。

首先激活需进行打印的工作表,单击功能区的"文件"标签下的"打印"命令,将进入到如图 4-80 中左侧的窗口,可对打印份数、打印范围、纸张大小、打印方向、缩放比例等进行设置,最后单击"打印"按钮。

◎任务实施

①激活工作表"4 月"。

②打开"页面设置"对话框,在弹出的对话框中单击"工作表"选项卡,在"左端标题列"输入"＄A：＄A",接着单击"确定"按钮。

③单击功能区的"文件"标签下的"打印"命令,在打印预览窗口可看到每页都有"编号"列。

④在"预览与打印"界面中,将份数设置为"10"。

模块小结

1. 工作簿是一个以 xlsx 为扩展名的报表文件,其中可包含若干张工作表。应熟练掌握工作薄的创建、打开、保存和关闭的方法,以及工作薄中工作表的插入、删除、复制、移动、重命名和保护的方法。

2.学会数据输入的3种方式:手动、自动、输入有效数据。特别是要掌握如何灵活使用填充柄实现一个序列或相同的内容填充单元格区域。掌握修改、清除、复制和移动工作表中数据的常用方法,掌握对单元格以及行和列进行插入与删除的操作。

3.对于单元格内容的各种格式应知道如何进行设置,还应掌握从对齐方式、字体、字形、边框等方面对工作表进行格式化的方法。

4.在单元格输入公式和函数前应先输入"="。应熟练掌握工作表中公式的输入以及自动求和的方法,熟练运用常用的函数进行简单的运算。在公式中输入单元格地址时,应懂得采用何种引用方式。

5.Excel 2010中的图表有嵌入和独立两种形式。掌握如何创建图表,并学会设置图表格式的基本操作。

6.熟练掌握排序、筛选、分类汇总和数据透视表等高级数据管理功能。

7.通过缩放比例、纸张大小、页边距、页眉页脚、打印顺序等方面的设置,熟悉工作表的页面设置方法。掌握为较长报表和较宽报表设置顶端标题行和左端标题列的方法,增强报表的可读性。

习 题

一、单选题(请选择A、B、C、D中的一个字母写到本题的括号中)

1.在Excel中,一个工作簿就是一个Excel文件,其扩展名为(　　)。

　　A. exe　　　　　　　　　　　　B. dbf
　　C. xlsx　　　　　　　　　　　　D. lbl

2.在Excel数据输入时,可以采用自动填充的操作方法,它是根据初始值决定其后的填充项,若初始值为纯数字,则默认状态下序列填充的类型为(　　)。

　　A.等差数据序列　　　　　　　　B.等比数据序列
　　C.初始数据的复制　　　　　　　D.自定义数据序列

3.创建Excel 2010的空白工作簿后,默认情况下由(　　)工作表组成。

　　A. 1个　　　　　　　　　　　　B. 2个
　　C. 3个　　　　　　　　　　　　D. 4个

4.删除单元格是将单元格从工作表上完全移去,并移动相邻的单元格来填充空格,若对已经删除的单元格进行过引用,将导致出错,显示的出错信息是(　　)。

　　A. ♯VALUE!　　　　　　　　　B. ♯REF!
　　C. ♯ERROR!　　　　　　　　　D. ♯♯♯♯♯

5.Excel 2010的默认工作表名称分别为(　　)。

　　A. Sheet1,Sheet2和Sheet3　　　B. Book1,Book2和Book3
　　C. Table1,Table2和Table3　　　D. List1,List2和List3

6. Excel 2010 中的公式用于按照特定顺序进行数据计算并输入数据,它的最前面是(　　)。
   A. "＝"   B. ":"
   C. "!"   D. "$"

7. 使用公式时的运算数包括常量、单元格或区域引用、标志、名称或(　　)。
   A. 工作表   B. 公式
   C. 工作表函数   D. 变量

8. 使用公式时的运算符包含算术、比较、文本和(　　)等四种类型的运算符。
   A. 逻辑   B. 引用
   C. 代数   D. 方程

9. 在 Excel 2010 中,如果需要引用同一工作簿的其他工作表的单元格或区域,则在工作表名与单元格(区域)引用之间用(　　)分开。
   A. "!"   B. ":"
   C. "&"   D. "$"

10. 在 Excel 2010 中,清除数据针对的对象是数据,数据清除后,单元格本身(　　)。
    A. 仍留在原位置   B. 向上移动
    C. 向下移动   D. 向右移动

11. 在 Excel 2010 中,若删除数据选择的区域是"整列",则删除后,该列(　　)。
    A. 仍留在原位置   B. 被右侧列填充
    C. 被左侧列填充   D. 被移动

12. 在 Excel 2010 中,如果要删除整个工作表,正确的操作步骤是(　　)。
    A. 选中要删除工作表的标签,再按 Del 键
    B. 选中要删除工作表的标签,按住 Shift 键,再按 Del 键
    C. 选中要删除工作表的标签,按住 Ctrl 键,再按 Del 键
    D. 选中要删除工作表的标签,再选择"编辑"菜单中"删除工作表"命令

13. 在 Excel 2010 中,如果要选取多个非连续的工作表,则可通过按(　　)键单击工作表标签选取。
    A. Ctrl   B. Shift
    C. Alt   D. Tab

14. 工作表的冻结是指将工作表窗口的(　　)固定住,不随滚动条移动。
    A. 任选行或列   B. 任选行
    C. 任选列   D. 上部或左部

15. 在默认的情况下,Excel 2010 自定义单元格格式使用的是"G/通用格式",当数值长度超出单元格长度时用(　　)显示。
    A. 科学记数法   B. 普通记数法
    C. 分节记数法   D. ########

16. 在 Excel 2010 中,可利用"单元格格式"对话框的对齐标签设置对齐格式,其中"方向"框用于改变单元格中文本旋转的角度,角度范围是(　　)。
    A. －360°～＋360°   B. －180°～＋180°

C. -90°~+90° D. 360°

17. 将某单元格数值格式设置为"♯,♯♯0.00",则其含义是(　　)。
A. 整数 4 位,保留 2 位小数   B. 整数 4 位,小数 2 位
C. 整数 4 位,千位加分节符,保留 2 位小数   D. 整数 1 位,小数 2 位

18. 在 Excel 2010 中,某些数据的输入和显示不一定完全相同,当需要计算时,一律以(　　)为准。
A. 输入值 B. 显示值
C. 平均值 D. 误差值

19. 如果对单元格使用了公式而引用单元格数据发生变化时,Excel 2010 能自动对相关的公式重新进行计算,借以保证数据的(　　)。
A. 可靠性 B. 相关性
C. 保密性 D. 一致性

20. 如果在单元格输入数据"12,345.67",Excel 2010 将把它识别为(　　)数据。
A. 文本型 B. 数值型
C. 日期时间型 D. 公式

21. 如果在单元格输入数据"2002—3—15",Excel 2010 将把它识别为(　　)数据。
A. 文本型 B. 数值型
C. 日期时间型 D. 公式

22. 向单元格键入数据或公式后,如果单击按钮"√",则相当于按(　　)键。
A. Del B. Esc
C. 回车 D. Shift

23. Excel 2010 的单元格名称相当于程序语言设计中的变量,可以加以引用。引用分为相对引用和绝对引用,一般情况为相对引用,实现绝对引用需要在列名或行号前插入符号(　　)。
A. "!" B. ":"
C. "&" D. "$"

24. 在单元格名没有改变的情况下,如果在单元格中输入"=UI9+A1",则会出现信息(　　)。
A. ♯VALUE! B. ♯NAME?
C. ♯REF! D. ♯♯♯♯

25. 在 Excel 2010 中可以创建嵌入式图表,它和创建图表的数据源放置在(　　)工作表中。
A. 不同的 B. 相邻的
C. 同一张 D. 另一工作簿的

26. 在 Excel 2010 数据列表的应用中,(　　)字段进行汇总。
A. 只能对一个 B. 只能对两个
C. 只能对多个 D. 可对一个或多个

27. 在 Excel 2010 中的"引用"可以是单元格或单元格区域,引用所代表的内容是(　　)。

A. 数值 B. 文字
C. 逻辑值 D. 以上值都可以

28. 在 Excel 2010 中,用户可以设置输入数据的有效性,"设置"选项卡可设置数据输入提示信息和输入错误提示信息,其作用是限定输入数据的( )。
A. 小数的有效位 B. 类型
C. 范围 D. 类型和范围

29. 在工作表中,区域是指连续的单元格,用户( )定义区域名并按名引用。
A. 不可以 B. 可以
C. 不一定可以 D. 不一定不可以

30. 在 Excel 2010 中,正确地选定数据区域是能否创建图表的关键,若选定的区域有文字,则文字应在区域的( )。
A. 最左列或最上行 B. 最右列或最上行
C. 最左列或最下行 D. 最右列或最下行

二、判断题(请在正确的题后括号中打√,错误的题后括号中打×)

1. 在 Excel 2010 中,若要选中若干个连续的工作表,可通过 Shift 键操作。( )

2. 在工作表中创建图表时,若选定的区域有文字,则文字一般作为图表的标题。( )

3. 在 Excel 2010 中使用公式,当多个运算符出现在公式中时,如果运算的优先级相同,则按从右到左的顺序运算。( )

4. 在 Excel 2010 中,填充色是指单元格区域中的颜色。( )

5. 在工作表中,如果选择了输入有公式的单元格,则单元格显示公式和结果。( )

6. 在 Excel 2010 中,如果工作表被误删除,则可以用"常用"工具栏的"撤销"按钮恢复。( )

7. 在 Excel 2010 中,如果删除数据选定的区域是若干整行或若干整列,则删除时会出现"删除"对话框。( )

8. 在默认方式下,Excel 2010 工作表的行以数字标记。( )

9. 在工作表的单元格内输入数据时,可以使用"自动填充"的方法,填充柄是选定区域右上角的小黑方块。( )

10. 在 Excel 2010 中,如果在多个选中的工作表(工作表组)中的一个工作表任意单元格输入数据或设置格式,则在其他工作表的相同单元格会出现相同的数据或格式。( )

11. 如果在单元格输入数据"=22",Excel 2010 将把它识别为数值型数据。( )

12. 在工作表中,区域是指连续的单元格,一般用行标以及列标标记。( )

13. 在 Excel 2010 中使用公式,当多个运算符出现在公式中时,由高到低各运算符的优先级是括号、百分号、乘方号、乘除、加减、连接符、比较符。( )

14. 在工作表中创建图表时,若选定的区域有文字,则文字一般用来说明图表中数据的含义。( )

15. Excel 2010 中文版有四种数据类型,分别是文本、数值(含日期时间)、逻辑、出错值。( )

三、上机操作题

1. 创建一个 Excel 文件，Sheet1 中的内容如图 4－81 所示，并按下列要求进行操作，最后以“工资表”为名保存在 C 盘下。

	A	B	C	D	E	F	G	H
1	姓名	性别	部门	职称	应发工资	扣除工资	补发工资	实发工资
2	陈小红	女	办公室	助理	1650.00	210.00		
3	胡刚	男	销售部	工程师	2960.00	308.00		
4	黄虎	男	生产部	经理	3050.00	432.00		
5	刘建军	男	办公室	经理	3050.00	511.00		
6	罗静	女	销售部	副经理	2850.00	200.00		
7	秦梅	女	生产部	助理	1100.00	154.00		
8	王东	男	办公室	助理	1750.00	321.00		
9	吴文明	男	技术部	总工程师	3750.00	452.00		
10	许丽丽	女	技术部	总工程师	3750.00	440.00		
11	余辉	男	办公室	主任	2950.00	300.00		
12	张明	男	销售部	工程师	2650.00	290.00		
13	张小玲	女	技术部	总工程师	3200.00	200.00		
14	赵强	男	生产部	助理	1200.00	176.00		
15	周红	女	销售部	工程师	920.00	98.00		

图 4－81　Sheet1

①在表格上方插入一行，输入标题，标题文字为“9 月”，并设置标题为红色、隶书、24 磅、倾斜，且在 A1:H1 区域跨列居中。

②利用 IF 函数计算“补发工资”，销售部职工每人补发 450 元，办公室职工每人补发 150 元，其他部门每人补发 300 元。

③利用公式计算“实发工资”：实发工资＝应发工资－扣除工资＋补发工资。

④设置“补发工资”列数据保留两位小数，对“实发工资”列的数据添加货币符号“￥”，并设置“扣除工资”列单元格底纹图案为蓝色细对角条纹。

⑤将 4 名办公室职工的应发工资和扣除工资用柱形图来表示。

⑥对各部门实发工资生成数据透视表。

2. 创建一个 Excel 文件，Sheet1 中的内容如图 4－82 所示，并按下列要求进行操作，最后以“销售调查表”为名保存在 C 盘下。

	A	B	C	D
1	2016年12月某市空调销售调查表(单位：元)			
2	品牌	本月零售额	上月零售额	增长率
3	格力	3368131	2447020	
4	海尔	2136222	2231599	
5	美的	1300914	1300668	
6	海信	975242	1601573	
7	春兰	456364	280964	
8	长虹	395960	14350	
9	奥克斯	337069	121580	
10	三菱电机	302392	37751	
11	科龙	100688	8960	
12	新科	85650	244908	
13	LG	79100	87632	
14	华宝	57430	5260	
15	伊莱克斯	13800	8769	
16	双鹿	8820	154860	
17	乐华	6600	132056	

图 4－82　Sheet1

①将 A1:D1 单元格合并居中,并设置为宋体、加粗,字号 20,红色。

②用公式计算出"增长率",并填入相应的单元格中(增长率=(本月零售额-上月零售额)/上月零售额),计算结果用百分比表示,保留两位小数。

③以"本月零售额"为主要关键字进行降序排列,数据区域为 A2:D17。

④为数据区域 A2:D17 设置宋体,字号 16,居中,并将 A2:D2 区域设为蓝色底纹。

⑤筛选出表中"本月零售额"和"上月零售额"都大于 500000 的记录。

⑥给整个数据区域(A2:D17)加上内外边框。

⑦添加页眉中文本"HELLO"。

⑧将工作表 Sheet1 重命名为"空调"。

3. 创建一个 Excel 文件,3 个工作表中的内容如图 4-83 至图 4-85 所示,并按下列要求进行操作,最后以"员工情况"为名保存在 C 盘下。

	A	B	C	D	E	F	G	H	I	J	K	L	M	N
1	东方公司员工档案表													
2	员工编号	姓名	性别	部门	职务	身份证号	出生日期	学历	入职时间	工龄	基本工资	工龄工资	基础工资	
3	DF007	曾晓军	男	管理	部门经理	410205196412278211		硕士	2001年3月		10000			
4	DF015	李北大	男	管理	人事行政经理	420316197409283216		硕士	2006年12月		9500			
5	DF002	郭晶晶	女	行政	文秘	110105198903040128		大专	2012年3月		3500			
6	DF013	苏三强	男	研发	项目经理	370108197202213159		硕士	2003年8月		12000			
7	DF017	曾令煊	男	研发	项目经理	110105196410020109		博士	2001年6月		18000			
8	DF008	齐小小	女	管理	销售经理	110102197305120123		硕士	2001年10月		15000			
9	DF003	侯大文	男	管理	研发经理	310108197712121139		硕士	2003年7月		12000			
10	DF004	宋子文	男	研发	员工	372208197510090512		本科	2003年7月		5600			
11	DF005	王清华	男	人事	员工	110101197209021144		本科	2001年6月		5600			
12	DF022	张桂花	女	行政	员工	110107198010120109		高中	2010年3月		2500			
13	DF023	陈万地	男	研发	员工	412205196612280211		本科	2010年3月		5000			
14	DF024	张国庆	男	销售	员工	110108197507220123		本科	2010年3月		5200			
15	DF025	刘康锋	男	研发	员工	551018198107210126		本科	2011年1月		5000			
16	DF026	刘鹏举	男	研发	员工	372206197810270512		本科	2011年1月		4500			
17	DF027	孙玉敏	女	人事	员工	410205197908078231		本科	2011年1月		3800			
18	DF028	王清华	女	人事	员工	110104198204140127		本科	2011年1月		4500			
19	DF029	包宏伟	男	研发	员工	270108197302283159		本科	2011年1月		6000			
20	DF034	闫朝霞	女	研发	员工	120108197606031029		本科	2011年1月		4500			
21	DF035	张国庆	男	研发	员工	102204198307190312		本科	2011年1月		5000			
22	DF001	莫一丁	男	管理	总经理	110108196301020119		博士	2001年2月		40000			
23														

图 4-83 "员工档案"工作表

	A	B	C	D	E	F
1	基础数据(每满一年,工龄工资增加50元)					
2	条件	金额(元)				
3	每满一年	50				
4						
5						

图 4-84 "工龄工资"工作表

	A	B	C
1	统计报告		
2	所有人的基础工资总额		
3	项目经理的基本工资总额		
4	本科生平均基本工资		
5			

图 4-85 "统计报告"工作表

①请对"员工档案"工作表进行格式调整,将所有工资列设为保留两位小数的数值,适当加大行高列宽。

②根据身份证号,请在"员工档案表"工作表的"出生日期"列中,使用 MID 函数提取相关信息,单元格式类型为"yyyy 年 m 月 d 日"。

③根据入职时间,请在"员工档案表"工作表的"工龄"列中,使用 TODAY 函数和 INT 函数计算员工的工龄,工作满一年才计入工龄。

④引用"工龄工资"工作表中的数据来计算"员工档案表"工作表员工的工龄工资,在"基础工资"列中,计算每个人的基础工资。(基础工资＝基本工资＋工龄工资)

⑤根据"员工档案"工作表中的工资数据,统计所有人的基础工资总额,并将其填写在"统计报告"工作表的 B2 单元格中。

⑥根据"员工档案"工作表中的工资数据,统计职务为项目经理的基本工资总额,并将其填写在"统计报告"工作表的 B3 单元格中。

⑦根据"员工档案"工作表中的数据,统计东方公司本科生平均基本工资,并将其填写在"统计报告"工作表的 B4 单元格中。

⑧通过分类汇总功能求出每个职务的平均基本工资。

模块五　演示文稿 PowerPoint 2010

Microsoft PowerPoint 2010 是制作演示文稿的应用软件,用于制作结合视频、音频、网页、图片的三分屏课件。目前,该软件广泛地应用于教学、管理营销等领域。

Microsoft PowerPoint 从诞生到现在,经历了多次改进和升级,本模块介绍的是 Microsoft PowerPoint 2010 中文版。由于它是 Office 2010 中的一个组件,因此它和 Word、Excel 等软件之间具有良好的信息交互性和相似的操作方法。

项目一　制作"案例分析"演示文稿

PowerPoint 2010 把用户所要表达的信息,通过幻灯片的形式,将内容有机地组织在一些图文并茂的画面中展示出来。本项目将分四个任务来制作"案例分析"演示文稿。

任务一　PowerPoint 2010 的入门

◎任务描述

如今的社会,项目宣传、个人演讲、公司广告等工作几乎都离不开演示文稿,在使用 PowerPoint 2010 之前,需要了解哪些知识呢?

◎任务分析

在使用 PowerPoint 2010 之前,需要掌握它的常用启动和退出方法,熟悉它的工作界面,认识 PowerPoint 2010 中的一些基本概念。要完成本次任务,需要进行以下操作。

①正确启动和退出 PowerPoint 2010。
②认识 PowerPoint 2010 的工作界面。
③掌握 PowerPoint 2010 中的一些常用基本概念。
④进行 PowerPoint 2010 中的一些常用选择操作。

◎知识链接

1. PowerPoint 2010 的启动与退出

(1)启动的常用方法

①单击"开始"→"所有程序"→"Microsoft Office"→"Microsoft PowerPoint 2010"命令。
②双击桌面上的"Microsoft PowerPoint 2010"快捷方式图标。
③在桌面任意位置空白处,单击鼠标右键,然后在弹出的快捷菜单中单击"新建"→"Mi-

crosoft PowerPoint 演示文稿"命令,将在桌面上生成一个相关文件,最后双击该文件图标。

(2)退出的常用方法

①单击 PowerPoint 窗口标题栏右上角的 ![X] ("关闭")按钮。

②单击功能区的"文件"标签下的"退出"命令。

③按键盘上的快捷键"Alt+F4"。

当用户退出时,若当前文件还没有保存,将弹出一个对话框,提示是否保存对其的更改。

2. PowerPoint 2010 的工作界面

当启动 Microsoft PowerPoint 2010 时,界面显示如图 5-1 所示的窗口。该窗口一般由标题栏、功能区、幻灯片窗格、幻灯片浏览/大纲窗格、视图切换按钮、状态栏等组成。

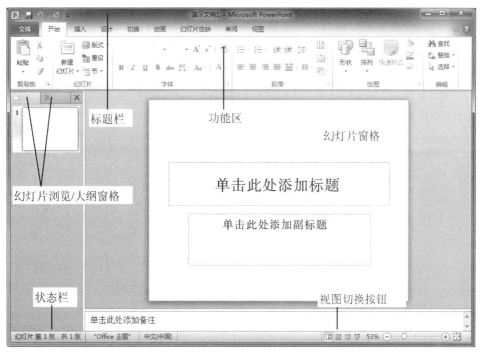

图 5-1　Microsoft PowerPoint 2010 窗口

①标题栏:标题栏的最左端是控制菜单图标,单击它将弹出下拉菜单,包括"还原""移动""大小""最小化""最大化""关闭"命令。控制菜单图标右边显示的是快速访问工具栏 ![ ] ("保存""撤消""恢复"和"自定义")按钮,旁边是当前文件名,例如"演示文稿1"。标题栏最右端有窗口的 ![ ] ("最小化""最大化/还原""关闭")按钮。

②功能区:PowerPoint 2010 功能区与 Excel 2010 类似,它以选项卡的方式对命令进行分组和显示。包括"开始""插入""设计""切换""动画""幻灯片放映""审阅"和"视图"选项卡,这些选项卡可引导用户开展各种工作,简化对应用程序中多种功能的使用,并会直接根据用户正在执行的任务来显示相关命令。

③幻灯片窗格:幻灯片窗格用来显示幻灯片的内容,包括文本、图片、图表、表格等,在该

窗口可编辑幻灯片的内容。

④幻灯片浏览/大纲窗格：幻灯片浏览/大纲窗格含有"幻灯片"和"大纲"两个选项卡。单击"幻灯片"选项卡可以显示所有幻灯片的缩略图，单击某张幻灯片的缩略图，则可将其放大显示在幻灯片窗格中。单击"大纲"选项卡可以显示所有幻灯片的标题和正文内容。

⑤视图切换按钮：视图切换按钮位于窗口底部右侧，提供了当前演示文稿不同的显示方式，可以在各种视图间进行切换。

⑥状态栏：状态栏位于窗口底部左侧，主要显示当前幻灯片的序号、总张数、幻灯片主题和输入法等信息。

3. PowerPoint 2010 的视图模式

PowerPoint 2010 中的视图是实现人机交互的工作环境，包括普通视图、幻灯片浏览视图、幻灯片放映视图、备注页视图。在如图 5-1 所示的区域中，单击相应的按钮，可在不同的视图间切换。

(1)普通视图

普通视图是进入 PowerPoint 2010 后的默认视图，界面如图 5-2 所示。它包含三个窗格：大纲窗格、幻灯片窗格和备注窗格。这些窗格使用户可以在同一位置使用演示文稿的各种视图。

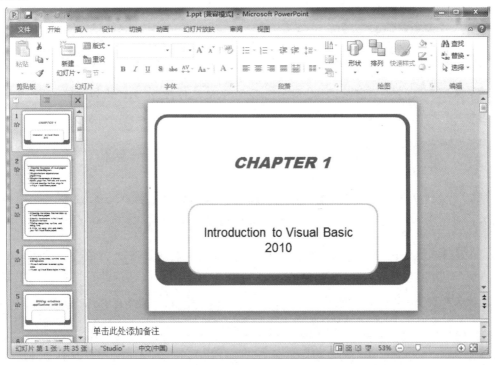

图 5-2　普通视图

大纲窗格可以看到各张幻灯片的主要内容，也可以直接在上面进行修改。使用大纲窗格可组织和开发演示文稿中的内容。可以输入演示文稿中的所有文本，然后重新排列项目符号、段落和幻灯片。

幻灯片窗格只能看到当前幻灯片的文本外观。可以在单张幻灯片中添加图形、影片和声音,并创建超级链接以及向其中添加动画。

备注窗格使用户可以添加与观众共享的演说者备注或信息。如果需要在备注中含有图形,必须向备注页视图中添加备注。

在它们之间的分隔线上进行拖动,可改变它们的大小。

(2)幻灯片浏览视图

幻灯片浏览视图的界面如图5-3所示。在这种视图中,可以在屏幕上同时看到演示文稿中的所有幻灯片,这些幻灯片是以缩略图的形式显示的。在这种视图下对幻灯片进行删除、复制、移动、添加操作非常方便。

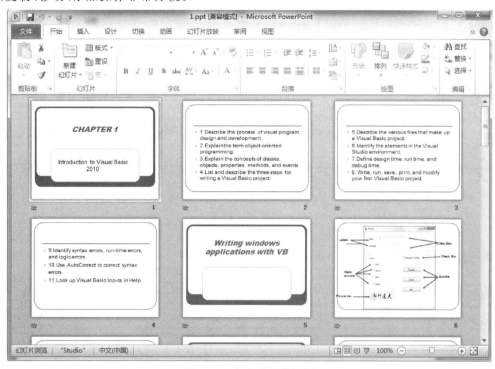

图5-3 幻灯片浏览视图

(3)阅读视图

阅读视图的界面如图5-4所示,用于向制作者演示文稿。如果制作者希望在一个设有简单控件以方便审阅的窗口中查看演示文稿,而不想使用全屏的幻灯片放映视图,可以在自己的计算机上使用阅读视图。

(4)幻灯片放映视图

幻灯片放映视图的界面如图5-5所示,此时幻灯片的内容占满整个屏幕。用户可设置幻灯片的切换方式并播放幻灯片。

(5)备注页视图

备注页视图可通过单击功能区的"视图"标签,在"演示文稿视图"选项组中选择"备注页"命令,界面如图5-6所示。可以移动幻灯片图像和备注框,还可改变它们的大小。在备

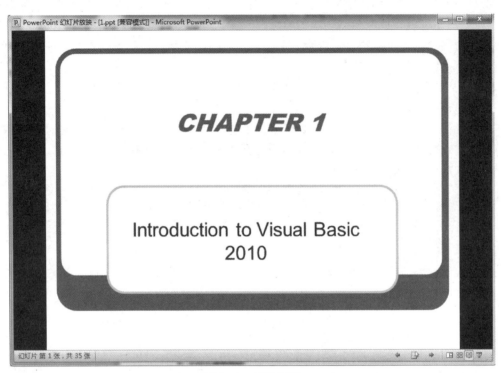

图 5-4　阅读视图

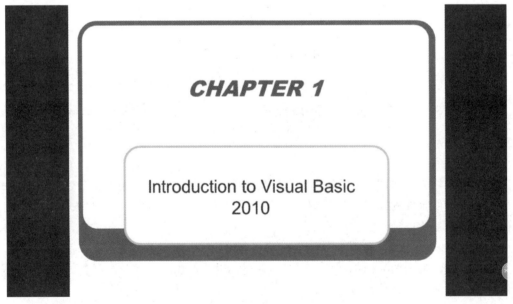

图 5-5　幻灯片放映视图

注框内可以为幻灯片添加注释。

模块五 演示文稿 PowerPoint 2010

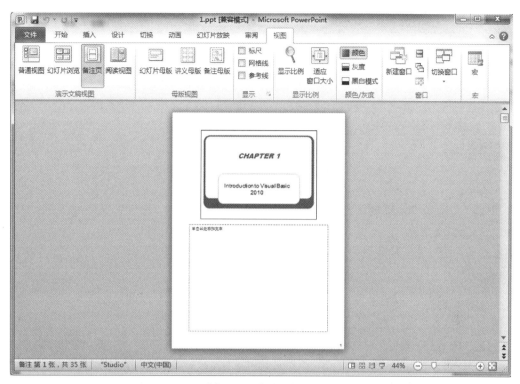

图 5-6 备注页视图

◎任务实施

请上机进行 PowerPoint 2010 的启动与退出；了解它的工作界面，并切换不同的视图模式。

任务二 演示文稿的创建

◎任务描述

演示文稿是一个由若干张幻灯片组成的文件，它的扩展名是 pptx。创建演示文稿就是新建一个 PowerPoint 文件，它是制作幻灯片文稿的第一步。

◎任务分析

启动 PowerPoint 程序后，进行文件的保存和关闭。要完成本次任务，需要进行以下操作。

建立样本模板之"宽屏演示文稿"，并命名为"案例分析"，最后保存在 E 盘根目录下。

◎知识链接

单击"文件"→"新建"命令，在窗口的右侧将弹出如图 5-7 所示的界面，根据需要进行选择，将建立一个演示文稿。下面介绍几种常用的新建方式。

1."空白演示文稿"

空白演示文稿中幻灯片的背景是空白的，可由用户来安排幻灯片的版式，操作的灵活性

图 5-7 新建演示文稿窗口

很大。这种类型是最常用的新建方式。

2."样本模板"

它可以快速建立演示文稿。PowerPoint 提供了几套框架,适合不同的用途。完成后会自动生成若干张幻灯片,之后可根据需要进行修改。

3. 主题

主题是事先设计好的一组演示文稿的样式框架,规定了演示文稿的外观样式,可以使整个演示文稿外观一致。

4."根据现有内容新建"

打开一个现有的演示文稿,再根据需要加以编辑。

演示文稿的打开、关闭、保存和另存为的常用方法与 Word、Excel 相同,这里不再介绍。

◎ 任务实施

①打开 PowerPoint 2010。

②单击"文件"→"新建"命令,在"可用的模板和主题"下选择"样本模板"。

③选择"宽屏演示文稿",再单击右侧的"创建"按钮。

④单击"文件"→"保存"命令,在弹出的对话框中选择保存位置为 E 盘,在"保存名称"框中输入"案例分析"。

任务三 幻灯片的基本操作

◎任务描述

创建完演示文稿后,幻灯片的张数和内容往往会根据需求发生变化。幻灯片的基本操作就是进行这些工作的基础。

◎任务分析

幻灯片的操作有新建、选择、移动、复制和删除,这些都是基本操作,大家需要掌握它们的常用方法。要完成本次任务,需要进行以下操作。

①将第 7 张幻灯片移到第 5 张幻灯片后。
②将第 2 张幻灯片复制到最后面。
③在最后插入一张幻灯片。
④删除第 5 张和第 8 张幻灯片。

◎知识链接

1. 新建幻灯片

单击功能区的"开始"标签,在"幻灯片"选项组中选择"新建幻灯片"下拉按钮,弹出如图 5-8 所示的界面,可以选择新幻灯片的版式。若单击"幻灯片"选项组中的 按钮,则可以新建一张默认版式的幻灯片。

在普通视图的幻灯片浏览/大纲窗格中或在幻灯片浏览视图下,右键单击某张幻灯片,在弹出的快捷菜单中选择"新建幻灯片",也可快速插入一张新幻灯片。

2. 选择幻灯片

①单张幻灯片:在普通视图的幻灯片浏览/大纲窗格中或在幻灯片浏览视图下,单击某张幻灯片,即可快速选择一张幻灯片。

②多张不连续幻灯片:在普通视图的幻灯片浏览/大纲窗格中或在幻灯片浏览视图下,按住 Ctrl 键,然后依次单击多张幻灯片。

③多张连续幻灯片:在普通视图的幻灯片浏览/大纲窗格中或在幻灯片浏览视图下,按住 Shift 键,然后依次单击第一张和最后一张幻灯片。

3. 移动幻灯片

首先选择需要移动的幻灯片,然后可通过下列方法之一进行操作。

图 5-8 "新建幻灯片"界面

①使用"Ctrl+X""Ctrl+V"快捷键,方法与在 Word、Excel 里介绍的一样。
②使用"开始"标签功能区剪贴板选项组中的"剪切"按钮、"粘贴"按钮,方法与在 Word、

Excel 里介绍的一样。

③使用快捷菜单里的"剪切""粘贴"命令,方法与在 Word、Excel 里介绍的一样。

4.复制幻灯片

首先选择需要复制的幻灯片,然后可通过下列方法之一进行操作。

①使用"Ctrl+C""Ctrl+V"快捷键,方法与在 Word、Excel 里介绍的一样。

②使用"开始"标签功能区剪贴板选项组中的"复制"按钮、"粘贴"按钮,方法与在 Word、Excel 里介绍的一样。

③使用快捷菜单里的"复制""粘贴"命令,方法与在 Word、Excel 里介绍的一样。

5.删除幻灯片

首先选择需要删除的幻灯片,然后可通过下列方法之一进行操作。

①单击键盘上的 Del 键,可快速删除幻灯片。

②在普通视图的幻灯片浏览/大纲窗格中或在幻灯片浏览视图下,在选中的幻灯片上单击右键,在弹出的快捷菜单中选择"删除幻灯片",也可快速删除幻灯片。

◎任务实施

①打开"案例分析"演示文稿。

②切换到幻灯片浏览视图,单击第 7 张幻灯片,周围出现框线,表示选取,单击功能区的"开始"标签的"剪贴板"组框中的"剪切"按钮。

③单击第 5 张幻灯片的右侧,使之出现一道竖线,按快捷键"Ctrl+V"。

④单击当前的第 2 张幻灯片,按住 Ctrl 键,将其拖动至最后一张幻灯片的右侧。

⑤单击最后一张幻灯片,单击功能区的"开始"标签的"幻灯片"选项组中的"新建幻灯片"按钮,将插入一张新幻灯片。

⑥按住 Ctrl 键,分别单击当前的第 5 张和第 8 张幻灯片,按 Del 键。

⑦单击快速访问工具栏中的"保存"图标。

⑧最后的操作界面如图 5-9 所示。

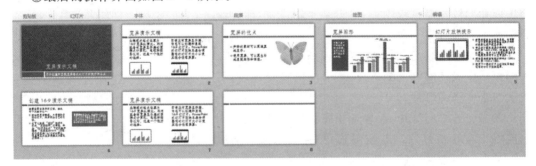

图 5-9 操作后的界面

任务四 演示文稿的编辑

◎任务描述

演示文稿中最基本的元素就是文本,演示文稿的编辑主要就是对它们进行格式化。有时为了丰富演示文稿的内容,增加可读性,还可插入各种对象。

◎任务分析

演示文稿的编辑有幻灯片中元素的格式化和各种对象的插入,大家要熟练掌握编辑它们的方法。要完成本次任务,需要进行以下操作。

①在第 1 张幻灯片中插入一个"填充白色投影"、内容为"SUN"的艺术字,并将其缩小移动至幻灯片的右上角。

②在第 3 张幻灯片中添加一个横排文本框,内容自定义。

③修改第 5 张幻灯片的项目符号,行距设置为"1.5 倍行距"。

④将第 6 张幻灯片中文本框的线条设置为"蓝色的实线",并插入一张图片。

⑤最后一张幻灯片中插入一个网格矩阵的 SmartArt 图形。

◎知识链接

1. 元素格式化

(1)设置字体格式

在如图 5-10 所示的"开始"功能区"字体"选项组中使用"字体""字号""字形""颜色"等按钮,可快速对幻灯片中的文字进行简单的格式设置。

在图 5-10 中单击右下角 按钮,可打开如图 图 5-10 "开始"功能区"字体"选项组
5-11所示的"字体"对话框,可进行"字体""字符间距"等详细设置。

图 5-11 "字体"对话框

②设置段落格式

在如图 5-12 所示的"开始"功能区"段落"选项组中使用"对齐""缩进量""编号""符号"等按钮,可快速对幻灯片中的段落进行简单的格式设置。

图 5-12 "开始"功能区"段落"选项组

在图 5-12 中单击右下角 按钮,可打开如图 5-13 所示的"段落"对话框,可进行段落

"行距""段前""段后"间距等详细设置。

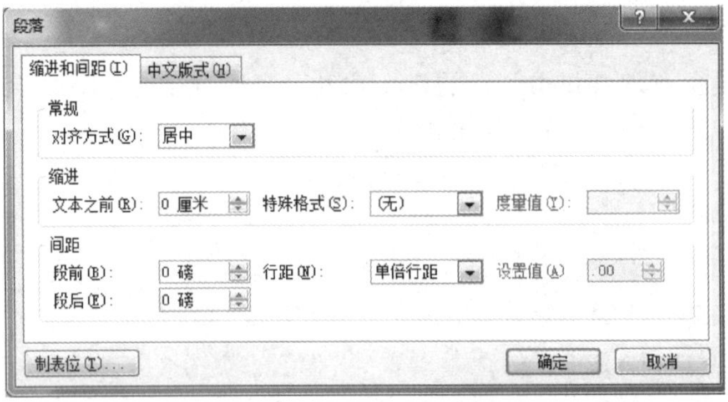

图5-13 "段落"对话框

③设置形状格式。在幻灯片里可添加各种对象,包括文本框、表格、图片等,我们可对它们进行格式的设置。在对象上单击右键,在弹出的快捷菜单中选择"设置形状格式"命令,将弹出如图5-14所示的对话框,可对其"填充""线条颜色""大小""位置""文本框"等项目进行设置。

图5-14 "设置形状格式"对话框

2. 对象的插入

(1)插入图片

单击功能区的"插入"标签,在"图像"选项组中选择"图片"或"剪贴画"。

①若选择"图片"命令,将弹出如图5-15所示的"插入图片"对话框。

②若选择"剪贴画"命令,在右侧将弹出如图5-16所示的"剪贴画"任务窗格。

(2)插入图形

单击功能区的"插入"标签,在"插图"选项组中选择"形状"下拉按钮,将弹出如图5-17

图 5-15 "插入图片"对话框

所示的"形状"界面进行选择。

图 5-16 "剪贴画"任务窗格

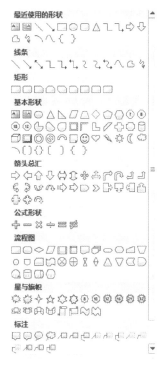

图 5-17 "形状"界面

(3)插入艺术字

单击功能区的"插入"标签,在"文本"选项组中选择"艺术字"下拉按钮,将弹出如图 5-18所示的"艺术字"界面进行选择。

对插入后的图片、形状、艺术字等对象还可进行适当调整。方法是选择要修改的对象，把鼠标移到相应的调整控制点上，用拖动的方法，将对象调整到合适的大小。

（4）插入表格

单击功能区的"插入"标签，在"表格"选项组中选择"表格"下拉按钮，将弹出如图 5-19 所示的"表格"界面进行选择。

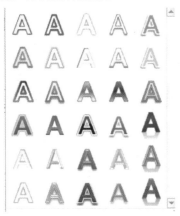

图 5-18　"艺术字"界面

图 5-19　"表格"界面

①选择"插入表格"命令，可通过对话框设置规则表格。

②选择"绘制表格"命令，可进行自由表格的绘制。

③选择"Excel 电子表格"命令，将插入一个 Excel 的表格。

（5）插入 SmartArt 图形

单击功能区的"插入"标签，在"插图"选项组中选择"SmartArt"，将弹出如图 5-20 所示的"选择 SmartArt 图形"对话框进行选择。

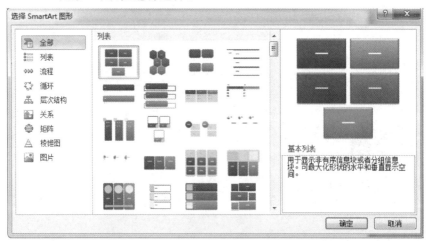

图 5-20　"选择 SmartArt 图形"对话框

（6）添加多媒体对象

①添加视频：单击功能区的"插入"标签，在"媒体"选项组中选择"视频"的下拉按钮，将弹出如图 5-21 所示的界面进行选择。

②添加音频：单击功能区的"插入"标签，在"媒体"选项组中选择"音频"的下拉按钮，将弹出如图 5-22 所示的界面进行选择。

图 5-21 "视频"界面　　图 5-22 "音频"界面

◎ 任务实施

①打开"案例分析"演示文稿，切换至普通视图。

②选择第 1 张幻灯片，单击功能区的"插入"标签，在"文本"选项组中选择"艺术字"下拉按钮，在"艺术字"界面选择一种样式并输入"SUN"。接着选中该艺术字，当其四周出现虚线框后，把鼠标移到相应的调整控制点上，当指针变成双向箭头时可进行缩放操作，当指针变成四向箭头时可进行移动操作。

③选择第 3 张幻灯片，单击功能区的"插入"标签，在"文本"选项组中选择"文本框"的下拉按钮，在弹出的如图 5-23 所示界面上选择横排文本框，再将鼠标移动到幻灯片区域进行绘制并输入相关内容。

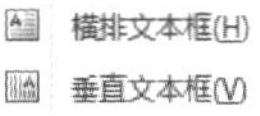

图 5-23 "文本框"界面

④在第 5 张幻灯片的项目符号区域任意处单击右键，在弹出的快捷菜单中选择"段落"命令，在"段落"对话框中，将"行距"组框中的内容设置为"1.5 倍行距"，单击"确定"按钮。选择该幻灯片中项目的全部内容，在选择区域上单击右键，在弹出的快捷菜单中选择"项目符号"命令，在弹出的子菜单中，另选一种项目符号即可。

⑤选择第 6 张幻灯片，在文本框上进行单击，使其出现虚线，在虚线上单击右键，在弹出的快捷菜单中选择"设置形状格式"，在"设置形状格式"对话框中，选择"线条颜色"标签，在右侧的区域，选择"实线"选项，"颜色"框中选择"蓝色"。

⑥单击功能区的"插入"标签，在"图像"选项组中选择"图片"，在弹出的"插入图片"对话框中选择所需的文件。

⑦选择最后一张幻灯片，单击功能区的"插入"标签，在"插图"选项组中选择"SmartArt"，将弹出"选择 SmartArt 图形"对话框，选择"矩阵"下的"网格矩阵"，单击"确定"按钮后在其中输入所需的内容即可。

⑧最后的操作界面如图 5-24 所示。

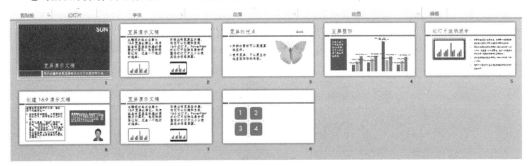

图 5-24 操作后的界面

项目二 设计"案例分析"演示文稿

美观的演示文稿能够吸引大家的注意,使项目宣传更加具有感染力,个人演讲更加深刻,公司广告更加有效。设计演示文稿可以从多个方面进行,比如版式与母版的设置、背景和主题的设计。本项目将分四个任务来设计"案例分析"演示文稿。

任务一 幻灯片版式的设置

◎任务描述

幻灯片版式指文本、图形、表格等在幻灯片中的位置和排列方式。它只对一张幻灯片起作用,因此,演示文稿中每张幻灯片的版式可以不相同。

◎任务分析

PowerPoint 提供了多种幻灯片版式,用户可以根据内容需要进行选择,完成幻灯片内容的布局。要完成本次任务,需要进行以下操作。

①继续使用项目一中的文件,修改"案例分析"演示文稿中第 1 张幻灯片的版式为"仅标题"。

②改变最后一张幻灯片的版式为"内容与标题"。

◎知识链接

一般情况下在创建演示文稿之初,就已为幻灯片选择了幻灯片版式,但之后还可以进行修改,单击功能区的"开始"标签,在"幻灯片"选项组中选择"版式"下拉按钮,弹出如图 5-25 所示的窗口,从中选择一种版式和效果应用于当前幻灯片。

图 5-25 设置版式窗口

◎任务实施

①打开"案例分析"演示文稿。

②切换到普通视图,选择第 1 张幻灯片,单击功能区的"开始"标签,在"幻灯片"选项组中选择"版式"下拉按钮,在弹出的版式库中选择"仅标题"版式。

③按照类似的方法,对第 8 张幻灯片进行版式的修改,更新为"内容与标题"。

④最后的操作界面如图 5-26 所示。

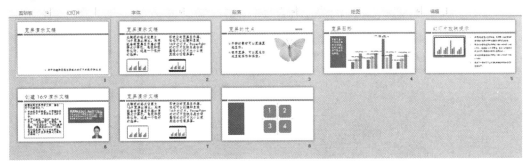

图 5-26 操作后的界面

任务二 幻灯片背景的设计

◎任务描述

幻灯片的背景是指其背景色或背景设计,通过幻灯片背景的设计能够为幻灯片设置绚丽的背景,达到丰富幻灯片视觉效果的目的。

◎任务分析

幻灯片背景的设计包括更改颜色、添加底纹、图案、纹理或图片。备注及讲义的背景也可进行修改。要完成本次任务,需要进行以下操作。

①将"案例分析"演示文稿之前的背景全部清除。

②将第 3 张幻灯片中项目文本的背景设置为"白色大理石"填充,对齐方式为"居中"。

③将第 5 张幻灯片中项目文本的背景设置为图案填充"窄横线"。

④将第 6 张幻灯片中项目文本的背景设置为"红色"填充,透明度"80%"。

◎知识链接

1. 幻灯片背景

单击功能区的"设计"标签,在"背景"选项组中选择"背景样式"下拉按钮,将弹出如图 5-27 所示的界面选择幻灯片的背景。在界面上选择"设置背景格式"或在幻灯片上单击右键,在弹出的快捷菜单中选择"设置背景格式"命令,都将弹出如图 5-28 所示的对话框,可对幻灯片的背景进行自定义设置。

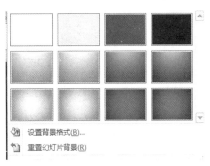

图 5-27 "背景样式"界面

图 5-28 "设置背景格式"对话框

2. 形状背景

在形状上单击右键,在弹出的快捷菜单中选择"设置形状格式"命令,将弹出如图 5-29 所示的对话框,可对形状的背景进行自定义设置。

图 5-29 "设置形状格式"对话框

◎ 任务实施

①打开"案例分析"演示文稿,切换至普通视图。

②在任意一张幻灯片上单击右键,在弹出的快捷菜单中选择"设置背景格式"命令,将弹出"设置背景格式"对话框。

③在"填充"选项卡的界面上勾选"隐藏背景图形",接着单击"全部应用",最后单击"关闭"按钮。

④在第 3 张幻灯片的项目文本区单击右键,在弹出的快捷菜单中选择"设置图片格式"命令,打开"设置图片格式"对话框,在"填充"选项卡的界面上选择"图片或纹理填充",接着将纹理设置为"白色大理石",对齐方式为"居中",如图 5-30 所示,然后单击"关闭"按钮。

图 5-30 "设置图片格式"对话框

⑤在第 5 张幻灯片的项目文本区单击右键,在弹出的快捷菜单中选择"设置形状格式"命令,打开"设置形状格式"对话框,在"填充"选项卡的界面上选择"图案填充",接着在下方的图案库中选择"窄横线",如图 5-31 所示,然后单击"关闭"按钮。

图 5-31 "设置形状格式"对话框

⑥在第 6 张幻灯片的项目文本区单击右键,在弹出的快捷菜单中选择"设置形状格式"命令,打开"设置形状格式"对话框,在"填充"选项卡的界面上选择"纯色填充",接着在下方的颜色库中选择"红色",透明度设置为"80%",如图 5-32 所示,最后单击"关闭"按钮。

图 5-32 "设置形状格式"对话框

⑦切换至幻灯片浏览视图,最后的操作界面如图 5-33 所示。

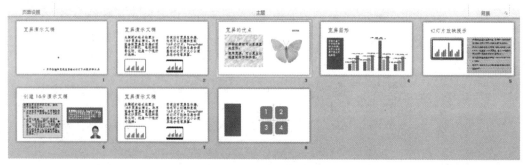

图 5-33 操作后的界面

任务三　幻灯片主题的设计

◎任务描述

使用 PowerPoint 2010 创建演示文稿的时候,可以通过使用主题功能来快速地美化和统一每一张幻灯片的风格。

◎任务分析

"设计"标签中的"主题"选项组提供了设计主题的工具。包括主题的选择以及颜色、字体和效果的修改。要完成本次任务,需要进行以下操作。

除第 1 张幻灯片的主题设置为"跋涉"外,其余所有张幻灯片的主题都设置为"暗香扑面"。

◎ 知识链接

单击功能区的"设计"标签,在"主题"选项组中单击右侧的下拉按钮,将弹出如图 5-34 所示的界面进行选择主题。将鼠标移动到某一个主题上,就可以实时预览到相应的效果;单击某一个主题,就可以将该主题快速应用到整个演示文稿当中。若在主题上单击右键,可进行所有、选定幻灯片的应用。

图 5-34 "主题"界面

如果对主题效果的某一部分元素不够满意,可以通过选择"主题"选项组中右侧的颜色、字体或者效果按钮进行修改。还可以将其保存下来,供以后使用。在主题界面上选择"保存当前主题"命令,在随即打开的"保存当前主题"对话框中进行设置并保存。

◎ 任务实施

① 打开"案例分析"演示文稿。

② 单击功能区的"设计"标签,在"主题"选项组的主题库中选择"暗香扑面"。

③ 选择第 1 张幻灯片,单击功能区的"设计"标签,在"主题"选项组的主题库中找到"跋涉",并在其上单击右键,选择"应用于选定幻灯片"。

④ 操作后的界面如图 5-35 所示。

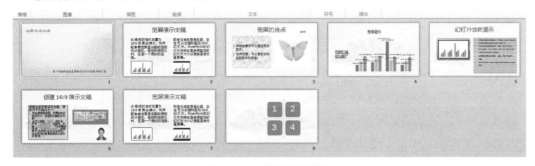

图 5-35 操作后的界面

任务四 幻灯片母版的设置

◎任务描述

幻灯片母版的作用是规范演示文稿中的幻灯片,帮助用户提高效率、统一主题,从而保证演示文稿的完整性和统一性。

◎任务分析

母版是 PowerPoint 中一种特殊的幻灯片,包括幻灯片母版、讲义母版和备注母版。要完成本次任务,需要进行以下操作。

为所有幻灯片添加页脚,内容均包含自动更新的日期和时间。

◎知识链接

幻灯片母版可以控制幻灯片上输入的标题和文本的格式与类型。如果需要修改多张幻灯片的外观,只需在幻灯片母版上做修改,PowerPoint 会对所有的幻灯片进行更新,并对以后新添加的幻灯片同样应用这些更改。如果要使个别幻灯片的外观与母版不同,直接修改该幻灯片即可。

讲义母版和备注母版只对讲义和备注的外观起作用。使用它们可对图片、包含日期和时间的页眉和页脚、页码等内容进行设置。讲义和备注母版的设置只能在打印讲义和备注时,才会出现。

单击功能区的"视图"标签,在"母版视图"选项组中可根据需要选择"幻灯片母版""讲义母版"和"备注母版"。

◎任务实施

①打开"案例分析"演示文稿。

②单击功能区的"插入"标签,在"文本"选项组中选择"页眉和页脚",将弹出如图 5-36 所示的对话框。

③在对话框中勾选"日期和时间"并选中"自动更新",最后单击"全部应用"。

图 5-36 "页眉和页脚"对话框

④操作后的界面如图 5-37 所示。

模块五 演示文稿 PowerPoint 2010

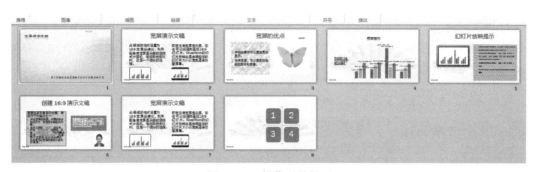

图 5-37 操作后的界面

项目三 放映"案例分析"演示文稿

制作和设计完演示文稿后,接下来就是放映演示文稿了。为了使演示文稿的放映符合要求,播放时效果更丰富,需要设置演示文稿的放映效果。本项目将分四个任务来放映"案例分析"演示文稿。

任务一 幻灯片的切换设置

◎任务描述

幻灯片的切换是指在演示文稿放映时幻灯片进入和离开时播放画面的整体效果。它可以使幻灯片的过渡衔接更加自然,提高播放时的演示度。

◎任务分析

幻灯片切换包括放映时幻灯片出现的效果方式、声音、换页方式、速度等。要完成本次任务,需要进行以下操作。

①继续使用项目二文件,将该演示文稿中每张幻灯片的放映时间设置为 15 秒。
②设置第 3 张幻灯片的切换效果为"自顶部的棋盘",声音设置为"风铃"类型。
③其余幻灯片的切换效果各不相同。

◎知识链接

1. 切换效果

PowerPoint 2010 内置了 3 大类型的幻灯片切换效果,包括细微型、华丽型和动态内容。单击功能区的"切换"标签,在"切换到此幻灯片"选项组中选择所需的切换效果,如图 5-38 所示。

图 5-38 "切换效果"窗口

2.切换属性

选择完切换效果后,可以为幻灯片设置切换属性。通过如图5-39所示的"计时"选项组按钮可设置切换声音、换片方式、持续时间等。

图5-39 "计时"选项组

◎任务实施

①打开"案例分析"演示文稿。

②选择任意一张幻灯片,单击功能区的"切换"标签,在"计时"选项组中的换片方式勾选"设置自动换片时间",并将其设置为"00:15.00",单击"全部应用"按钮。

③选择第3张幻灯片,在"切换到此幻灯片"选项组中选择华丽型下的"棋盘",接着在"效果选项"中选择"自顶部",并将"计时"选项组中的"声音"设置为"风铃"。

④用相同的方法设置其余幻灯片的切换效果。

任务二 幻灯片的动画设计

◎任务描述

幻灯片的动画设计就是为幻灯片上的各个对象(文本、声音、图片等)设置各种动画效果,达到突出重点、控制信息流程的目的并提高演示文稿的趣味性。

◎任务分析

幻灯片的动画设计除了包括对象的进入效果、强调效果、退出效果和动作路径外,还包括各个对象出现的顺序、持续时间和触发动作。要完成本次任务,需要进行以下操作。

①继续上一任务的操作,将第5张幻灯片标题进入的动画效果设置成"从幻灯片中心进行缩放"。

②项目内容的动画效果设置为"自右下部飞入"。

③最后按先项目内容后标题的顺序出现。

◎知识链接

单击功能区的"动画"标签,可在"幻灯片动画"窗口进行幻灯片动画的设置。其中"预览"选项组可对效果进行实时演示,"动画"选项组可选择动画效果和方向,"高级动画"选项组可添加同一张幻灯片的动画效果等,"计时"选项组可设置同一张幻灯片中不同对象的出现顺序、持续时间等,如图5-40所示。

图5-40 "幻灯片动画"窗口

◎任务实施

①打开"案例分析"演示文稿,切换至普通视图。

②选择第 5 张幻灯片的标题文本框,单击功能区的"动画"标签,在"动画"选项组中选择"缩放",接着在"效果选项"中选择"幻灯片中心"。

③接着选择该幻灯片中的内容文本框,单击功能区的"动画"标签,在"动画"选项组中选择"飞入",接着在"效果选项"中选择"自右下部"。

④单击"高级动画"选项组中的"动画窗格"按钮,在窗口右侧将出现如图 5-41 所示的界面。在下方使用排序按钮可进行放映时出现顺序的设置。

图 5-41 "动画窗格"界面

任务三 幻灯片的链接操作

◎任务描述

在演示文稿中添加超链接和动作按钮,可以增加放映时的交互效果,起到演示文稿放映过程中的导航作用。

◎任务分析

在放映幻灯片时,通过激活超链接或动作按钮,可跳转到想去的地方,如本文档中的位置、网页等。要完成本次任务,需要进行以下操作。

①继续上一任务的操作,为第 3 张幻灯片中项目内容的第一段创建一个指向第 4 张幻灯片的超链接。

②在第 7 张幻灯片中的标题上添加一个动作按钮,要求链接到第 1 张幻灯片。

◎知识链接

1. 超链接

可以为幻灯片中的任何对象(包括文本、形状、表格、图形和图片)创建超链接。单击功能区的"插入"标签,在"链接"选项组选择"超链接"命令,将弹出如图5-42所示的对话框进行参数的设置。

图5-42 "插入超链接"对话框

超链接是在幻灯片放映时而不是在创建时被激活的。激活它最好的方法是单击,代表超链接的文本会添加下划线,并且显示成配色方案指定的颜色。单击后跳转到相应的位置,颜色就会改变。因此可以通过颜色分辨该超链接是否被使用过。

2. 动作按钮

PowerPoint 2010带有一些制作好的动作按钮,可以将动作按钮插入到演示文稿并为之定义超链接。单击功能区的"插入"标签,在"链接"选项组选择"动作"命令,将弹出如图5-43所示的对话框进行参数的设置。

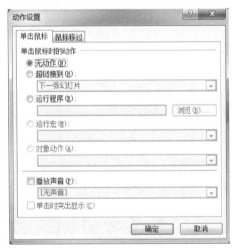

图5-43 "动作设置"对话框

动作按钮包括一些形状,可以使用这些常用的易理解符号转到下一张、上一张、第一张和最后一张幻灯片。PowerPoint 2010还有播放视频或声音的动作按钮。

◎任务实施

①打开"案例分析"演示文稿。

②选择第3张幻灯片中内容的第一行文本,单击功能区的"插入"标签,在"链接"选项组中选择"超链接",在弹出的"编辑超链接"对话框中选择"本文档中的位置"按钮,接着在右侧界面上的"请选择文档中的位置"设置为第4张幻灯片"宽屏图形",如图5-44所示,单击"确定"按钮。

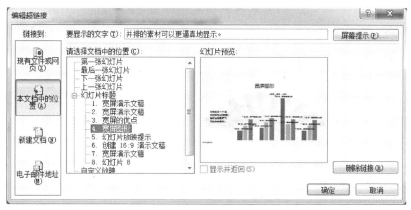

图5-44 "编辑超链接"参数设置

③选择第7张幻灯片中的标题文本,单击功能区的"插入"标签,在"链接"选项组中选择"动作",在弹出的"动作设置"对话框中选择"超链接到"选项,并设置为"第一张幻灯片",如图5-45所示,最后单击"确定"按钮。

图5-45 "动作设置"参数设置

任务四 幻灯片的放映

◎任务描述

制作完演示文稿后,接下来就是在观众面前展示了。之前的状态都是演示文稿的编辑界面,我们可以用放映的方式展示出来。

◎ 任务分析

PowerPoint 2010 提供了多种幻灯片放映方式,包括"从头开始""从当前幻灯片开始"等,还提供了"自定义幻灯片放映"和"排练计时"。要完成本次任务,需要进行以下操作。

继续上一任务的操作,创建"自定义放映1",放映时只包括演示文稿中的第2张、第4张、第6张幻灯片。

◎ 知识链接

单击功能区的"幻灯片放映"标签,可以在如图 5-46 所示的界面中进行幻灯片放映的设置。

图 5-46 "幻灯片放映"功能区

1. 设置放映方式

演示文稿创建后,使用者可根据不同的需要,在对话框中对放映的方式进行设置,并在放映时应用。在如图 5-46 所示的界面中选择"设置"选项组中的"设置幻灯片放映",将弹出如图 5-47 所示的对话框,可对放映类型、放映幻灯片范围、换片方式等进行设置。

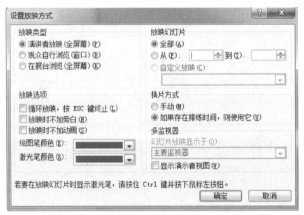

图 5-47 "设置放映方式"对话框

2. 放映幻灯片

(1) 人工放映

单击图 5-46 中的"从当前幻灯片开始"按钮或视图切换区域中的"幻灯片放映"按钮,将从当前幻灯片开始放映。单击图 5-46 中的"从头开始"按钮,将从"设置放映方式"对话框中设置范围的第一张幻灯片开始放映。

用户根据自己的需要,单击鼠标左键或者按 Page Down 键或者回车键都可以放映下一张幻灯片;也可单击鼠标右键,在弹出的快捷菜单上进行选择。

(2)自动放映

这种方式在放映时不需要手动操作,软件会自动在幻灯片中切换。可通过设置排练计时或幻灯片切换来实现。

单击图 5-46 中的"隐藏幻灯片"按钮,可对当前幻灯片进行隐藏,并没有删除它,只是放映时不会出现。

3. 排练计时

利用排练计时放映演示文稿中的幻灯片,可根据情况确定每张幻灯片放映的时间。

单击图 5-46 中的"排练计时"按钮,从第一张幻灯片开始放映,屏幕上弹出如图 5-48 所示的对话框。

图 5-48 "录制"对话框

单击该对话框中的 ("暂停")按钮,将停止计时。再次单击该按钮,恢复计时。

单击该对话框中的 ("下一项")按钮,预演第二张幻灯片。

单击该对话框中的 ("重复")按钮,可对该幻灯片重新计时。

放映幻灯片时,可以利用该功能观察每张幻灯片的放映时间。

4. 自定义放映

若只需要放映演示文稿中的若干张幻灯片,可以使用自定义放映并保存为相应的方案。单击功能区的"幻灯片放映"标签,在"在开始放映幻灯片"选项组中选择"自定义幻灯片放映"的下拉按钮,在弹出的菜单中选择"自定义放映",在弹出的如图 5-49 所示的对话框中进行设置。

图 5-49 "自定义放映"对话框

◎任务实施

①打开"案例分析"演示文稿。

②单击功能区的"幻灯片放映"标签,在"开始放映幻灯片"选项组中选择"自定义幻灯片放映"的下拉按钮,在弹出的菜单中选择"自定义放映",将弹出"定义自定义放映"对话框。

③单击对话框中的"新建"按钮,将演示文稿中的第 2 张、第 4 张、第 6 张幻灯片依次添加至右侧的窗口中,如图 5-50 所示。

④单击"确定"按钮后,可关闭也可按照当前设置开始放映。

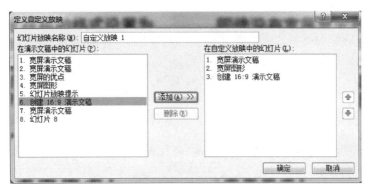

图 5-50 "定义自定义放映"对话框

项目四 输出"案例分析"演示文稿

当演示文稿制作完成后,最后就是输出演示文稿了。若要在没有安装 PowerPoint 2010 的电脑上演示,我们可以进行特殊的处理。本项目将分两个任务来输出"案例分析"演示文稿。

任务一 演示文稿的打包

◎任务描述

我们可能都遇到这样的情况,做好的演示文稿在别处播放时,因所使用的计算机上未安装 PowerPoint 软件或缺少幻灯片中使用的字体等一些原因,无法放映幻灯片或放映效果不佳。其实 PowerPoint 早已为我们准备好了一个播放器,只要把制作完成的演示文稿打包,使用时利用 PowerPoint 播放器来播放就可以了。演示文稿的打包就是帮助那些没有安装 PowerPoint 软件的电脑用户解决放映的问题。

◎任务分析

将演示文稿打包到文件夹或 CD 中,甚至可以把播放器和演示文稿一起打包,还可以将其转换成放映格式。要完成本次任务,需要进行以下操作。

继续项目三,把演示文稿保存为放映格式,命名为"放映",保存在"桌面"。

◎知识链接

1. 打包到 CD

①打开要压缩的演示文稿。

②单击功能区的"文件"标签下的"保存并发送"命令,在右侧的窗口中选择"将演示文稿打包成 CD"下的"打包成 CD"命令,将弹出如图 5-51 所示的对话框。

③根据需要进行设置即可。

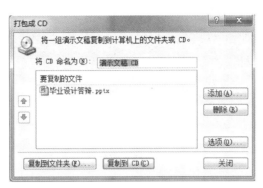

图 5-51 "打包成 CD"对话框

2.转换成放映格式

①打开要转换的演示文稿。

②单击功能区的"文件"标签下的"保存并发送"命令,在右侧的窗口中选择"更改文件类型"下的"PowerPoint 放映"命令。

③接着单击下方的"另存为"按钮。

④最后在"另存为"对话框中进行设置即可。

◎任务实施

①打开"案例分析"演示文稿。

②单击功能区的"文件"标签下的"保存并发送"命令,在右侧的窗口中选择"更改文件类型"下的"PowerPoint 放映"命令。

③接着单击下方的"另存为"按钮。

④最后在"另存为"对话框中将文件名设置为"放映",保存位置设置为"桌面"。

任务二　演示文稿的打印

◎任务描述

演示文稿和文档、工作簿一样可以进行打印。打印之前进行页面的设置并预览,可以避免不必要的浪费。

◎任务分析

我们可以通过"文件"标签下的"打印"命令,打开预览窗口。还可进行打印前的参数设置,包括打印机的属性、打印份数和页数等。要完成本次任务,需要进行以下操作。

①设置幻灯片大小规格高度为"20 厘米",宽度为"15 厘米"。

②幻灯片的起始编号为"6"。

◎知识链接

1.页面设置

在"页面设置"对话框中,我们可以设置打印时的幻灯片情况,如尺寸和方向等。

单击功能区的"设计"标签,在"页面设置"选项组中选择"页面设置"按钮,将弹出如图

5-52所示的对话框进行相应的设置。

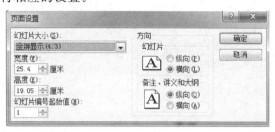

图 5-52 "页面设置"对话框

2. 预览及打印演示文稿

单击功能区的"文件"标签下的"打印"命令,将进入到如图 5-53 所示的窗口。在左侧可对"打印范围""打印内容""份数"等选项进行设置;在右侧可以预览演示文稿中的所有幻灯片。

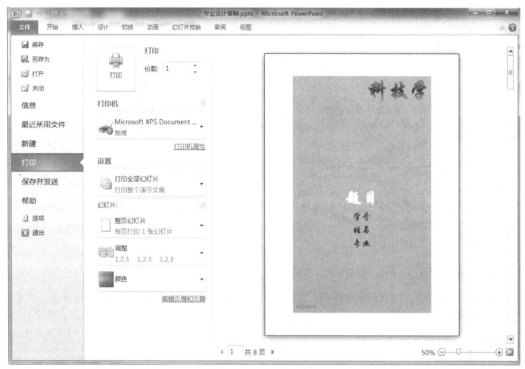

图 5-53 "预览及打印"窗口

◎任务实施

①打开"案例分析"演示文稿。

②单击功能区的"设计"标签,在"页面设置"选项组中选择"页面设置"按钮,在弹出的"页面设置"对话框中将"宽度"和"高度"设置为"15 厘米"和"20 厘米"。

③将"幻灯片编号起始值"设置为"6",然后单击"确定"按钮。

④操作后的界面如图 5-54 所示。

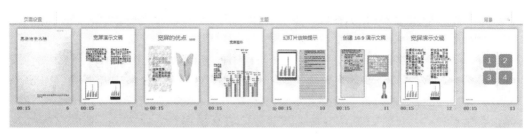

图 5-54 操作后的界面

模块小结

1. Microsoft PowerPoint 2010 是制作演示文稿的应用软件。演示文稿是一个由若干张幻灯片组成的文件,它的扩展名是 pptx。

2. 掌握演示文稿的新建、打开、关闭和保存等基本操作。在幻灯片浏览视图下对幻灯片进行复制、剪切、删除和插入操作非常方便。

3. 为了突出幻灯片中对象(文字、文本框等)的效果,可进行对象格式的设置。

4. 通过相应的幻灯片版式或使用相应的菜单命令,在幻灯片中插入图片、文本框、视频和声音、表格和图表等对象(占位符),可以达到丰富幻灯片内容的目的。

5. 幻灯片的外观可通过设置母版、更改配色方案、设计模板和版式的方法改变。

6. 为了丰富幻灯片在放映时的效果,可以为它设置切换方式、动画效果、超链接和动作按钮。

7. 在"页面设置"对话框可对幻灯片输出的一些参数进行设置。若想在未安装 Microsoft PowerPoint 的计算机上运行幻灯片放映,可以进行打包操作。

习 题

一、单选题(请选择 A、B、C、D 中的一个字母写到本题的括号中)

1. PowerPoint 2010 主窗口的右下方有四个显示方式切换按钮:"普通视图""阅读视图""幻灯片放映"和(   )。

　　A."全屏显示"　　　　　　　　　　B."主控文档"
　　C."幻灯片浏览"　　　　　　　　　D."文本视图"

2. 关于幻灯片母版,以下说法中错误的是(   )。

　　A. 可以通过鼠标操作在各类模板之间直接切换

B. 由于演示文稿中幻灯片版式的多样性,将出现多种不同类型的母版

C. 在母版中定义标题的格式后,在幻灯片中还可以修改

D. 在母版中插入图片对象后,在幻灯片中可以根据需要进行编辑

3. 对于知道如何建立新演示文稿内容但不知道如何使其美观的使用者来说,在 PowerPoint 2010 启动后应选择(　　)。

  A. 主题   B. 样本模板

  C. 空白演示文稿   D. 根据现有内容新建

4. PowerPoint 2010 演示文稿文件的扩展名是(　　)。

  A. doc   B. ppt

  C. pptx   D. xls

5. 在美化演示文稿版面时,以下不正确的说法是(　　)。

  A. 套用主题后将使整套演示文稿有统一的风格

  B. 可以对某张幻灯片的背景进行设置

  C. 可以对某张幻灯片修改配色方案

  D. 无论是套用主题、修改配色方案、设置背景,都只能使各张幻灯片风格统一

6. 如要终止幻灯片的放映,可直接按(　　)键。

  A. Alt＋F4   B. Esc

  C. Ctrl＋C   D. End

7. 以下功能区(　　)标签项是 PowerPoint 软件特有的。

  A. 视图   B. 开始

  C. 幻灯片放映   D. 审阅

8. 添加动画时,以下说法不正确的是(　　)。

  A. 各种对象均可设置动画   B. 动画设置后,先后顺序不可改变

  C. 同时还可配置声音   D. 可将对象设置成播放后隐藏

9. 对某张幻灯片进行了隐藏设置,则(　　)。

  A. 幻灯片窗格中,该张幻灯片被隐藏了

  B. 在普通视图中,该张幻灯片被隐藏了

  C. 在幻灯片浏览视图状态下,该张幻灯片被隐藏了

  D. 在幻灯片演示状态下,该张幻灯片被隐藏了

10. 在幻灯片的"动作设置"功能中不可通过(　　)来触发多媒体对象的演示。

  A. 单击鼠标   B. 移动鼠标

  C. 双击鼠标   D. 单击鼠标和移动鼠标

11. 幻灯片中使用了某种主题以后,如需进行调整,则(　　)说法是正确的。

  A. 确定了某种主题后就不能进行调整了

  B. 确定了某种主题后只能进行清除,而不能调整主题

  C. 只能调整为其他形式的主题,不能清除主题

  D. 既能调整为其他形式的主题,也能清除主题

12. 在幻灯片中设置母版,可以起到(　　)的作用。

A. 统一整套幻灯片的风格　　　　　　B. 统一标题内容

C. 统一图片内容　　　　　　　　　　D. 统一页码内容

13. 在"动画"设置中,(　　)是正确的。

A. 只能用鼠标来控制,不能用时间来控制

B. 只能用时间来控制,不能用鼠标来控制

C. 既能用鼠标来控制,也能用时间来控制

D. 鼠标和时间都不能控制

14. 当一张幻灯片里建立了超链接时,(　　)说法是错误的。

A. 可以链接到其他的幻灯片上　　　　B. 可以链接到本页幻灯片上

C. 可以链接到其他演示文稿上　　　　D. 不可以链接到其他演示文稿上

15. 在打印幻灯片时,(　　)说法是不正确的。

A. 被设置了演示时隐藏的幻灯片也能打印出来

B. 打印可将文档打印到磁盘

C. 打印时只能打印一份

D. 打印时可按讲义形式打印

16. 在幻灯片版式的链接功能中(　　)不能进行链接的设置。

A. 文本内容　　　　　　　　　　　　B. 图表对象

C. 图片对象　　　　　　　　　　　　D. 音频对象

17. 在PowerPoint 2010演示文稿中,将某张幻灯片版式更改为"垂直排列标题与文本",应选择的标签是(　　)。

A. 视图　　　　　　　　　　　　　　B. 插入

C. 开始　　　　　　　　　　　　　　D. 幻灯片放映

18. 在(　　)中,能进行幻灯片的移动和复制。

A. 阅读视图　　　　　　　　　　　　B. 幻灯片放映视图

C. 幻灯片浏览　　　　　　　　　　　D. 备注页视图

19. 幻灯片中占位符的作用是(　　)。

A. 表示文本长度　　　　　　　　　　B. 限制插入对象的数量

C. 表示图形的大小　　　　　　　　　D. 为文本、图形预留位置

20. 幻灯片上可以插入(　　)多媒体信息。

A. 音乐、图片、Word文档　　　　　　B. 声音和超链接

C. 声音和动画　　　　　　　　　　　D. 剪贴画、图片、声音和视频

21. 幻灯片的填充背景可以是(　　)。

A. 调色板列表中选择的颜色　　　　　B. 自己通过三原色调制的颜色

C. 磁盘上的图片　　　　　　　　　　D. 以上都可以

22. 在PowerPoint 2010中,"背景"设置中的"填充效果"所不能处理的效果是(　　)。

A. 图片　　　　　　　　　　　　　　B. 图案

C. 纹理　　　　　　　　　　　　　　D. 文本和线条

23. 在PowerPoint 2010中保存演示文稿时,若要保存为"PowerPoint放映"文件类型

时,其扩展名为(   )。

A. txtx   B. pptx
C. ppsx   D. basx

24. 在PowerPoint 2010中,下列有关选定幻灯片的说法错误的是(   )。

A. 在幻灯片浏览视图中单击,即可选定

B. 要选定多张不连续的幻灯片,在幻灯片浏览视图下按住Ctrl键并单击各幻灯片即可

C. 在幻灯片浏览视图中,若要选定所有幻灯片,应使用"Ctrl＋A"快捷键

D. 在幻灯片放映视图下,也可选定多个幻灯片

25. 如果要将幻灯片顺序方向改变为纵向,应使用的对话框是(   )。

A. "页面设置"   B. "打印"
C. "幻灯片版式"   D. "设计"

26. 在PowerPoint 2010中,对于已创建的多媒体演示文档,可以用(   )命令转移到其他未安装PowerPoint的机器上放映。

A. 打包   B. 设计
C. 复制   D. 幻灯片放映

27. 关于幻灯片切换,下列说法正确的是(   )。

A. 可设置进入效果   B. 可设置切换音效
C. 可用鼠标单击切换   D. 以上全对

28. 设置好的切换效果,可以应用于(   )。

A. 所有幻灯片   B. 一张幻灯片
C. A和B都对   D. A和B都不对

29. 关于PowerPoint 2010中的表格,下列说法错误的是(   )。

A. 可以向表格中插入新行和新列   B. 不能合并和拆分单元格
C. 可以改变列宽和行高   D. 可以给表格添加边框

30. PowerPoint 2010是制作演示文稿的应用软件,一旦演示文稿制作完毕,下列说法错误的是(   )。

A. 可以制成标准的幻灯片,在投影仪上显示出来

B. 不可以把它们打印出来

C. 可以在计算机上演示

D. 可以加上动画、声音等效果

二、判断题(请在正确的题后括号中打√,错误的题后括号中打×)

1. 在一个演示文稿中可以为不同的幻灯片应用不同的主题。(   )

2. 在幻灯片母版中设置了统一的背景格式后,还可以在普通视图下的幻灯片窗格进行编辑和修改。(   )

3. 在幻灯片演示时不能够更改幻灯片上的图形。(   )

4. 在PowerPoint 2010中编辑文本框、图形等对象时,可以通过他们的8个控制点来改变它们的高度和宽度。(   )

5. 修改母版将对演示文稿中所有的幻灯片带来影响。（   ）

6. 在 PowerPoint 2010 中，用"新建"命令可在文件中添加一张幻灯片。（   ）

7. 在 PowerPoint 2010 中，进行幻灯片的移动、复制、删除等操作在"幻灯片浏览"视图中最方便。（   ）

8. 幻灯片的版式是指文本、图形、表格等在幻灯片中的位置和排列方式。（   ）

9. Windows 7 系统中启动 PowerPoint 2010 的方法只有两种。（   ）

10. 要从一张幻灯片"溶解"到下一张幻灯片，应使用幻灯片切换命令。（   ）

11. 在 PowerPoint 2010 中，只能为一个元素设置一种动画效果。（   ）

12. 超链接只有在幻灯片放映状态下才能被激活。（   ）

13. 幻灯片的动画效果可以打印出来。（   ）

14. 单击功能区的"文件"标签下的"保存并发送"命令，可以进行打包操作。（   ）

15. 在 PowerPoint 2010 中有不只一种方法可以实现幻灯片的自动播放。（   ）

三、上机操作题

1. 创建一个 PPT 文件，幻灯片中的内容如图 5-55 所示，并按下列要求进行操作，最后以"上海老建筑介绍"为名保存在 C 盘下。

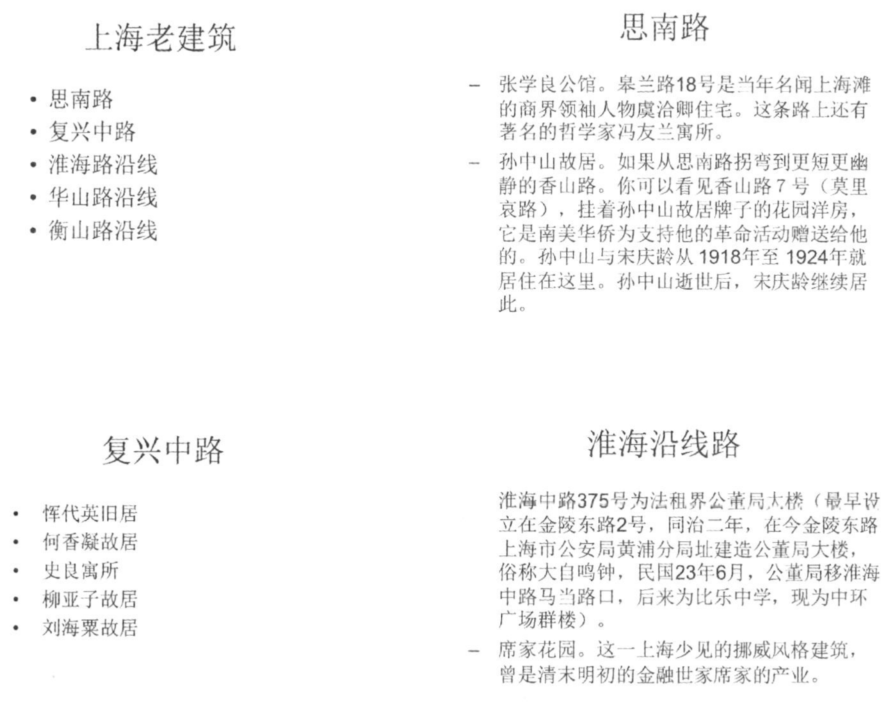

上海老建筑

- 思南路
- 复兴中路
- 淮海路沿线
- 华山路沿线
- 衡山路沿线

思南路

– 张学良公馆。皋兰路18号是当年名闻上海滩的商界领袖人物虞洽卿住宅。这条路上还有著名的哲学家冯友兰寓所。

– 孙中山故居。如果从思南路拐弯到更短更幽静的香山路。你可以看见香山路7号（莫里哀路），挂着孙中山故居牌子的花园洋房，它是南美华侨为支持他的革命活动赠送给他的。孙中山与宋庆龄从 1918 年至 1924 年就居住在这里。孙中山逝世后，宋庆龄继续居此。

复兴中路

- 恽代英旧居
- 何香凝故居
- 史良寓所
- 柳亚子故居
- 刘海粟故居

淮海沿线路

淮海中路375号为法租界公董局大楼（最早设立在金陵东路2号，同治二年，在今金陵东路上海市公安局黄浦分局址建造公董局大楼，俗称大白鸣钟，民国23年6月，公董局移淮海中路马当路口，后来为比乐中学，现为中环广场群楼）。

– 席家花园。这一上海少见的挪威风格建筑，曾是清末明初的金融世家席家的产业。

图 5-55 "上海老建筑介绍"演示文稿

①将所有幻灯片的背景填充效果设置为"粉色面巾纸"纹理，并且为所有幻灯片插入自

动更新日期及幻灯片编号。

②设置第1张幻灯片标题字体为"隶书"字号"60""倾斜""绿色"。

③为第2张幻灯片标题设置超链接到最后一张幻灯片。

④将第3张幻灯片设置切换效果为"2秒、形状为菱形",并取消项目符号。

⑤为第4张幻灯片标题设置自定义动画为"进入-自顶部擦除"。

2. 创建一个PPT文件,幻灯片中的内容如图5-56所示,并按下列要求进行操作,最后以"入职培训介绍"为名保存在C盘下。

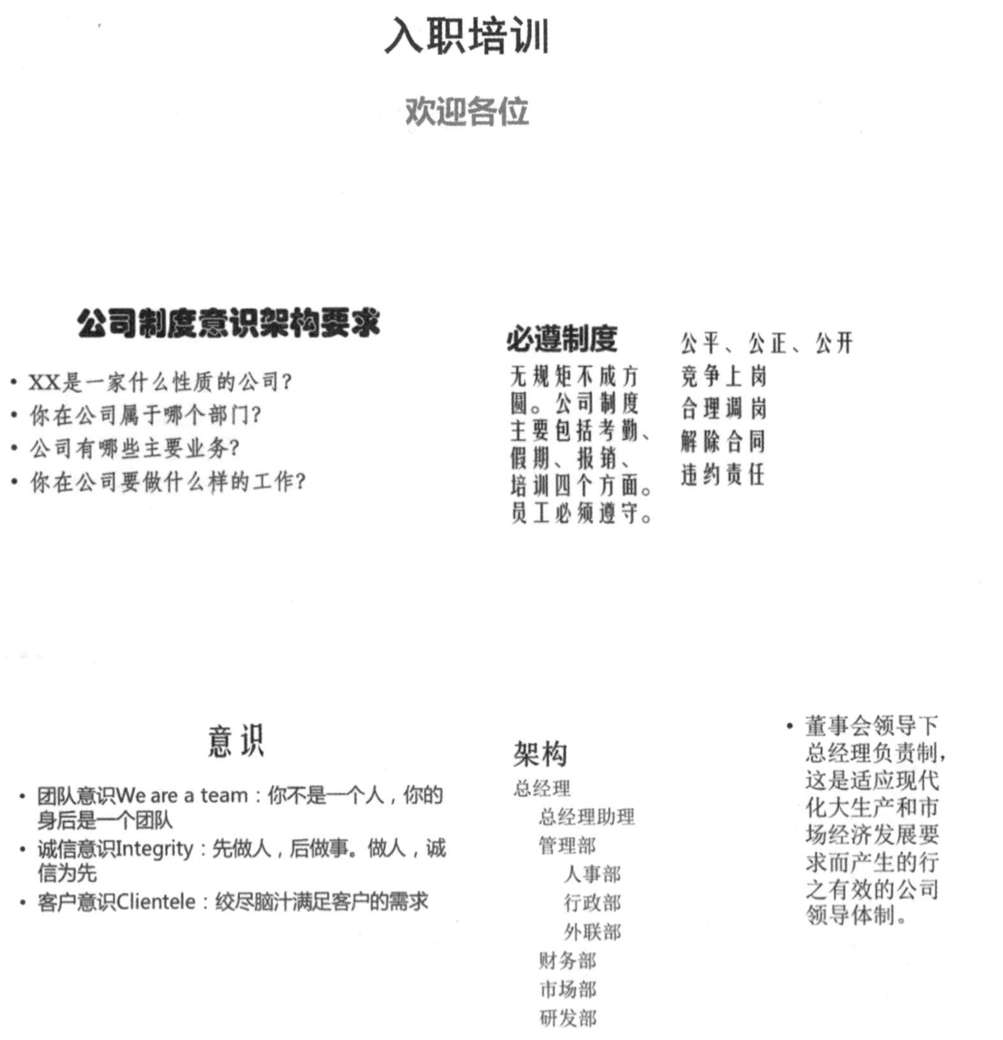

入职培训
欢迎各位

公司制度意识架构要求
- XX是一家什么性质的公司?
- 你在公司属于哪个部门?
- 公司有哪些主要业务?
- 你在公司要做什么样的工作?

必遵制度
无规矩不成方圆。公司制度主要包括考勤、假期、报销、培训四个方面。员工必须遵守。

公平、公正、公开
竞争上岗
合理调岗
解除合同
违约责任

意识
- 团队意识We are a team:你不是一个人,你的身后是一个团队
- 诚信意识Integrity:先做人,后做事。做人,诚信为先
- 客户意识Clientele:绞尽脑汁满足客户的需求

架构
总经理
 总经理助理
 管理部
  人事部
  行政部
  外联部
  财务部
  市场部
  研发部

- 董事会领导下总经理负责制,这是适应现代化大生产和市场经济发展要求而产生的行之有效的公司领导体制。

图5-56 "入职培训介绍"演示文稿

①将第1张幻灯片版式设为"节标题",并在第一张幻灯片中插入一幅人物剪贴画。

②为整个演示文稿指定一个恰当的设计主题。

③为第2张幻灯片中的文字"公司制度意识架构要求"加入超链接,链接到一个自选

Word 文件。

④在该演示文稿中创建一个演示方案,该演示方案包含第 1、3、4 页幻灯片,并将该演示方案命名为"放映方案 1"。

3.创建一个 PPT 文件,幻灯片中的内容如图 5－57 所示,并按下列要求进行操作,最后以"计算机发展"为名保存在 C 盘下。

计算机发展的历史已经证明分布式系统在许多方面优于独立主机系统,如在资源共享、高可用性及并行处理和计算机通信等方面。进入90年代以来,分布式计算环境和客户/服务器模式开始成为一种主流技术,客户/服务器模式为计算机技术提供了一个巨大的发展空间,使实现灵活高效、低成本的应用环境成为一种可能,而可重用组件正是实现这一可能的关键技术。根植于组件方法的WEB开发技术也正日益受到业界的重视。

从逻辑上来说,分布式应用程序至少由如下三层构成:表示逻辑层、业务逻辑层、数据逻辑层。
　表示逻辑层:它是应用中直接面向用户的部分,主要完成应用的前端界面处理,即人机界面处理。
　业务逻辑层:它实现应用的业务规划处理,决定程序的流程。
　数据逻辑层:它是应用中对数据进行管理的部分,主要完成应用对数据的存取、更新、管理等工作以及访问数据的安全性、完整性、一致性。
　软件体系结构经历了单层的主机/终端方式,两层的Client/Server方式,三层/多层的C/S结构。

在实际应用中,经常会遇到一个不可避免的事实:表示逻辑不完全独立于业务逻辑,也就是说业务规则的变化必然导致表示逻辑的变化,即在更新了业务服务器上的业务逻辑之后,还得修改客户端上的表示逻辑,以适应业务的变化。这样一来,维护性问题并没有从实际应用中得到解决。

MTS建立在COM技术的基础上,是一个运行于Windows　NT 环境下的事务处理系统,用于开发、配置和管理高性能、可分级的企业Internet 和 Intranet 服务器应用程序。它为开发分布式的、基于组件的应用程序提供了一个应用程序设计模型,它也为配置和管理这些应用程序提供了一个运行环境。 MTS对组件的管理是通过Transaction Server Explorer完成的。

图 5－57 "计算机发展"演示文稿

①把第 1 张幻灯片切换效果设为水平百叶窗,自动切换时间为 3 秒。
②设置第 2 张幻灯片中的文字动画效果为左下部飞入。
③为所有幻灯片设置显示幻灯片编号。
④设置所有幻灯片设计主题为波形,背景设置为样式 5。
⑤将第 4 张幻灯片复制到第 2 张幻灯片后。

模块六 多媒体应用

随着网络技术和 Internet 的发展,多媒体的功能得到了更好的发挥。本模块主要学习多媒体的基本概念、多媒体计算机的软硬件组成以及压缩软件、图像处理软件和多媒体播放软件的应用。

项目一 熟悉多媒体技术

多媒体是融合两种或多种媒体的一种人机交互信息交流和传播的工具,多媒体技术的出现使计算机能够以更加丰富的应用深入人们的生活、工作和学习的各个领域。

任务一 多媒体技术概述

◎任务描述

随着计算机的普及和网络技术的发展,多媒体技术得到了普遍的应用。那么什么是多媒体技术?目前多媒体技术主要应用在哪些方面呢?在学习多媒体技术应用之前,我们需要先了解多媒体的相关知识。

◎任务分析

在学习多媒体技术应用之前,需要了解多媒体的相关概念、多媒体技术的发展,多媒体信息的类型,掌握多媒体技术的应用领域和特点。

◎知识链接

1. 多媒体基本概念

(1)媒体与多媒体

媒体(Media)是指用于传播和表示各种信息的载体和手段。如收音机、电视机、报纸、杂志等都是媒体。在计算机领域中,媒体有两种含义:一是指存储信息的物理实体,如磁盘、磁带、光盘等;二是指信息的表现形式或载体,如文字、图形、图像、声音、动画和视频等。多媒体技术中的媒体通常指后者。

多媒体(Multimedia)是指文本、文字、声音、视频、图形和图像等这些可用来表达信息的载体。计算机处理的多媒体信息从时效上可分为两大类。一是静态媒体,包括文字、图形、图像。二是动态媒体:包括声音、动画、视频。通常情况下,多媒体并不仅仅指多媒体本身,而主要是指处理和应用它的一套技术。因此,多媒体实际上常被看作多媒体技术的同义词。

(2)多媒体技术

多媒体技术(Multimedia Technology)是指一种以计算机技术为核心,通过计算机设备的数字化采集、压缩/解压缩、编辑、存储等加工处理,将文本、文字、图形、图像、动画和视频等多种媒体信息,以单独或合成的形态表现出来的一体化技术。

显然,多媒体技术是一种基于计算机的综合技术,包括数字化信息的处理技术、音频和视频技术、计算机硬件和软件技术、人工智能和模式识别技术、通信和图像处理技术等,因而是一门跨学科的综合技术。

2. 多媒体技术的发展

随着计算机技术的迅速发展,多媒体技术也得到了迅速发展。纵观多媒体技术的发展历史,其主要经历了以下几个代表性的发展阶段。

1984年,美国Apple公司首先在其Macintosh计算机上引入了位映射概念,实现了对图像进行简单处理、存储和传输。Macintosh计算机使用窗口和图标作为用户界面,使人们感到耳目一新。

1985年,美国Commodore公司的Amiga计算机问世,并成为多媒体技术先驱产品之一。与此同时,计算机硬件技术有了较大的突破,激光只读存储器CD-ROM的出现解决了大容量存储的问题,为多媒体元素的存储和处理提供了理想的条件。1986年3月,飞利浦公司和索尼公司共同制定了CD-I交互式紧凑光盘系统标准,使多媒体信息的存储规范化和标准化。

1987年3月,RCA公司推出的交互式数字视频系统DVI以PC技术为基础,用标准光盘来存储和检索图像、声音及其他数据。同年,美国Apple公司开发出HyperCard(超级卡),该卡安装在苹果计算机里,使其具备了快速、稳定地处理多媒体信息的能力。

1990年,微软公司与飞利浦等10家计算机技术公司联台成立了多媒体个人计算机市场协会(Multimedia PC Marketing Council),其主要任务是对计算机的多媒体技术制定相应的标准和进行规范化管理。该协会制定的MPC标准对计算机增加多媒体功能所需的软硬件进行了规范,以推动多媒体市场的发展。

1990年10月,多媒体个人计算机市场协会提出了MPC 1.0标准。全球计算机业共同遵守该标准所规定的内容,促进了MPC的标准化,也使多媒体个人计算机成为一种新的流行趋势。

1992年,微软公司推出PC机上的窗口式操作系统Windows 3.1,它不仅综合了原有操作系统的多媒体扩展技术,还增加了多个具有多媒体功能的应用软件以及一系列支持多媒体技术的驱动程序,使得该操作系统成为一个真正的多媒体操作系统。

1993年5月,多媒体个人计算机市场协会提出了MPC 2.0标准。该标准根据硬件和软件的发展状况对MPC 1.0标准做了较大的调整和修改,尤其对声音、动画和视频的播放做出新的规定。同年8月,在美国洛杉矶召开了首届多媒体国际会议,到会专家就多媒体工具、媒体同步、超媒体、视频处理及应用、压缩与解码、通信协议等问题做了广泛讨论。

1995年6月,多媒体个人计算机市场协会提出了MPC 3.0标准。与以前标准不同的是,MPC 3.0标准制定了视频压缩技术MPEG的技术指标,使视频播放技术更加成熟和规范,并制定了采用全屏幕播放及使用软件进行视频数据解压缩等技术标准。

目前,多媒体技术的发展趋势是逐渐将计算机技术、通信技术和大众传播技术融合在一起,建立更广泛意义上的多媒体平台,实现更深层次的技术支持和应用。

3. 多媒体信息的类型

多媒体信息有多种类型,下面介绍几种最常见的类型。

①文本:文本(Text)是计算机中最基本的信息表示方式,包含字母、数字与各种专用符号。多媒体系统除了利用字处理软件实现文本输入、存储、编辑、格式化与输出等功能外,还可应用人工智能技术对文本进行识别、理解、翻译与发音等。文本的优点是存储空间小,但形式呆板,仅能利用视觉获取,靠人的思维进行理解。

②图形:图形(Graphical)一般是指通过绘图软件绘制的由直线、圆、圆弧、任意曲线等组成的画面。图形文件中存放的是描述生成图形的指令(图形的大小、形状及位置等),以矢量图形文件形式存储。例如计算机辅助设计(CAD)软件中常用矢量图来描述复杂的机械零件、房屋结构等。图形的优点是不失真缩放、占用计算机存储空间小,但它仅能表现对象结构,且表现直观对象的能力较弱。

③图像:图像(Image)是通过扫描仪、数码照相机、摄像机等输入设备捕捉的真实场景的画面,数字化后的文件以位图格式存储。图像可以用图像处理软件(如 Adobe PhotoShop)等进行编辑和处理。图像主要用于表现自然景色、人物等,能表现对象的颜色细节和质感,具有形象、直观和信息量大等优点。

④动画:动画(Animation)就是运动的图画,实质是由若干时间和内容连续的静态图像顺序播放形成的。计算机动画可通过 Flash、3dsMAX 等软件制作。这些软件目前已成功地用于网页制作、广告业和影视业、建筑效果图、游戏制作等领域,尤其是将动画用于电影特效,使电影动画技术与实拍画面相结合,真假难辨,效果逼真。

⑤声音和音乐:声音(Sound)包括人类说话的声音、动物鸣叫和自然界的各种声音;音乐(Music)是指有节奏、旋律或人声与乐器音响等配合所构成的一种艺术形式。在多媒体项目中,加入声音元素,可以给人多种感官刺激,不仅能欣赏到优美的音乐,还可以倾听详细、生动的解说,增强对文字、图像等媒体信息的理解。声音、音乐和视频的结合才使视频影像具有真实的效果。

⑥视频:视频(Video)是若干幅内容相互联系的图像连续播放形成的。视频图像是来自录像带、摄像机、影碟机等视频信号源的影像,是对自然景物的捕捉,数字化后的文件以视频文件格式存储。视频的处理技术包括视频信号导入、数字化、压缩和解压缩、视频和音频编辑、特效处理、输出到计算机磁盘、光盘等。计算机处理的视频信息必须是全数字化的信号,在发展过程中受到电视技术的影响。

⑦超文本与超媒体:超文本(Hyper Text)是指收集、存储和浏览离散信息,以及建立和表示信息之间关系的技术。从概念上讲,一般把已组成网(Web)的信息称为超文本,而把对其进行管理所使用的系统称为超文本系统。超文本具有非线性的网状结构,这种结构可以按人脑的联想思维方式把相关信息块联系在一起,通过信息块中的"热字""热区"等定义的链接来打开另一些相关的媒体信息,供用户浏览。超媒体是指多媒体+超文本,"超文本"和"超媒体"这两个概念一般不严格区分,通常可看做同义词。

◎任务实施

1. 多媒体技术的应用

目前,多媒体技术的应用已遍及人类生活的各个领域,尤其随着互联网的迅速兴起,进一步开阔了多媒体的应用领域,可以说多媒体技术的应用改变了人们工作、学习和生活的方式。归纳起来,多媒体的应用主要表现在以下几个方面。

①多媒体教育:与传统教学相比,多媒体教学不仅内容丰富多彩、扩大了信息量、提高了知识的趣味性,而且可通过各种计算机辅助教学软件(CAI 课件)的运用,来呈现教学目标、教学内容,记录学生的学习情况和控制学习进度等方面,以达到因材施教、以学生为中心取代教师为中心的目标。如 CAI 课件根据具体的教学目标和教学内容,可采用多种教学模式,例如课堂演示型、技能训练型、问题求解型、教学游戏型和模拟型等。

②电子出版物:电子出版物是多媒体技术最早的应用领域之一。与传统纸质出版物相比,电子出版物不仅能够储存图像、文字,还能够储存声音和动画,从而增加人们的阅读兴趣,提高阅读效率。电子出版物的另一个重要特点是具有交互性,即人们在使用电子出版物时可进行人机交流,这使人们在学习时有了一定程度的主动性,并产生一定的参与意识。电子出版物的问世是人类社会进入信息时代的重要标志之一。它将同信息高速公路一起,在很大程度上给人们的生活、工作和学习方式带来深刻影响。

目前作为电子出版物的载体一般使用光盘,它具有存储量大、使用收藏方便、数据不易丢失等优点。如一张容量为 650MB 的光盘,用来存储文本的信息,可容纳 600 余本每本约 50 万汉字的书。对于大容量的音频、视频文件,光盘更是首选的载体。

③商业服务:形象、生动的多媒体技术,特别有助于商业演示服务。例如在大型超市或百货大楼,顾客可以通过多媒体计算机的触摸屏浏览商品,了解其性能和价格等。

④虚拟现实:虚拟现实(Virtual Reality)是指通过综合应用计算机图像处理、模拟与仿真、传感、显示系统等技术和设备,以模拟仿真的方式,给用户提供一个真实反映操作对象变化与相互作用的三维图像环境,从而构成虚拟世界的一种技术。

⑤多媒体网络应用:Internet 的兴起与发展,在很大程度上对多媒体技术的进一步发展起到了促进作用。人们除了通过电子邮件、网络浏览器、文件传输等 Internet 服务传送文字、静态图片等媒体信息外,随着多媒体技术的发展,还可以通过多媒体网络应用收听、观看动态的音频、视频信息。多媒体网络应用主要体现在以下几个方面:一是互联网直播,网络直播是指将摄像机拍摄的实时视频信息传输到专门的视频直播服务器上,视频直播服务器对活动现场的过程进行视频信息的实时采集和压缩,同时通过网络传输到用户的计算机上,实现现场实况的同步收看,尤如电视台的现场直播一样;二是视频点播技术,这种技术最初应用于卡拉 OK 点歌,随着计算机技术的发展,视频点播技术逐渐应用于局域网及有线电视网中;三是远程教育,远程教育一般由两部分组成,即实时教学和交互教学,实际上相当于上述的互联网直播和视频点播,目前,在互联网上进行交互教学的技术多为多媒体,在远程教学过程中,要求将多媒体的信息从教师端传送到远程的学生端,这些信息可能是多元化的,包括视频、音频、文本、图片等,为了在网上实时、快速地传递这些信息,流媒体技术是最佳选择;四是视频会议系统,计算机多媒体视频会议系统综合了视频、音频、图像、图形和文字等

多种媒体信息的处理和传输,使异地与会者如同面对面坐在一起讨论,不仅可以借助多媒体形式充分交流信息、意见、思想与感情,还可以使用计算机提供的信息加工、存储、检索等功能。视频会议最常见的就是可视电话,只要有一台已接入互联网的计算机和一个摄像头,就可以与世界任何地点的网友进行音频、视频的通信。

综观多媒体技术的应用,多媒体技术把图像、声音和视频等处理技术以及三维动画技术集成到计算机中,同时在它们之间建立密切的逻辑关系,使计算机具有了图像、声音、视频和动画等多种可视听信息,更符合人们日常生活、工作、学习的交流习惯。因此多媒体技术的发展前景十分广阔,它将使我们人类的世界发生巨大的变化。

2. 多媒体技术的特点

多媒体技术是利用计算机技术把文本、图形、图像、声音等多种媒体集合成为一体,其主要特征包括信息媒体的交互性、集成性、多样性、数字化和实时性等,也是在多媒体研究中必须要解决的主要问题。

(1)交互性

交互性是指用户对计算机应用系统进行交互式操作,从而更加有效地控制和使用信息。从用户角度来看,交互性是多媒体的关键特性,它使用户可以更有效地控制和使用信息,增强对信息的观注和理解,延长信息的保留时间,使人们获取信息和使用信息的方式由被动变为主动。

例如在多媒体远程计算机辅助教学系统中,学习者可以人为地改变教学过程,研究感兴趣的问题,从而得到新的体会,激发学习者的主动性、自觉性和积极性。利用多媒体的交互性,激发学生的想象力,可以获得独特的学习效果。再比如传统的电视之所以不能成为多媒体系统的原因就在于不能和用户交流,用户只能被动地收看。

(2)集成性

多媒体的集成性包括两个方面:一方面是多媒体信息媒体的集成,信息媒体的集成又包括信息的多通道统一获取、统一存储、组织和合成等方面;另一方面是处理这些媒体的设备和系统的集成。设备集成是指显示和表现媒体设备的集成,计算机能和各种外设,如打印机、扫描仪、数码照相机、音箱等设备联合工作。系统的集成是指集成一体的多媒体操作系统,适合多媒体信息管理的系统软件、创作工具及各类应用软件等。因此多媒体的集成性主要是指以计算机为中心,综合处理多种信息媒体的特性。

(3)多样性

多媒体的多样性也可称为复合性,是指把计算机所能处理的信息媒体的种类或范围扩大,不局限于原来的数据、文本或单一的声音、图像等。众所周知,人类对于信息的接收和产生主要通过视觉、听觉、触觉、嗅觉和味觉,其中前三项占接收信息总量的95%以上。信息媒体的多样化相对于计算机以及与之相应的一系列设备而言,却远远没有达到人类的水平。它一般只能按照单一方式来加工处理信息,对人类接收的信息需经过变换之后才能使用。多媒体技术目前提供了多维信息空间下的视频和音频信息的获取和表示方法,使计算机中的信息表达方式不再局限于文字和数字,而广泛采用图像、图形、视频、音频等信息形式,使得人们的思维表达有了更充分、更自由的扩展空间,使得计算机变得更加人性化,人们能够从计算机世界里真切地感觉到信息的美妙。

(4) 数字化

多媒体的数字化是指各种媒体的信息都是以数字的形式进行存储和处理，而不是传统的模拟信号方式。数字化给多媒体带来的好处是数字化的信息不仅易于进行加密、压缩等数据处理，还可提高信息的安全与处理速度，而且抗干扰能力较强。

(5) 实时性

所谓实时就是在人的感官系统允许的情况下，进行多媒体交互，就好像面对面(Face to Face)一样，图像和声音都是连续的。多媒体技术是多种媒体集成的技术，在这些媒体中，有些媒体(如声音、图像等)是与时间密切相关的，这就决定了多媒体技术必须支持实时处理。

任务二　多媒体计算机系统的组成

◎任务描述

多媒体计算机指的是能处理多媒体信息的计算机，多媒体计算机系统和普通计算机系统一样由硬件系统和软件系统构成。那么一台功能完善的多媒体计算机应具备哪些硬件和软件呢？

◎任务分析

一套功能完善的多媒体计算机系统包括硬件系统和软件系统，硬件是指组成多媒体计算机的实体部件，软件包括系统软件和应用软件。通过本任务让我们一起来学习多媒体计算机系统的组成。

◎知识链接

1. 多媒体计算机

多媒体计算机(Multimedia Personal Computer，MPC)是指能够综合处理文字、图形、图像、动画、音频和视频等多媒体信息，并在它们之间建立逻辑关系，使之集成为一个交互系统的计算机。一般来说，多媒体计算机具有大容量的存储器，能带来图、文、声、像并茂的视听享受。现在的微型计算机一般都具有这种功能。

2. 多媒体计算机系统的标准

多媒体计算机系统是指能综合处理多种媒体信息，使多种媒体信息之间建立逻辑联系，并具有交互能力的计算机系统。一套功能完善的多媒体计算机系统应包括硬件系统和软件系统两大方面，通常应包括5个层次结构，如图6-1所示。

最底层为多媒体计算机主机、各种多媒体外设的控制接口和设备。

第二层为多媒体操作系统、设备驱动程序。该层软件除驱动、控制多媒体设备外，还要提供输入/输出控制界面程序。

第三层为多媒体应用程序接口(API)，功能是为上层提供软件接口，使程序开发人员能在高层通过软件调用系统功能，并能在应用程序中控制多媒体硬件设备。

第四层是多媒体编辑与创作系统。设计者可利用该层提供的接口和工具采集、制作多媒体数据。

第五层为多媒体应用系统的运行平台，即多媒体播放系统。该层直接面向用户，通常有

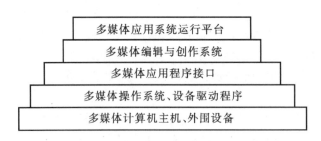

图6-1 多媒体计算机系统层次结构

较强的交互功能和良好的人机界面。

根据多媒体个人计算机市场协会制定的MPC 4.0标准,规定了多媒体计算机系统的最低要求,凡符合或超过这种规范的系统都可以使用"MPC"标识。如表6-1所示是MPC 4.0标准要求。

表6-1 MPC4.0平台标准

设备	基础配置	设备	基础配置
CPU	Pentium/133MHz～200MHz	CD-ROM	10～16倍速
内存容量	16MB	声卡	16位精度,44.1kHz/48kHz采样频率
硬盘容量	1.6GB	显示卡	24位/32位真彩色,VGA接口
软盘容量	1.44MB	操作系统	Windows 95以上、Windows NT

随着计算机技术的迅速发展,多媒体计算机的硬件标准也在不断地变化,从现在的计算机软、硬件性能来看,已远远超过MPC标准的规定。MPC标准已成为一种历史,但MPC标准的制订对多媒体技术的发展和普及起到了重要的推动作用。

目前电脑市场上出售的PC机大多数都是多媒体计算机,一般都配有CD-ROM驱动器、声卡、音箱等配件。而且其性能也远远超过了MPC 4.0标准。

◎任务实施

1. 多媒体计算机的硬件系统

多媒体系统是一个复杂的软、硬件结合的综合系统。多媒体系统把音频、视频等媒体与计算机系统集成在一起,组成一个有机的整体,并由计算机对各种媒体信息进行数字化处理。多媒体系统不是原系统的简单叠加,而是有其自身结构特点的系统。

根据多媒体计算机系统的层次结构,构成多媒体硬件系统除了需要较高性能的计算机主机硬件外,通常还需要音频、视频采集设备、光盘驱动器、各种媒体输入/输出设备等。例如摄像机、照像机、话筒、录像机、扫描仪、视频卡、声卡、压缩和解压缩专用卡、家用控制卡与触摸屏等。图6-2所示为具有基本功能的多媒体计算机硬件系统。

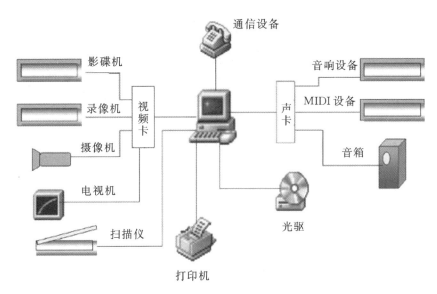

图 6-2 多媒体计算机硬件系统示意图

(1) 主机

多媒体计算机可以是中、大型机,也可以是工作站,然而目前更普遍的是多媒体个人计算机。为了提高计算机处理多媒体信息的能力,应该尽可能地采用多媒体信息处理芯片。目前具备多媒体信息处理功能的芯片可分为三类。第一类是采用超大规模集成电路实现的通用和专用数字信号处理芯片(Digital Signal Processor,DSP)。第二类是在现有的 CPU 芯片,增加多媒体数据处理指令和数据类型,例如 Pentium 4 处理器包括了 144 条多媒体及图形处理指令。第三类为媒体处理器(Media Processor),它以多媒体和通信功能为主,具有可编程能力,通过软件可增加新的功能。

(2) 多媒体接口卡

多媒体接口卡是多媒体系统获取、编辑音频或视频的设备,用以解决各种媒体数据的输入/输出问题。该卡可将计算机与各种外部设备相连,构成一个制作和播出多媒体系统的工作环境。常见的接口卡有声卡、视频信号捕捉卡、视频压缩卡、图形加速卡、视频播放卡与光盘接口卡等。

① 声卡:声卡又称音频卡,是处理音频信号的硬件,它是普通计算机向 MPC 升级的一种重要部件,目前已作为微型计算机的必备功能集成在主板上。声卡的主要功能包括录制与播放、编辑与合成处理、MIDI 接口输入及输出三个部分。

声卡除了具有上述功能之外,还可以通过语音合成技术使计算机朗读文本,采用语音识别功能,让用户通过语音操作计算机等。

② 视频采集卡:视频采集卡可以获取数字化视频信息,能将视频图像显示在大小不同的视频界面,提供多种特殊效果,例如冻结、淡出、旋转、镜像以及透明色处理。很多视频采集卡能在捕捉视频信息的同时获得音频,使音频部分和视频部分在数字化时能够同步保存、同步播放。有些视频采集卡还提供了硬件压缩功能。

目前 PC 视频采集卡通常采用 32 位 PCI 总线接口,采集卡至少需要具有一个复合视频

Video 接口,以便与模拟视频设备相连。高性能的采集卡一般具有复合视频 Video 接口和 S-Video 接口。与复合视频信号相比,S-Video 可以更好地重现色彩。

视频采集卡一般不具备电视天线接口和音频输入接口,不能用视频采集卡直接采集电视射频信号,也不能直接采集模拟视频中的伴音信号。要采集伴音,需要通过声卡获取数字化的伴音并把伴音与采集到的数字视频同步。当把采集卡插入到 PC 的主板扩展槽中并正确安装了驱动程序后,视频采集卡才能正常工作。

③图形加速卡:图形加速卡工作在 CPU 和显示器之间,控制计算机的图形输出。通常图形加速卡是以附加卡的形式安装在计算机主板的扩展槽中。

在早期的微型计算机中,显示器所显示的内容是由 CPU 直接提供的,标准的 EGA 或 VGA 显示卡只起到一种传递作用。对复杂图形或高质量的图形处理将占用更多的 CPU 时间,造成计算机性能的降低。理想的解决方法就是采用图形加速卡,让显示卡具备图形处理能力。图形加速卡拥有图形函数加速器和显存,专门用来执行图形加速任务,因此可以减少 CPU 处理图形的负担,从而提高了计算机的整体性能,多媒体功能也就更容易实现。现在的显示卡都集成有图形处理芯片组,称为图形加速卡。当前使用的图形处理芯片多为 64 位或 128 位。显卡上 BIOS 的功能与主板上的一样,都可以执行一些基本的函数,并在打开计算机时对显卡进行初始化设定。

④IEEE 1394 卡:标准的 IEEE 1394 接口可以同时传送数字视频信号以及数字音频信号。相对于模拟视频接口,IEEE 1394 技术在采集和回录过程中没有任何信号的损失。正是由于这个优势,IEEE 1394 卡更多地被人们当作视频采集卡来使用。现在的 IEEE 1394 卡多为 PCI 接口,只要插入计算机主板相应的 PCI 插槽上就可以提供视频采集功能。一般 IEEE 1394 卡使用操作系统自带的驱动程序即可,不需要另外安装驱动程序。

(3)信息获取设备

多媒体计算机必须配置必要的外部设备来完成多媒体信息的获取。常见的数字化图像获取设备有扫描仪、数码照相机等静态图像获取设备和数码摄像机等动态图像获取设备。下面主要介绍数码照相机和数码摄像机两种获取多媒体信息的常用设备。

①数码照相机:数码照相机是一种与计算机配套使用的外部设备,与普通照相机之间的最大区别在于数码照相机用存储器保存图像数据,而不是通过胶片来保存图像。

数码照相机的核心部件是电荷耦合器件(CCD)。使用数码照相机拍摄时,图像被分成红、绿、蓝三种光线投影在 CCD 上。CCD 把光线转换成电荷,其强度与被摄景物反射的光线强度有关。CCD 把这些电荷送到模数转换器,对光线数据编码,再存储到存储设备中。在软件的支持下,可在屏幕中显示照片。照片可用彩色喷墨打印机或彩色激光打印机输出。

数码照相机的性能指标可分成两部分:一部分指标是数码照相机特有的;另一部分与传统相机的指标类似,例如镜头形式、快门速度、光圈大小等。数码照相机特有的性能指标主要有以下两个方面,一是分辨率:这是数码照相机最重要的性能指标之一,分辨率越高,所拍图像的质量也就越高。二是颜色深度:它描述了数码照相机对色彩的分辨能力。目前几乎所有的数码照相机的颜色深度都达到了 24 位,可以生成真彩色的图像。

数码照相机输出接口一般为串行口、USB 接口或 IEEE 1394 接口。通过这些接口和电缆,就可以将数码照相机中的影像数据传输到计算机中保存或处理。若数码照相机提供

AV 接口,可在没有计算机的情况下直接在电视机上观看照片。数码照相机所拍摄到的照片以文件形式存储在相机内的存储卡中,因此将数码相机中的照片存储到计算机中,本质上就是将存储卡上的文件复制到计算机中。

②数码摄像机:数码摄像机具有拍摄效果好,电池容量大等特性。当前数码摄像机的 DV 带也可以支持长时间拍摄,拍、采、编、播自成一体,相应的软、硬件支持也十分成熟。目前数码摄像机普遍都带有存储卡,一机两用切换起来也很方便。由于数码摄像机使用的电荷耦合器件尺寸较小,所以拍摄照片的效果不如数码照相机。

数码摄像机通常有 S-Video、AV、DV In/Out 等接口。使用摄像机与计算机相连的 IEEE 1394 数据传输电缆线称为"iLink"或"Firewire"缆线。一端连接计算机上的 IEEE 1394 卡接口,另一端接在数码摄像机的 DV In/Out 接口,然后打开数码摄像机的电源并把数码摄像机调到 VCR 模式,操作系统就会自动识别数码摄像机设备。

2. 多媒体计算机的软件系统

多媒体计算机软件系统按功能可分为系统软件和应用软件。

(1)系统软件

系统软件是多媒体系统的核心,各种多媒体软件要运行于多媒体操作系统平台之上,故操作系统平台是软件的基础。多媒体计算机的主要系统软件有以下几种。

①多媒体驱动软件:它是最底层硬件的支撑环境,直接与计算机硬件相关,完成设备初始化、设备的打开和关闭、设备操作、基于硬件的压缩/解压缩、图像快速变换及功能调用等。通用驱动程序有视频子系统、音频子系统及视频、音频信号及其子系统。这种驱动软件一般由厂家随硬件提供。

②多媒体操作系统:支持多媒体的操作系统是多媒体软件的核心,它负责实现多媒体环境下多任务调度,保证音频、视频同步控制及信息处理的实时性,提供多媒体信息的各种基本操作和管理;具有较强的可扩展性。目前个人计算机上开发多媒体软件使用最多的操作系统是微软的 Windows 系统。

③多媒体数据处理软件:多媒体数据处理软件是指负责处理多媒体数据的软件。如声音的录制和编辑软件、图像扫描及预处理软件等,这类软件主要是多媒体数据采集软件,作为开发环境的工具,供开发者调用。

④多媒体创作工具:多媒体创作工具也称为多媒体编辑创作软件,是多媒体专业人员在多媒体操作系统之上开发的,供特定应用领域的专业人员组织编辑多媒体数据,并把它们连接成完整的多媒体文件的应用工具。

(2)应用软件

多媒体应用软件是在多媒体创作平台上设计开发的面向应用的软件系统。多媒体应用系统开发设计不仅需要利用计算机技术将文字、声音、图形、图像、动画及视频等有机地融合为图、文、声、形并茂的应用系统,而且要进行精心地编排和组织,使其变得更加人性化和自然化。例如多媒体数据库系统、多媒体教育软件等。

项目二　多媒体技术应用

随着多媒体计算机的不断发展,在多媒体制作上,对音频信息、图像信息、视频信息的要求也越来越高,人们千方百计使用各种软件处理多媒体信息及视频再制作。通过本项目让我们一起来学习有关图像、声音、视频和动画等多媒体技术的使用。

任务一　WinRAR 压缩软件应用

◎任务描述

随着计算机技术的飞速发展和多媒体技术的广泛应用,计算机中信息的存储量正在迅速增长,文件的体积也越来越大,这给人们存储信息和通过网络传输信息带来了极大的不便,而压缩软件可以帮助我们解决这个问题。压缩软件种类很多,WinRAR 是在 Windows 环境下的一款典型的压缩软件,那么怎样使用 WinRAR 来解决文件压缩的问题呢?

◎任务分析

理解图像相关概念后,要对图像进行压缩,则需要选择合适的压缩软件来进行处理。本任务主要介绍 WinRAR 压缩软件,与同类软件相比,它具有压缩效率高、操作方便、功能齐全等特点,也是目前较为流行的一种压缩软件。通过 WinRAR 可以使一些较大的文件经过压缩后容量大大减少,还可以将多个文件压缩成一个文件,缩小其容量。被压缩的文件在使用前还需要通过解压缩将其恢复成原来的大小。

◎知识链接

1. 图像压缩

图像压缩是指减少数字图像数据量。在实际的多媒体信息使用中,由于图像和视频本身的数据量非常大,给存储和传输带来了很多不便,所以图像压缩和视频压缩得到了非常广泛的应用。例如数码相机、可视电话、视频会议系统、数字监控系统等设备和系统,都使用到了图像或视频的压缩技术。

图像压缩是指以较少的容量有损或无损地表示原有像素矩阵的技术,也称为图像编码。从数学的观点来看,图像压缩实际上就是将二维像素阵列变换为一个在统计上无关联的数据集合。图像数据之所以能被压缩,就是因为数据中存在着冗余。图像数据的冗余主要表现为:图像中相邻像素间的相关性引起的空间冗余;图像序列中不同帧之间存在相关性引起的时间冗余;不同彩色平面或频谱带的相关性引起的频谱冗余。数据压缩的目的就是通过去除这些数据冗余来减少图像文件的容量。由于较大的图像数据量,在存储、传输、处理时都比较困难,因此图像数据的压缩就显得非常重要。信息时代带来了"信息爆炸",使数据量大增,因此,无论传输或存储都需要对数据进行有效地压缩。

2. 图像压缩基本方法

图像压缩可以分为有损压缩和无损压缩两种。

(1) 无损压缩

无损压缩是指图像数据中有许多重复的数据,使用数学方法来表示这些重复数据从而达到减少存储空间的目的。例如绘制的技术图、图表或者漫画应优先使用无损压缩。无损图像压缩方法有行程编码(RLE 编码)、哈夫曼编码(Huffman)、LZW(Lempel-Ziv-Weltch)编码。采用无损压缩,解压缩后的图像与压缩前的图像是完全相同的。

(2) 有损压缩

有损压缩的原理是人眼对所有图像细节和颜色并非都能分辨出来,超过人眼辨认极限的图像细微之处可以去掉,从而达到压缩的目的。有损方法非常适合于自然的图像,例如一些应用中图像的微小损失是可以接受的,这样就可以大幅度地减小像素。有损压缩常用方法有预测编码、变换编码、分频带编码、量化与向量量化编码。采用有损压缩,解压缩后的图像与压缩前的图像是有区别的,但这种差异是微不足道的。

◎任务实施

要使用 WinRAR 压缩软件,首先要进行安装。这里省略安装步骤,假设在你的计算机中已经安装好了 WinRAR,这里主要介绍 WinRAR 软件的三个主要功能。

1. 压缩文件或文件夹

使用 WinRAR 压缩软件压缩文件或文件夹的具体方法如下。

①选择要压缩的文件或文件夹,单击鼠标右键,出现如图 6-3 所示快捷菜单。

图 6-3 文件或文件夹压缩

②选定"添加到压缩文件",单击后会出现一个"压缩文件名和参数"对话框,在对话框中选定压缩文件格式,选中"RAR",如图 6-4 所示。

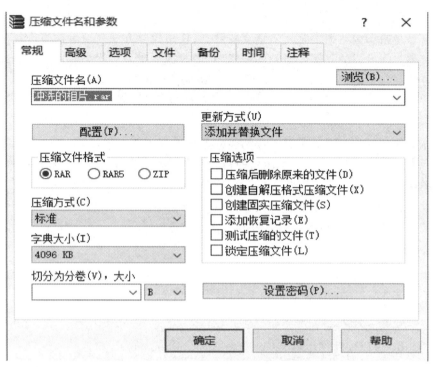

图 6-4 "压缩文件名和参数"对话框

③单击"确定"按钮,出现"正在创建压缩文件"对话框,如图 6-5 所示。压缩完毕后,就会在原文件夹目录下出现扩展名为"rar"的压缩文件,如图 6-6 所示。

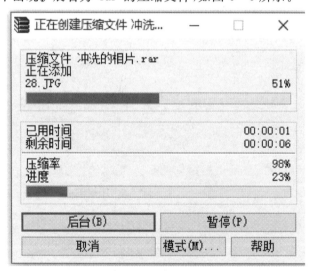

图 6-5 创建压缩文件

2. 解压缩文件或文件夹

使用 WinRAR 压缩软件解压缩文件或文件夹的方法如下。

①选择要解压缩的文件或文件夹,单击鼠标右键,出现如图 6-7 所示对话框。

图 6-6　创建的压缩文件

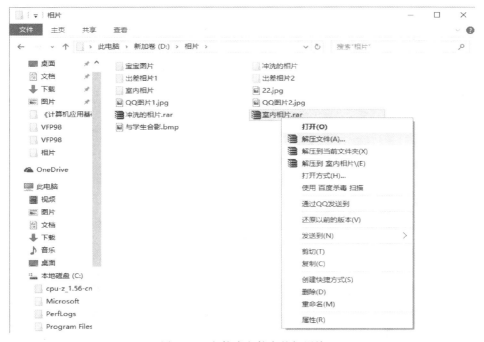

图 6-7　文件或文件夹的解压缩

②选择"解压文件",出现"解压路径和选项"对话框,如图 6-8 所示。在对话框中选好更新方式和解压缩文件的路径,例如将解压缩文件目标路径选在"D:\相片",单击"确定"按钮,经解压缩后就会在选定的目录下出现被解压缩的文件或文件夹。

3. 自解压缩文件或文件夹

有时要把压缩后的文件或文件夹拷贝到一台新的计算机上,如果这台新计算机没有安装压缩软件,那么就无法进行解压缩。WinRAR 能很好地解决这一问题。以下为具体操作方法。

①选择要压缩的文件或文件夹,单击鼠标右键,出现如图 6-9 所示对话框。

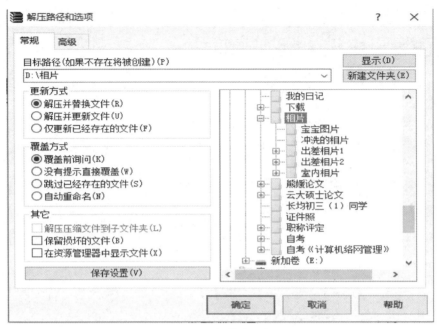

图 6-8　选择解压缩文件目录

图 6-9　创建自解压缩文件或文件夹

②选定"添加到压缩文件",单击后会出现一个"压缩文件名和参数"对话框,在对话框中选定压缩文件格式,选中"RAR",在"压缩选项"中选择"创建自解压格式压缩文件",如图 6-10 所示。

③单击"确定"按钮,在原文件目录中出现扩展名为 exe 的文件或文件夹,如图 6-11 所

图 6-10 创建自解压缩文件"无纸化二级 C 题库版"

示(无纸化二级 C 题库版.exe)。

图 6-11 自解压缩文件.exe 文件

④把完成的自解压缩文件或文件夹拷贝到新计算机中进行还原。还原的方法与解压缩文件或文件夹的方法完全相同,这里不再重复。

任务二　图像处理软件应用

◎任务描述

图像处理在多媒体技术应用中扮演着重要的角色,生活中我们也经常要用到一些图像处理软件。本任务将学习目前常用的两款图像处理软件:ACDSee 和 HyperSnap。

◎任务分析

ACDSee 是一款比较好用的看图软件,有具体浏览和管理图片等多种功能,HyperSnap 是一款功能强大的截图软件,本任务将具体学习这两款软件的基本功能和使用方法。

◎知识链接

1. 看图工具 ACDSee

ACDSee 是目前最流行的数字图片处理软件,它广泛地应用于获取、管理、浏览、优化甚至和他人分享图片。利用 ACDSee,可以从数码相机和扫描仪获取图片,并可以方便地查找、组织和预览,软件配有内置的音频播放器,可以用它播放带音频的幻灯片。ACDSee 还能处理如 MPEG 之类常用的视频文件。此外 ACDSee 还是一款图片编辑工具,能轻松处理数码影像,具有去除红眼、剪切图像、锐化、添加浮雕特效、曝光调整、旋转、镜像等功能,还能对图片进行批量处理。

2. 截图软件 HyperSnap

HyperSnap 是一款运行于 Microsoft Windows 平台下的截图软件。利用它我们可以很方便地将屏幕上的任何部分,包括活动用户区域、活动窗口、桌面等截取下来,还能截取游戏和视频图,并且还可以用新的去背景功能将截取后的图形去除不必要的背景。HyperSnap 可以储存并读取超过 20 种影像格式(包括 BMP、GIF、JPEG、TIFF、PCX 等)。可以用快捷键或自动记时器从屏幕上截图,功能还包括显示捕捉画面中的光标、切割工具、色盘和分辨率的设定,还能选择从扫描仪和数码相机设备中截图。

◎任务实施

1. 看图工具 ACDSee 的使用

以 ACDSee 9.0 中文版为例,介绍其主要功能和使用方法。

(1)看图软件 ACDSee 9.0 浏览界面

双击桌面上的 ACDSee 9.0 快捷图标,或单击"开始"→"所有应用"→"ACDSee 9.0",会弹出 ACDSee 9.0 的浏览界面,如图 6-12 所示。

图 6-12 ACDSee 9.0 的浏览界面

ACDSee 9.0 浏览界面包括标题栏、菜单栏、常用工具栏、工作区、任务栏等几部分。标题最左边是控制按钮,随后是该文件名及显示图片的文件夹名;菜单栏和常用工具栏是操作该界面的工具;工作区一般由文件树形结构目录、图片预览区、指定文件夹区三部分组成。界面的左上角是目录窗口,左下角是图片预览窗口,右边是文件列表窗口,该窗口上方的下拉文本框中显示的是用户所访问的路径。任务栏中会显示出图片名称、图片文件容量和图片尺寸等参数。

浏览窗口的主界面由视图菜单中的预览方式决定,用户可自行设置,如图 6-13 所示。

图 6-13 选择工作区域分布

(2) ACDSee 的主要功能

① 看图功能:启动 ACDSee 9.0 后,可以实现浏览图片的功能,具体操作如下。

首先单击"文件"→"打开",如图 6-14 所示,找到需要查看的文件,打开即可。也可以在左上目录窗口中,将路径切换到要显示的图片文件所在的路径。在右侧文件列表窗口中选中要显示的图片文件,程序便会自动在左下角预览窗口中显示该图片文件的内容。

其次,用鼠标双击图片文件图标,或单击右侧的"查看"按钮,或用光标移动键将光标移到需要显示的图片文件上,按回车键,程序会自动切换到图片显示窗口,并提供图片文件显示功能,如图 6-15 所示。可以单击"上一个""下一个"按钮等操作来查看前一张或后一张图片。

② 转换图形格式功能:ACDSee 提供了将所支持的图片文件在 BMP、JPG、PCX、TGA、TIFF 等格式之间转换的功能,具体操作方法如下。

首先,在程序的系统文件列表窗口中选择需要转换格式的目标文件,然后单击"工具"→"批量"→"转换文件格式",程序出现如图 6-16 所示的"批量转换文件格式"对话框。

其次,在对话框中选择要转换的输出格式,单击确定,程序会自动生成相应格式的同名文件。

图 6-14　利用"文件"菜单打开要浏览的图片文件夹

图 6-15　图像显示窗口

另外,如果转换生成的图片文件的格式是 JPG、TGA、TIFF、PNG、PSD,程序在对话框中还提供了一个"格式设置"按钮,其中提供了相关的转换设置:主要是指在转换时对像素进行压缩的设置,压缩程度越大,文件越小,一般使用程序的默认设置就可以。

以上介绍的是对某一个图片文件进行格式转换,ACDSee 9.0 还可以对多个图片文件进行批量转换格式,基本操作与单个图片文件格式转换相同,只是在打开"工具"→"批量"→"转换文件格式"之前,需要选中批量转换格式的所有图片文件。

③文件操作功能:ACDSee 9.0 提供了功能强大的文件管理功能,可以利用工具栏上的按钮或单击右键打开快捷菜单进行以下操作。

a. 文件的复制或移动。选定一个图片文件后,单击"编辑"→"复制到文件夹"或"移动到

模块六 多媒体应用

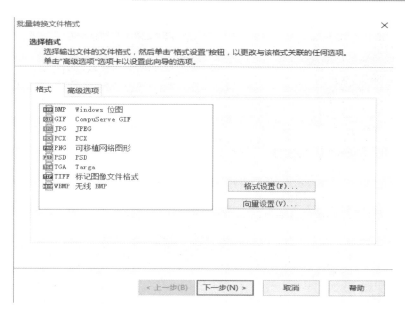

图 6-16 "批量转换文件格式"对话框

文件夹"命令(也可以通过选定一个图片后,打开快捷菜单,在弹出的快捷菜单中单击"复制到文件夹"或"移动到文件夹"),如图 6-17 所示。打开"复制到文件夹"。在"目标位置"对话框中输入目标路径,在"覆盖重复文件"中可选择"询问/重命名/替换/忽略",然后单击"确定"按钮即可。文件的移动与复制的操作一样的。如图 6-18 所示。

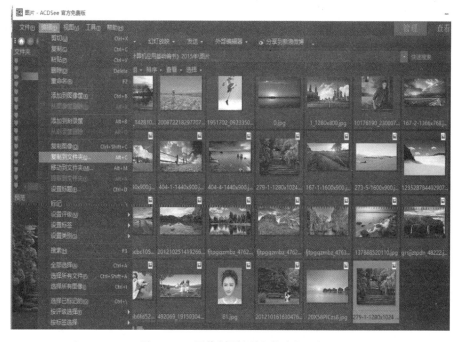

图 6-17 图像"复制到文件夹"工具

253

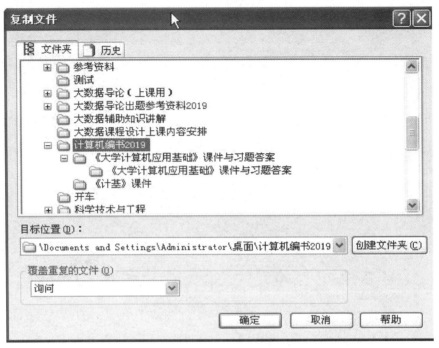

图 6-18　图像"复制到文件夹"窗口

　　b. 文件的删除。如果要删除图片文件,先选择要删除的图片文件,再单击 Del 键或单击"编辑"菜单栏中的"删除"按钮即可。

　　c. 修改文件名。如果要为图片文件换名,可先选择该文件,然后单击"重新命名"按钮,便可以修改文件名。

　　④文件编缉功能:ACDSee 9.0 功能强大,不仅可以浏览、组织、管理图像,还可以编辑图像,先选择要编辑的图片文件,然后单击右上角的"编辑"按钮,进入图像编辑界面,如图 6-19 所示,该界面由两大部组成,左侧是编辑菜单,菜单提供"选择范围/修复/添加/几何形状/曝光(光线)/颜色/细节"七大功能菜单操作,如需要对图像进行某一项编辑操作时,可以在左侧选择相应的功能菜单;右侧是待编辑的图像。

　　随着 ACDSee 版本的更新,它已经不是单纯的图片浏览软件,而是目前最流行的数字图像处理软件。本节仅介绍了 ACDSee 的常用功能,ACDSee 9.0 还有很多其他功能,例如播放幻灯片、图像篮子等功能,具体内容就不赘述了,大家自己去摸索一定会发现更多的乐趣。

　　2. 截图软件 HyperSnap

　　以 HyperSnap 7 为例,介绍一下其主要功能和使用方法。

　　(1)截图软件 HyperSnap 的主界面

　　在 Windows 下安装好 HyperSnap 7 后,单击"开始"→"所有应用"→"HyperSnap 7"图标或双击桌面上的快捷图标,将出现如图 6-20 所示的主界面。

　　HyperSnap 的主界面由标题栏、菜单栏、常用工具栏、工作区和说明栏五部分组成。HyperSnap 是一款截图功能强大的软件。单击"查看"菜单,在其下拉菜单中的"工具栏""状态栏""绘图工具栏"旁单击后,就会出现如图 6-20 所示主界面。也可以单击"查看"菜单下

图 6-19 图像编缉界面

图 6-20 截图软件 HyperSnap 主界面

的"自定义"选项来设置自己喜欢的主界面。

(2)截图软件 HyperSnap 的截图功能

图像的捕捉是我们学习的重点,方法是单击"捕捉"菜单,如图 6-21 所示。

选择要捕捉的图像,单击"捕捉"下拉菜单中的项目,就可得到符合自己需要的图像。下面介绍几种主要的捕捉方法。

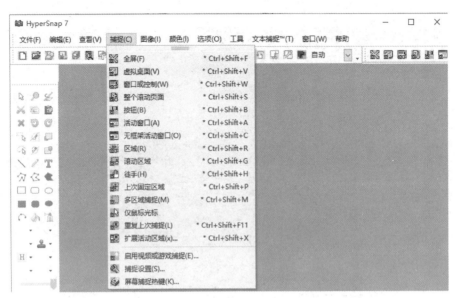

图 6-21 捕捉菜单

①全屏：所截的图是整个屏幕。如图 6-22 所示。

图 6-22 截取的全屏幕图

②窗口或控制：HyperSnap 将窗口划分为若干个区域，包括菜单栏、工具栏、工作区和整个窗口等，这些区域被称为"预定义区域"。这样就可以根据自己的需要截取窗口不同区域中的内容。当使用窗口方式截图时，HyperSnap 会在被截取区域的周围显示一个闪烁的黑色方框，通过拖动鼠标来选择要截取的区域，选定区域后，单击鼠标左键，完成截取。如图 6-23 所示。

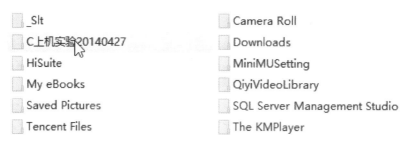

图 6-23　截取的一个窗口图

③按钮：截取的图像是一个按钮，如某一快捷工具按钮，这对写书或写文章很有帮助。

④活动窗口：选择该命令，直接截取整个当前活动窗口，使用非常方便。

⑤区域：使用这种方式可以截取屏幕上任意矩形范围内的图像。选择该命令时，鼠标指针将变成一个很大的"+"，单击左键，确定区域的起点，然后移动鼠标，使矩形范围覆盖需要截取的区域，再次单击左键，确定矩形范围的终点，这样起点和终点之间的矩形区域就是要截取的区域。如图 6-24 所示。

图 6-24　截取有 6 个图标的区域图

在具体操作时，有时 HyperSnap 会显示一个放大框，能较精确地来确定矩形的大小和位置。

⑥重复上次捕捉：选择该命令并不是一种新的截图方式，它只是简单地重复上一次的截取动作。当你需要连续截取某一变化的区域时，这项功能非常方便和实用。

HyperSnap 还可以自动连续截取正在播放的视频或游戏中的画面，具体操作方法如下：

①单击"捕捉"→"启用视频或游戏捕捉"，出现如图 6-25 所示的对话框。

②单击"捕捉"→"捕捉设置"，选择"捕捉"选项卡，出现如图 6-26 所示的对话框。在该对话框中选好参数和相关时间。

③选择"快速保存"选项卡，出现"快速保存"选项卡对话框，如图 6-27 所示。

在该对话框中，选择"自动将每次捕捉的图像保存到文件"，然后输入保存文件的盘符、文件夹和文件名，填入文件名开始的序号以及停止保存的序号（定义保存多少幅图），再填入

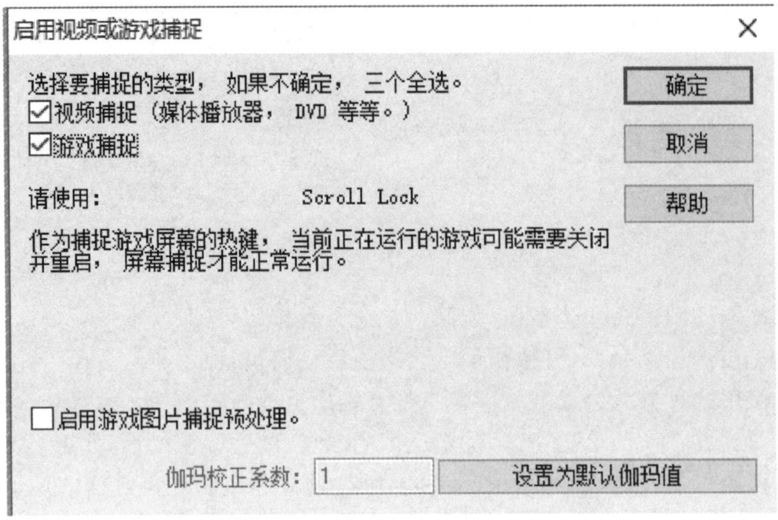

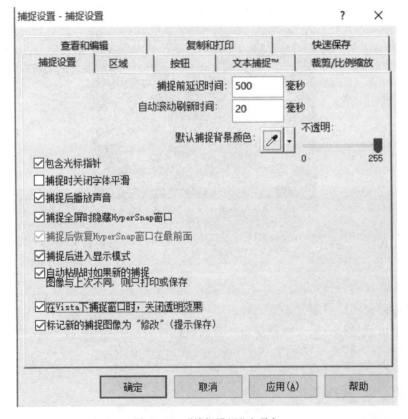

图 6-25 "启用视频或游戏捕捉"对话框

图 6-26 "捕捉设置"选项卡

图 6-27 "快速保存"选项卡对话框

捕捉一幅图的时间间隔,最后单击"确定"按钮,在播放的视频或游戏中可按要求截取图像。

(3)捕捉图像的保存

捕捉到的图像,需要保存,方法是单击"文件"→"另存为",会出现"另存为"对话框,如图 6-28 所示。在此对话框中,设置好参数,可以选择保存图像的质量。

图 6-28 "另存为"对话框

选择保存路径和文件名。"保存类型"用以选择图像格式,单击该框右边的下拉箭头,可以选择二十多种不同的图像保存格式,有些文件格式还含有子格式,可以在"子格式"选项中选取合适的子类型。

还有一些文件格式允许设定"质量因数"值,数值越高,画质越好,但同时文件占用的磁盘空间也越大。需要在二者之间选取一个比较好的平衡点。有些文件格式(如 GIF 格式)可选择其他参数:位/像素的倍数是用来确定图像的色彩深度。如果选中"选择最佳",则 HyperSnap 将自动选取一个合适的色彩方案;反之,可以自己选择色彩深度,如果所选择的像素值小于或等于 8,还可以选择:使用优化的调色板还是使用标准 Windows 的调色板。

任务三　多媒体播放软件应用

◎ 任务描述

在计算机领域中,多媒体被认为是一种传播、承载信息的资源,如音频、视频和网络等,它已被广泛地应用于个人计算机,使个人计算机变成了可以进行音乐欣赏、电影观摩、多媒体游戏、信息检索等多项活动的多功能系统。本任务将学习目前常用的几种多媒体播放软件。

◎ 任务分析

学会使用常用的多媒体播放软件,是学习多媒体技术的基础。掌握多媒体播放软件包括腾讯视频播放器、PP 视频播放器和酷我音乐播放器的基本功能与使用方法。

◎ 知识链接

1. 腾讯视频播放器

腾讯视频是腾讯公司 2011 年 4 月推出的一款在线视频平台,拥有流行内容和专业的媒体运营能力,是聚合热播影视、综艺娱乐、体育赛事、新闻资讯为一体的综合视频内容平台,并通过 PC 端、移动端及客厅产品等多种形态为用户提供流畅的高清视频娱乐体验。

2. PP 视频播放器

PP 视频是 PPLive 旗下的媒体平台,同时也是一款全球安装量较大的网络电视软件,支持对海量高清影视内容的"直播＋点播"功能。可在线观看电影、电视剧、动漫、综艺、新闻热点、游戏竞技、财经资讯等丰富的视频娱乐节目,并且平台上所有资源完全免费观看,是广受网友推崇的装机必备软件。

3. 酷我音乐播放器

酷我音乐是一款中国数字音乐的交互服务品牌,是互联网领域的数字音乐服务平台,同时也是一款内容全、聆听快和界面炫的音乐播放器。酷我音乐由前百度首席架构师雷鸣先生于 2005 年 8 月创立。酷我音乐的界面简洁大方,符合大多数用户的审美喜好。

◎ 任务实施

1. 腾讯视频播放器的使用

腾讯视频播放器原名 QQ 直播,其主界面如图 6-29 所示,是一款由腾讯公司开发的用于通过互联网进行大规模视频直播的软件。它采用了先进的 P2P 流媒体播放技术,可以确保在大量用户同时观看节目的情况下,节目播放依然流畅清晰;而且所有流媒体数据均存放在内存中,避免了频繁直接访问硬盘数据而导致的硬盘损坏。安装完成后,启动腾讯视频播放器,主界面如图 6-29 所示。腾讯视频播放器支持丰富内容的在线点播及电视直播服务,腾讯视频提供下载列表管理、视频音量调节、色彩画质调整、自动关机等实用的功能。

图 6-29　腾讯视频播放器的主界面

2. PP 视频播放器的使用

安装好 PP 视频播放器后,启动播放器,其主界面如图 6-30 所示。PP 视频是国内领先的综合视频门户网站平台,视频内容丰富多彩,包括电视剧、电影、动漫、综艺、体育、娱乐、游戏、旅游、财经、少儿等。播放视频时具有以下特点:清爽明了、简单易用;丰富的节目源,支持节目搜索功能;频道悬停显示当前节目截图及节目预告;自动检测系统连接数限制;对不同的网络类型和上网方式实行不同的连接策略,能更好地利用网络资源;能自动设置 Windows 的网络防火墙等。

3. 酷我音乐播放器的使用

安装好并启动酷我音乐 9.0 后,图 6-30 石成金所示为酷我音乐播放器的主界面。左侧菜单栏包括"推荐""电台""视频""直播""HiFi 发烧音乐"等。酷我音乐盒是一款全球最大的个性化音乐服务平台,拥有非常庞大的歌音库和 MV 库,几乎收集了全球所有的音乐和歌曲,为用户提供实时更新的海量曲库、完美的音画质量和一流的 MV 以及更丰富的歌词,酷我音乐盒可以提供最新最全的在线音乐,酷我音乐盒支持先进的 P2P 边下边听技术,也支持试听、下载服务,一点即播,而且非常流畅,让你真正体检到网络音乐的快感。

图 6-30　PP 视频播放器的主界面

图 6-31　酷我音乐播放器的主界面

模块小结

1. 媒体是指用于传播和表示各种信息的载体和手段。多媒体是指文本、文字、声音、视频、图形和图像等这些可用来表达信息的载体。计算机处理的多媒体信息分为动态媒体和静态媒体。多媒体技术是指一种以计算机技术为核心，经过计算机设备的数字化采集以及压缩/解压缩、编辑、存储等加工处理，将文本、文字、图形、图像、音频和视频等多种媒体信息，以单独或合成的形态表现出来的一体化技术。了解多媒体信息的类型及特点。

2. 多媒体计算机系统是指能综合处理多种媒体信息，使多种信息之间建立逻辑联系，并具有交互性的计算机系统。一套功能完善的多媒体计算机系统应包括硬件系统和软件系统两大方面。

3. 图像压缩是指减少数字图片的数据大小。掌握压缩软件 WinRAR 的使用方法，学会利用 WinRAR 对文件和文件夹进行压缩、解压缩和自解压缩的方法。

4. 掌握几种图像处理软件的功能和使用方法，重点掌握看图软件 ACDSee 和截图软件 HyperSnap，学会用 ACDSee 来浏览各种不同格式的图片文件，把不常用的图片格式转换成常用的图片格式；学会使用截图软件 HyperSnap 的捕捉菜单来截取静态图像中全屏幕、窗口、当前活动窗口、不带边框的活动窗口等图像，同时把截取的图像按需要的图片格式保存下来。

5. 掌握常用的几种多媒体播放软件，学会腾讯视频播放器、PP 视频播放器和酷我音乐播放器等视频和音频播放软件的基本功能与使用方法。掌握这些常用的多媒体播放软件对我们的工作、学习和娱乐都将带来极大的方便。

习 题

一、单选题（请选择 A、B、C、D 中的一个字母写到本题的括号中）

1. 下列配置中哪些是 MPC（多媒体计算机）必不可少的：①CD-ROM 驱动器；②高质量的音频卡；③高分辨率的图形、图像显示器；④高质量的视频采集卡。（　　）
　　A. ①　　　　　　　　　　　　　　　B. ①②
　　C. ①②③　　　　　　　　　　　　　D. 全部

2. 图像采集卡和扫描仪分别用于采集（　　）。
　　A. 动态图像和静态图像　　　　　　　B. 静态图像和动态图像
　　C. 静态图像和静态图像　　　　　　　D. 动态图像和动态图像

3. 使用多媒体创作工具的目的是（　　）：①简化多媒体创作过程；②比用多媒体程序设

计的功能、效果更强;③需要创作者懂得较多的多媒体程序设计;④降低对多媒体创作者的要求,创作者不再需要了解多媒体程序的各个细节。

  A. ②　　　　　　　　　　　　　　B. ①④
  C. ①②③　　　　　　　　　　　　D. 全部

4. 扫描仪可应用于(　　):①拍摄数字照片;②图像输入;③光学字符识别;④图像处理。

  A. ②④　　　　　　　　　　　　　B. ①②
  C. 全部　　　　　　　　　　　　　D. ①③

5. 具有多媒体功能的微型计算机系统中,常用的 CD-ROM 是(　　)。

  A. 半导体只读存储器　　　　　　　B. 只读型硬盘
  C. 只读型光盘　　　　　　　　　　D. 只读型大容量软盘

6. 适合做三维动画的软件是(　　)。

  A. 3ds MAX　　　　　　　　　　　B. AutoCAD
  C. Authorware　　　　　　　　　　D. PhotoShop

7. 下列(　　)是多媒体技术的发展方向。①简单化,便于操作;②高速化,缩短处理时间;③高分辨率,提高显示质量;④智能化,提高信息识别能力。

  A. 全部　　　　　　　　　　　　　B. ①②③
  C. ①③④　　　　　　　　　　　　D. ①②④

8. 关于文件的压缩,以下说法正确的是(　　)。

  A. 文本文件与图形图像都可以采用有损压缩
  B. 图形图像可以采用有损压缩,文本文件不可以
  C. 文本文件与图形图像都不可以采用有损压缩
  D. 文本文件可以采用有损压缩,图形图像不可以

9. 以下可用于多媒体作品集成的软件是(　　)。

  A. PowerPoint　　　　　　　　　　B. Windows Media Player
  C. ACDSee　　　　　　　　　　　　D. 我形我速

10. 要从一部电影视频中剪取一段,可用的软件是(　　)。

  A. Goldwave　　　　　　　　　　　B. Real Player
  C. 超级解霸　　　　　　　　　　　D. Authorware

11. 多媒体技术的主要特性有(　　):①多样性;②集成性;③交互性;④数字化。

  A. 全部　　　　　　　　　　　　　B. ①
  C. ①②③　　　　　　　　　　　　D. ①②

12. 请根据多媒体的特性判断以下(　　)属于多媒体的范畴。
①彩色画报;②彩色电视;③交互式视频游戏;④有声图书。

  A. 仅③　　　　　　　　　　　　　B. ③④
  C. ②③　　　　　　　　　　　　　D. ②③④

13. 以下文件类型中,(　　)是音频格式。

  A. WAV　　　　　　　　　　　　　B. GIF

C. BMP D. JPG

14. 多媒体数据具有( )的特点。
    A. 数据量大和数据类型多
    B. 数据量大、数据类型多、数据类型间区别小、输入和输出不复杂
    C. 数据量大、数据类型多、数据类型间区别大、输入和输出复杂
    D. 数据类型间区别大和数据类型少

15. 用于加工声音的软件是( )。
    A. Flash B. Premirer
    C. Cooledit D. Winamp

16. ACDSee 软件的功能是( )。
    A. 播放音乐 B. 播放视频
    C. 观看图片 D. 浏览网页

17. JPEG 代表的含义是( )。
    A. 一种视频格式 B. 一种图片格式
    C. 一种网络协议 D. 软件的名称

18. MP3 代表的含义是( )。
    A. 一种视频格式 B. 一种音频格式
    C. 一种网络协议 D. 软件的名称

19. 下面关于数字视频质量、数据量、压缩比关系的论述,哪个是不恰当的?( )。
    A. 数字视频质量越高,数据量越大
    B. 压缩比增大,解压后的数字视频质量开始下降
    C. 对同一文件,压缩比越大数据量越小
    D. 数据量与压缩比是一对矛盾

20. ( )是 Windows 的通用声音格式。
    A. WAV B. MP3
    C. BMP D. CAD

21. Windows 中使用录音机录制的声音文件的格式是( )。
    A. MIDI B. WAV
    C. MP3 D. MOD

22. 创作一个多媒体作品的第一步是( )。
    A. 需求分析 B. 修改调试
    C. 作品发布 D. 脚本编写

23. 在多媒体课件中,课件能够根据用户答题情况给予正确和错误的回复,突出显示了多媒体技术的( )。
    A. 多样性 B. 非线性
    C. 集成性 D. 交互性

24. 下列采集的波形声音,( )的质量最好。
    A. 单声道、8 位量化、22.05kHz 采样频率 B. 双声道、8 位量化、44.1kHz 采样频率

C. 单声道、16 位量化、22.05kHz 采样频率　　D. 双声道、16 位量化、44.1kHz 采样频率

25. 衡量数据压缩技术性能的重要指标是（　　）。
①压缩比；②算法复杂度；③恢复效果；④标准化。
A. ①③　　　　　　　　　　　　　　B. ①②③
C. ①③④　　　　　　　　　　　　　D. 全部

26. 某同学要制作一段关于社会实践活动的视频，他可以获得视频素材的途径是（　　）。
①用超级解霸截取别人制作的社会实践活动 VCD 光盘片段；
②从学校的网上资源素材库里下载相关的视频片段；
③利用数码相机拍摄图片，并通过视频编辑软件制做成视频片段；
④利用摄像机现场拍摄。
A. ①　　　　　　　　　　　　　　　B. ①②
C. ①②③　　　　　　　　　　　　　D. ①②③④

27. 缩小当前图像的画布大小后，图像分辨率会发生怎样的变化？（　　）。
A. 图像分辨率降低　　　　　　　　　B. 图像分辨率增高
C. 图像分辨率不变　　　　　　　　　D. 不能进行这样的更改

28. 视频加工可以完成以下哪些制作？（　　）。
①将两个视频片断连在一起；②为影片添加字幕；③为影片另配声音；④为场景中的人物重新设计动作。
A. ①②　　　　　　　　　　　　　　B. ①③④
C. ①②③　　　　　　　　　　　　　D. ①④

29. 下列关于媒体和多媒体技术描述中正确的是（　　）。
①媒体是表示和传播信息的载体；
②交互性是多媒体技术的关键特征；
③多媒体技术是以计算机为平台综合处理多种媒体信息的技术；
④多媒体技术要求各种媒体都必须数字化；
⑤多媒体计算机系统就是有声卡的计算机系统。
A. ①③④　　　　　　　　　　　　　B. ①②③④
C. ②③④⑤　　　　　　　　　　　　D. ①②③④⑤

二、判断题（请在正确的题后括号中打√，错误的题后括号中打×）

1. 计算机只能加工数字信息，因此，所有的多媒体信息都必须转换成数字信息，再由计算机处理。（　　）
2. BMP 格式的图片转换为 JPG 格式，文件大小基本不变。（　　）
3. 能播放音频的软件都是音频加工软件。（　　）
4. 对图片文件采用有损压缩，可以将文件压缩得更小，减少存储空间。（　　）
5. 对于多媒体通信要解决两个关键技术：多媒体数据压缩和高速数据通信。（　　）
6. JPEG 标准适合于静止图像，MPEG 标准适用于动态图像。（　　）
7. 在设计多媒体作品的界面时，要尽可能多用颜色，使界面更美观。（　　）

8.多媒体计算机系统就是有声卡的计算机系统。（　　）

9.多媒体数据压缩和解压技术是多媒体计算机系统的关键技术。（　　）

10.在多媒体系统中,音频信号可分为模拟信号和数字信号两类。（　　）

11.声卡的分类主要是根据采样的压缩比来分,压缩比越大,音质越好。（　　）

12.数字图像是对图像函数进行模拟到数字的转换和对图像函数进行连续的数字编码相结合的产物。（　　）

13.人们常采用硬件和软件方法来设计计算机视频信号获取器。（　　）

14.多媒体计算机可分为两大类：一类是家电制造厂商研制的电视计算机；另一类是计算机制造厂商研制的计算机电视。（　　）

三、上机操作题

1.选择多个文件和一个（或多个）文件夹,对它们进行压缩和解压缩操作,并制做一个自解压缩文件。

2.利用 HyperSnap 软件在计算机上分别截取全屏幕、窗口或控件、按钮、活动窗口和选定区域的图片。选择其中的一幅图片,分别另存为 BMP、GIF、TIF、PSD、JPG 格式的图片文件,试比较这些文件存储容量的大小,用眼睛观察,能否判断出这些图片文件质量的高低？

3.利用 ACDSee 的"屏幕截图"功能,截取一张桌面的图片,保存到以"学号"命名的文件夹下,图片格式设置为"BMP 位图",文件名为"桌面截图.BMP"。将"学号"文件夹下所有的 BMP 格式图片,批量转换成 JPG 格式,图像格式设为"质量最佳",调整后的图片以原文件名保存在"学号"文件夹,并删除所有原始图片。

4.连接上 Internet,下载并安装腾讯视频播放器、PP 视频播放器和酷我音乐播放器软件,学会播放相应的视频或音乐文件。

模块七　计算机网络基础与 Internet 应用

随着计算机技术与通信技术的发展，20 世纪 60 年代计算机网络应运而生，计算机网络不仅深刻地影响着人们的生活与工作方式，而且深刻地改变了人们的学习、交流以及思维方式。以 Internet 为代表的计算机互联网已经逐步渗透到经济、文化、科研、教育等社会生活的各个领域，发挥着越来越重要的作用。本模块主要介绍计算机网络的基础知识、局域网技术、Internet 技术以及应用等知识。

项目一　运用网络基础知识解决日常问题

当今社会已经进入信息时代，信息存储离不开计算机，而信息的交流则离不开计算机网络，计算机网络是计算机科学技术与通信技术相结合的产物。计算机网络在社会和经济发展中起着非常重要的作用，网络已渗透到人们生活的各个角落，影响着人们的日常生活。

任务一　计算机网络的功能与分类

◎任务描述

自从计算机网络诞生以来，计算机网络已在人们的生活、工作、学习中扮演着非常重要的角色。在运用计算机网络前，我们要理解与掌握计算机网络的一些基本概念，如计算机网络如何定义？计算机网络有哪些基本功能和分类？组建计算机网络应具备哪些主要应用？

◎任务分析

日常生活中需要掌握一些网络基础知识，包括计算机网络的定义、计算机网络的基本功能和计算机网络的分类等。

◎知识链接

1. 计算机网络的概念

计算机网络是为了实现计算机之间的通信交往、资源共享和协同工作，采用通信手段，将地理位置分散的具有独立功能的许多计算机利用传输介质和网络设备连接起来并基于某种协议能够实现数据通信和资源共享的计算机系统。

计算机网络从 20 世纪 60 年代发展至今，已经形成从小型的办公局域网到全球性的大型广域网的规模。对现代人类的生产、经济、生活等各个方面都产生了巨大的影响。计算机互联系统这个阶段的典型代表是 1969 年 12 月，由美国国防部(DOD)资助、高等研究计划局(ARPA)主持研究建立的数据包交换计算机网络"ARPANET"。ARPANET 网络利用通信线路将加州大学洛杉矶分校、加州大学圣巴巴拉分校、斯坦福大学和犹太大学四个结点的计算机连接起来，构成了专门完成主机之间通信任务的通信子网。通过通信子网互联的主机负责运行用户程序，向用户提供资源共享服务，它们构成了资源子网。该网络采用分组交换技术传送信息，这种技术能够保证一旦这四所大学之间的某一条通信线路因某种原因被切断以后，信息仍能够通过其他线路在各主机之间传递。ARPANET 网络已从最初的四个结点发展为横跨全世界一百多个国家和地区、挂接有几万个网络、上亿台计算机、几亿用户的因特网(Internet)，也可以说 Internet 的前身就是 ARPANET 网络。Internet 是目前世界上最大的国际性计算机互联网络，而且还在不断地发展之中。

纵观计算机网络的发展历史可以发现，它和其他事物的发展一样，也经历了从简单到复杂，从低级到高级的过程。在这一过程中，计算机技术与通信技术紧密结合，相互促进，共同发展，最终产生了计算机网络。总体来看，网络的发展可以分为以下四个阶段。

(1) 诞生阶段——面向终端的网络

1946 年，世界第一台数字计算机问世，但当时计算机的数量非常少，且非常昂贵。而通信线路和通信设备的价格相对便宜，当时很多人都很想使用主机中的资源，所以共享主机资源和进行信息的采集及综合处理就显得十分迫切了。1954 年，出现了联机终端，联机终端是一种主要的系统结构形式，它是一种以单主机互联系统为中心的互联系统，即主机面向终端系统。在这里终端用户通过终端机向主机发送一些数据运算处理请求，主机运算后将结果发给终端机，而且终端用户要存储数据时向主机发送请求，终端机并不保存任何数据。第一代网络并不是真正意义上的网络而只是一个面向终端的互联通信系统。联机终端网络典型的范例是美国航空公司与 IBM 公司在 20 世纪 60 年代投入使用的飞机票订票系统，当时在全美广泛应用。

(2) 形成阶段——计算机通信网络

第二代网络是在计算机网络通信网的基础上通过完成计算机网络系统结构和协议的研究，形成的计算机初期网络。例如 20 世纪 60 至 70 年代由美国国防部高级研究计划局研制的 ARPANET 网络，它将计算机网络分为资源子网和通信子网。所谓通信子网一般由通信设备、网络介质等物理设备构成；而资源子网的主体为网络资源设备，如：服务器、用户计算机(终端机或工作站)、网络存储系统、网络打印机、数据存储设备等。第二代网络应用的是网络分组交换技术实现对数据远距离传输。分组交换是主机利用分组技术将数据分成多个报文，每个数据报文自身携带足够多的地址信息，当报文通过节点时暂时存储在节点中并查看报文目标地址信息，运用路由计算选择最佳目标传送路径并将数据传送给远端的主机，从而完成数据转发。

(3) 互联互通阶段——开放式的标准化计算机网络

20 世纪 80 年代是计算机局域网络发展的盛行时期。当时采用的是具有统一的网络体系结构并遵守国际标准的开放式和标准化的网络，它是网络发展的第三代阶段。在第三代网络出现以前，网络无法实现不同厂家设备间的互联，各厂家为了霸占市场，都采用自己独特的技术并开发了自己的网络体系结构。当时,IBM 公司发布了 SNA(System Network Architecture,系统网络体系结构),DEC 公司发布了 DNA(Digital Network Architecture,数字网络体系结构)。不同的网络体系结构是无法互联的,所以不同厂家的设备无法互联,即使是同一家的产品在不同时期也是无法互联的,这样就阻碍了大范围网络的发展。后来,为了实现网络大范围的发展和不同厂家设备间的互联,1977 年国际标准化组织(International Organization for Standardization,ISO)提出一个 OSI(Open System Interconnection/ Reference Model,开放系统互联参考模型)七层模型。1984 年正式发布了 OSI 模型,使不同厂家的设备、协议实现全网互联。

(4)高速网络技术阶段——新一代计算机网络

进入 20 世纪 90 年代后至今都属于第四代计算机网络,第四代网络是随着数字通信技术的出现和光纤的接入而产生的,其特点:网络化、综合化、高速化。同时,网络的接入方式也在不断地更新,如 ISDN、ADSL、DDN、FDDI 和 ATM 网络等。

2.计算机网络的基本功能

计算机网络具有许多功能,例如可以进行数据通信、资源共享等。下面介绍它的主要功能。

①数据通信:数据通信是计算机网络最基本的功能。它被用来快速传送计算机与终端、计算机与计算机之间的各种信息,包括文字信件、新闻消息、咨询信息、图片资料、报纸版面等。利用这一特点,可实现将分散在各个地区的单位或部门用计算机网络联系起来,进行统一的调配、控制和管理。

②资源共享:实现计算机网络的主要目的是共享资源。一般情况下,网络中可共享的资源有硬件资源、软件资源和数据资源,其中共享数据资源最为重要。

③远程传输:计算机已经开始由科学计算向数据处理方面发展,由单机向网络方面发展,且发展的速度很快。距离很远的用户可以互相传输数据信息,互相交流,协同工作。

④集中管理:计算机网络技术的发展和应用,已使现代办公、经营管理发生了很大的变化。目前,已经有了许多 MIS 系统、OA 系统等,通过这些系统可以实现日常工作的集中管理,提高工作效率,增加经济效益。

⑤实现分布式处理:网络技术的发展,使分布式计算成为可能。对于大型的课题,可以分为许多个小题目,由不同的计算机分别完成,然后再集中起来完成课题。

(6)负载平衡:负载平衡是指工作被均匀地分配给网络上的各台计算机。网络控制中心负责分配和监测,当某台计算机负载过重时,系统会自动转移部分工作到负载较轻的计算机上。

3.计算机网络的分类

计算机网络的分类有多种方法,这里仅介绍下列几种。

(1)按网络的规模和所跨越的地理位置分类

①局域网(Local Area Network,LAN):直接采用高速电缆连接计算机,局域网只能连接如一个部门、一栋楼或一个单位的较小范围的计算机,一般距离不会超过 10 千米。主要特点是连接范围窄、用户数少、配置容易、误码率较低。

②城域网(Metropolitan Area Network,MAN):作用范围在广域网与局域网之间,例如作用范围是一个城市,其传送速率比局域网更高,作用距离为 10~100 千米。MAN 与 LAN 相比扩展的距离更长,连接的计算机数量更多,在地理范围上可以说是 LAN 的延伸。

③广域网(Wide Area Network,WAN):它一般是在不同城市和不同国家之间的 LAN 或者 MAN 的互联,作用范围通常为几百千米到几千千米。这种广域网因为所连接的用户较多,总出口带宽有限,连接速率一般较低;目前多采用光纤线路,构成网状结构,以解决路径问题。广域网的典型代表是 Internet。

在上面介绍的几种网络类型中,使用最多的还是局域网,因为它距离短、速率高,无论在企业还是在家庭实现起来都比较容易,应用也最广泛。

(2)按网络的拓扑结构进行分类

网络中各节点相互连接的方法和形式称为网络拓扑结构。常见的网络拓扑结构有星形、环形、总线型、树形、网形和混合型。下面主要介绍星形、环形、总线型和混合型四种拓扑结构。

①星形拓扑结构:以一台中心处理机(通信设备)为主构成的网络,其他入网机器仅与该中心处理机之间有直接的物理线路,中心处理机采用分时或轮询的方法为入网机器服务,所有的数据必须经过中心处理机。星形网广泛应用于局域网和广域网中。星形拓扑结构如图 7-1 所示。

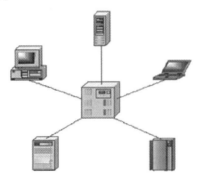

(a)星形局域网的计算机连接方式　　　　(b)星形局域网的拓扑结构

图 7-1　星形拓扑结构图

星形网的优点是结构简单,易于实现和管理。缺点表现为中央节点是网络可靠性的瓶颈,如果外部节点过多,会使得中央节点负担过重,而且一旦中央节点出现故障,网络系统将不能正常工作。

②环形拓扑结构:入网设备通过转发器接入网络,每个转发器仅与两个相邻的转发器有直接的物理线路。环形网的数据传输具有单向性,一个转发器发出的数据只能被另一个转发器接收并转发。所有的转发器及其物理线路构成了一个环状的网络系统。环形网适用于局域网或实时性要求较高的环境。环形拓扑结构如图 7-2 所示。

环形网的优点是结构简单,传输时延确定,适合于长距离通信;由于各节点地位和作用相同,容易实现分布式控制,因此环形拓扑结构被广泛应用在分布式处理中。

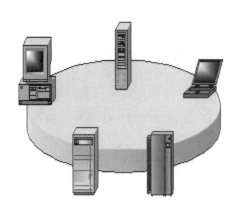 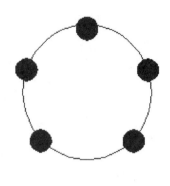

(a)环形局域网的计算机连接方式　　　　　(b)环形局域网的拓扑结构

图 7-2　环形拓扑结构图

③总线型拓扑结构:所有入网设备共用一条物理传输线路,所有的数据发往同一条线路,并能够由附接在线路上的所有设备感知。入网设备通过专用的分接头接入线路。总线型结构适用于局域网或实时性要求不高的环境。总线网是局域网的一种组成形式,其拓扑结构如图 7-3 所示。

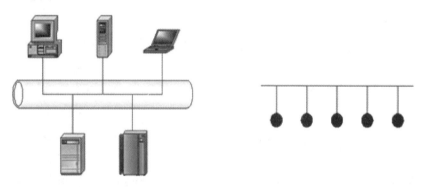

(a)总线型局域网的计算机连接方式　　　　　(b)总线型局域网的拓扑结构

图 7-3　总线型拓扑结构图

总线网的优点是连接简单,扩充或删除一个节点比较容易;由于节点都连接在一根总线上,共用一个数据通道,因此信道利用率高,资源共享能力强。

④混合型网络:混合型拓扑结构是综合性的一种拓扑结构,是将以上几种拓扑结构利用网络中间件互联在一起所组成的混合结构。组建混合型拓扑结构的网络有利于发挥网络拓扑结构的优点,克服单一拓扑结构自身的局限性。混合型拓扑结构如图 7-4 所示。

(3)按传输介质分类

传输介质是指数据传输系统中发送装置和接受装置间的物理媒体,按其物理形态可以分为有线和无线两大类。

①有线网:传输介质采用有线介质连接的网络称为有线网,常用的有线传输介质有双绞

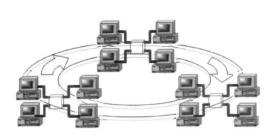 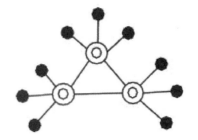

(a)混合型网络的计算机连接方式　　　　(b)混合型网络的拓扑结构

图 7-4　混合型拓扑结构图

线、同轴电缆和光导纤维。

②无线网：采用无线介质连接的网络称为无线网。目前无线网主要采用三种技术：微波通信、红外线通信和激光通信。这三种技术都以大气为介质。其中微波通信用途最广，目前的卫星网络就是一种特殊形式的微波通信网络，它利用地球同步卫星作为中继站来转发微波信号，一颗同步卫星可以覆盖大约地球表面的三分之一，三颗同步卫星就可以覆盖地球上的绝大部分通信区域。

◎任务实施

从计算机网络的功能来看，组建一个计算机网络应具备以下主要应用。

(1)文件和打印服务

文件服务指使用文件服务器提供数据文件、应用（如文字处理程序或电子表格）和磁盘空间共享的功能。文件服务是网络最初应用的功能，也是至今的基础应用之一。

使用打印服务来共享网络上的打印机可以节省时间和资金。高质量的打印机价格很贵，但这种打印机可以同时为整个部门提供打印服务，因而使用网络打印服务不必为每位员工购买一台桌面打印机。同时，只使用一台打印机，维护和管理工作也会减少。如果共享打印机坏了，网络管理员可以在网络上的任何一台终端机上使用网络操作系统的打印控制功能来调试和解决问题。

(2)通信服务

借助于网络通信服务，远程用户可以连接到网络。通常情况下，通信服务不能让网络用户连接到该网络之外的某台计算机。如 Windows NT 和 NetWare 等网络操作系统都包含内置的通信服务，在 Windows NT 中，通信软件被称为远程访问服务器（RAS）；在 NetWare 中，通信软件被称为网络访问服务器（NAS）。两种通信软件都能保证用户拨号进入通信服务器或者运行这些通信服务的服务器，然后登录到网络，利用各种网络功能，就好像登录到服务器环境中某台计算机一样。

(3)邮件服务

对于一般用户来说，邮件服务是网络最常用的功能。通过邮件服务可以在网络上进行电子邮件的收发，借助于电子邮件可以实现快捷方便的通信。邮件服务除提供发送、接收和存储电子邮件外，还包含智能电子邮件路由、文档管理和访问其他邮件服务器网络等功能。邮件服务可以运行在各种操作系统之上，可以连接到 Internet，也可以隔离在组织内。

(4) Internet 服务

Internet 作为全球覆盖面最广的网络,已经成为生活和商业活动中不可或缺的工具。Internet 服务的概念很广,主要包括 WWW 服务、文件传输功能、Internet 编址模式及安全过滤等服务。

(5) 管理服务

当网络规模较小时,一位网络管理员借助于网络操作系统的内部功能就可以很容易地管理网络。然而,随着网络越来越庞大、复杂,网络会变得很难管理。为跟踪大型网络运行情况,有必要使用特殊的网络管理服务。网络管理服务可以集中管理网络,并简化网络的复杂管理任务。

任务二　计算机网络的组成

◎任务描述

理解计算机网络的基本定义和功能后,大家也许会有疑惑,计算机网络有如此巨大的功能,它可以联通全球范围的数据通信。计算机网络主要有两大组成部分,分别为网络硬件和网络软件。那么硬件系统与软件系统又包括哪些呢?各自又有哪些功能呢?

◎任务分析

理解与掌握计算机网络定义后,我们还需理解计算机网络的组成,包括计算机网络硬件和网络软件等,掌握利用双绞线制作 RJ45 网络连接器(水晶头)。

◎知识链接

1. 计算机网络的硬件组成

计算机网络硬件的基本组成包括:网络服务器、客户机、通信设备、传输介质。

(1) 网络服务器

计算机是计算机网络中的主要设备,它的作用有两个:一个是接收和发送信息,另一个更重要的作用就是存储信息,这也是计算机网络区别于其他网络的一个重要特征,经过处理保存下来的信息是整个网络中最重要的资源。然而存储信息并不是目的,信息的充分利用和共享才能真正体现信息的价值。具有服务功能的这些计算机在计算机网络中称为网络服务器。根据用户的服务要求,提供文件形式服务的称为文件服务器,提供数据管理服务的称为数据库服务器,提供打印服务的称为打印服务器,提供通信服务的就称为通信服务器等。这些服务功能都是由计算机软件来完成的,一台计算机在一个网络中可以只承担某一种服务,也可同时承担多种服务,当然,在一个网络中不同的服务也可以由几台不同的计算机分别担任。

(2) 客户机

人们获取计算机网络中的信息主要是依靠网络中的计算机,这些计算机接收人们获取信息的请求指令,通过网络通信系统将指令传送到网络服务器,由网络服务器将人们所需要的信息发送到这些计算机中。由此可以看出,这些计算机主要起着一种人与计算机网络交换信息的作用,或者说,这些计算机为人们在计算机网络上工作提供了一个必要的场所。因此,这些计算机系统被称为网络客户机(也称工作站)。

(3)通信设备

计算机系统本身并不具备将电信号传递到远距离的功能,因此组建计算机网络仅有计算机是不行的。电信号的传递必须依赖于某种载体,这种载体也称为传输媒体,如电线、电缆、微波、红外线等。不管是在哪种载体中,电信号都会受到载体内部的影响,随着距离的增长,其信号强度会逐步降低直至消失,这个过程叫做衰减。要使电信号传递到远距离的目的地,就要在信号消失之前用一个设备将已经变弱的信号接收下来并加以放大,然后再次发送出去,这种设备叫中继器。众所周知,计算机网络中的信息传递是从一台计算机到另一台或多台计算机。如在电话网络中,要让一部电话机与所有可能通话的电话机直接用电话线相连接,那么接线将会是成百上千条,这是不现实的。但是如果使用交换机设备就可以有效解决这种问题。所有需要接收或发送信息的计算机都可以用各自的一根电线、电缆或某一种媒体连接到同一台交换机上,交换机在接收到任何一台计算机发出的信息后,根据信息中给出的目的地信息,把该信息转发给目的地计算机。

下面介绍几种常用的网络互联设备。

①网络适配器(Network Interface Card,NIC):网络适配器也称为网络接口卡或网卡,它是计算机和计算机之间直接或间接传输介质互相通信的接口。网卡插在计算机的主板扩展槽中,是计算机与通信线路的接口设备。它具有数据传输的功能,也是计算机与网络之间的逻辑和物理链路。网卡的好坏直接影响用户将来的软件使用效果和物理功能的发挥。根据所连接线缆的类型不同,网卡分为 RJ-45 头网卡、BNC 头网卡及同时带有以上两种接口的网卡共三种。带 RJ-45 头的网卡可接双绞线,带 BNC 头的网卡可接同轴电缆。

②中继器(Repeater):中继器可对通信线路中的衰减信号进行放大加强,以扩展电缆传输信号的有效距离,它的作用是增加网络的覆盖区域。中继器工作在 OSI 模型的物理层。

③交换机(Switch):交换机是广域网络的核心设备。高档交换机可提供大容量动态交换带宽,并采用信息直接交换技术,可以在多个站点间同时建立多个并行的通信链路,站点间沿指定路径转发报文,使争夺式的"共享型"信道转变为"分享型"信道,最大限度地减少了网络帧的碰撞和转发延迟,使带宽和效率成倍增加。在高档交换机中其动态交换带宽可以达到 GB/s 级,允许上百个 10MB/s 的信息量同时接入交换机并同时建立上百个实时通信链路。每个链路和端口可连入网络、集线器(Hub)和单个站点。

④路由器(Router):路由器工作在最低三层协议中。路由器的三层功能即为通信子网的全部功能。路由器具有很强的网连接功能。

⑤网桥(Bridge):网桥可连接两个采用同样通信方法、传输介质和寻址结构的网络,它涉及 OSI 模型的数据链路层内介质访问控制子层。网桥可分为内部和外部两类。内部网桥指服务器兼任网桥,只要在服务器上为两个网络分配一个网卡,然后分别装入相应的驱动程序和协议。外部网桥是采用网络上的一台独立工作站作为网桥(有专用和非专用之分)。利用网桥可将实际上物理分离的局域网连成逻辑上统一的局域网。

⑥网关(Gateway)。如果必须连接等级差别非常大的三种网络,可选用网关,如大型机网络和 PC 网络。路由器给数据包增加地址信息,但并不修改信息内容,网关有时则要变换两个网络间传送的数据,使之符合接收端应用程序的要求。

⑦调制解调器(Modem):调制解调器用于模拟信号和数字信号之间的转换。计算机能

处理的是数字信号,而电话线传输的是模拟信号,计算机内的数字信号通过调制后变成模拟信号,经过电话线路传输到另一台计算机的调制解调器中,经调制解调器解调后由模拟信号转换为数字信号。通过这样的信号转换,使一台计算机可以通过电话线来呼叫另一台计算机。

(4)传输介质

电信号的传递依赖于某种通信媒体。在计算机网络中的通信媒体根据通信系统采用的通信技术分为有线和无线两种,在有线通信中有同轴电缆、双绞线、光导纤维(光缆)等,在无线通信中有微波、红外线和激光等。不同的媒体对电信号的传输距离、传输质量和传输速度是不同的,对通信设备的技术要求、经费投入及计算机网络系统的性能也有区别。

①双绞线电缆:双绞线由两根绝缘金属线互相缠绕而成,这样的一对线作为一条通信链路,由4对双绞线构成双绞线电缆。双绞线点到点的通信距离一般不能超过100米。目前,计算机网络上用的双绞线有非屏蔽双绞线和屏蔽双绞线两种,常见为非屏蔽双绞线。如图7-5所示。

图7-5 非屏蔽双绞线

按传输速率分为三类线(最高传输速率为10MB/s)、五类线(最高传输速率为100MB/s)、超五类线、六类线(传输速率大于250MB/s)和七类线(传输速率大于600MB/s)等几种。双绞线电缆的连接器一般为RJ-45。

②同轴电缆。同轴电缆由内、外两个导体组成,内导体由单股或多股线组成,外导体一般由金属编织网组成。内、外导体之间有绝缘材料,其阻抗为50欧姆。同轴电缆分为粗缆和细缆,粗缆用DB-15连接器,细缆用BNC或T形连接器。如图7-6所示。

图7-6 铜轴电缆

③光缆。光缆由两层折射率不同的材料组成。内层是由具有高折射率的单根玻璃纤维

体组成,外层包有一层折射率较低的材料。光缆的传输形式分为单模传输和多模传输。光缆的传输速率可达到每秒几百兆。光缆用 ST 或 SC 连接器。如图 7-7 所示。

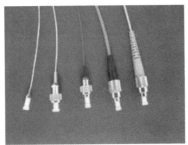

图 7-7 光缆

④无线传输介质。传输介质还可用无线的方法来实现。目前,常用的无线传输介质有电磁波、红外线、激光、微波等。

2. 计算机网络的软件组成

网络软件包括网络操作系统、客户机网络软件和网络通信协议等。

(1)网络操作系统由内核和外壳两部分组成

内核是在文件服务器上工作的调度程序,包含磁盘处理、打印机处理、控制台命令处理和网络通信处理等应用程序。外壳是在各工作站上运行的面向用户的程序。两者之间通过通信协议处理程序来交换信息。目前各种网络操作系统有很多,最常见的有诺威尔公司的 NetWare 操作系统,微软公司的 Windows NT、Windows XP 操作系统等。

(2)客户机及工作站

工作站操作系统主要负责维持本机的单机操作。客户机也要运行小部分网络软件。它要与工作站上运行的操作系统,如 DOS、Windows、OS/2、UNIX 等进行通信和交互。

(3)网络通信协议

把计算机、交换机通过传输介质连在一起并不能实现两台计算机的通信。解决通信问题的方法是要制定一套严格、详细、可供操作的规则,这种规则在一个系统中是一个统一的也是唯一的标准,系统中所有成员必须严格按照标准执行才能保证系统的有效运行。这种标准即网络协议(Network Protocol)或通信协议(Communication Protocol)。制定网络协议是一个庞大而又复杂的系统工程,通常采用的是体系结构法,我们把在计算机网络中用于规定信息的格式及如何发送和接收信息的一套规则称为网络的标准,目前这一标准是由美国电气和电子工程师协会(IEEE)制定的 802 标准(称 IEEE 802 标准)。这个标准是在 ISO/OSI 模型的基础上修改制定的。

◎任务实施

利用双绞线制作 RJ-45 水晶头网络连接器的方法。

水晶头型号现在最常用的标准是:TIA/EAI 568B 和 TIA/EAI 568A。它们的接线稍微有些不同,如图 7-8 所示。

将插头的末端面对我们的眼睛,同时针脚的接触点插头在下方,那么最左边是①,最右边是⑧。

  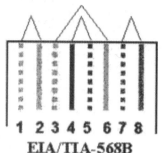

图7-8 水晶头型号

EIA/TIA-568A标准的线序：

绿白—①，绿—②，橙白—③，蓝—④，蓝白—⑤，橙—⑥，棕白—⑦，棕—⑧。

EIA/TIA-568B标准的线序：

橙白—①，橙—②，绿白—③，蓝—④，蓝白—⑤，绿—⑥，棕白—⑦，棕—⑧。

制作工具：网线、RJ-45水晶头和压线钳。

RJ-45水晶头网络连接器的制作步骤。

①用RJ-45压线钳的切线槽口剪裁适当长度的双绞线。

②用RJ-45压线钳的剥线口将双绞线一端的外层保护壳剥下约1.5厘米（太长接头容易松动，太短接头的金属刀口不能与芯线完全接触），注意不要伤到里面的芯线。

③将4对芯线成扇形分开，按照相应的接口标准从左至右整理线序并拢直，使8根芯线平行排列，整理完毕用斜口钳将芯线顶端剪齐，如图7-9所示（此处为EIA/TIA-568B标准）。

图7-9 4对芯线成扇形分开

④将水晶头有弹片的一侧向下放置，然后将排好线序的双绞线水平插入水晶头的线槽中，注意导线顶端应插到底，以免压线时水晶头上的金属刀口与导线接触不良。

⑤确认导线的线序正确且到位后，将水晶头放入压线钳的RJ-45夹槽中，用力压紧，使水晶头夹紧在双绞线上。最好是反复压几次。至此，网线一端的水晶头就压制好了。如图7-10所示。

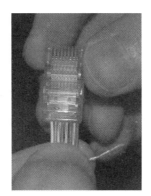

图 7 - 10　制作好的 RJ - 45 网络连接器

任务三　计算机网络体系结构

◎任务描述

由于计算机网络涉及不同的计算机、软件、操作系统、传输介质等,要实现它们之间相互通信是非常复杂的。为了实现这样复杂的计算机网络,人们提出了网络层次的概念,即通过网络分类将庞大而复杂的问题转化为若干简单的局部问题,便于处理和解决。分层的网络结构中,网络的每一层都具有相应的层间协议,将计算机网络的各层定义和层间协议的集合称为计算机网络体系结构。现代化计算机网络都采用了层次化体系结构,最典型的两大网络体系结构分别为 OSI/RM 体系结构和 TCP/IP 体系结构。那么 OSI/RM 体系结构分为几层,各层具有哪些功能？TCP/IP 体系结构又分为几层？各自有什么功能呢？

◎任务分析

初步了解计算机网络的分层体系后,我们还将理解与掌握在分层体系结构中,OSI/RM 和 TCP/IP 两种体系结构计算机网络划分的层数,各层提供的功能及各层之间的关系等。掌握计算机局域网网络适配器的基本设置。

◎知识链接

1. OSI/RM 体系结构

OSI 是国际标准化组织在 1979 年提出的开放式系统互联模型(Open System Interconnection,OSI)。如图 7 - 11 所示为 OSI 模型的体系结构及协议,由低层至高层分别为物理层、数据链路层、网络层、运输层、会话层、表示层和应用层,它的规范对所有的厂商是开放的,具有指导国际网络结构和开放系统走向的作用。以下是各层的主要功能。

(1)物理层(Physical Layer)

物理层的任务就是为上一层(即数据链路层)提供一个物理连接,以便透明地传送比特流。在物理层上所传数据的单位是比特。

(2)数据链路层(Data Link Layer)

数据链路层负责在两个相邻节点间的线路上无差错地传送以帧为单位的数据。帧是数据的逻辑单位,每一帧包括一定数量的数据和一些必要的控制信息。和物理层相似,数据链

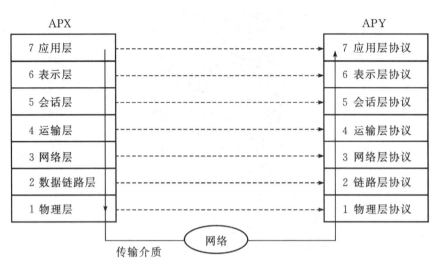

图 7-11 OSI 模型的体系结构及协议

路层要负责建立、维持和释放数据链路的连接。在传送数据时,若接收节点检测到所传数据中有差错,就要通知发送方重发送这一帧,直到这一帧正确无误地到达接收节点为止。在每帧所包括的控制信息中,有同步信息、地址信息、差错控制以及流量控制信息等。这样,链路层就把一条有可能出差错的实际链路转变成让网络层向下看起来是一条不出差错的链路。

(3)网络层(Network Layer)

在计算机网络中进行通信的两个计算机之间可能要经过许多个节点和链路,也可能还要经过好几个通信子网。在网络层,数据的传送单位是分组或包。网络层的任务就是要选择合适的路由,使发送站的运输层所传下来的分组能够正确无误地按照地址找到目的站,并交付给目的站的运输层。这就是网络层的寻址功能。

(4)运输层(Transport Layer)

这一层也可称为传送层、传输层或转送层,现在多称为运输层。在运输层,信息的传送单位是报文。当报文较长时,先要把它分割成几个分组,然后交给下一层(网络层)进行传输。运输层的任务是根据通信子网的特性最佳地利用网络资源,并以可靠和经济的方式,为两个端系统(即源站和目的站)的会话层之间建立一条运输连接,透明地传送报文。或者说,运输层向上一层(会话层)提供一个可靠的端到端服务。它屏蔽了会话层,使它看不见运输层以内数据通信的细节。在通信子网中没有运输层。运输层只能存在于端系统(即主机)之中。运输层以上的各层就不再管信息传输的问题。正因为如此,运输层就成为计算机网络体系结构中最为关键的一层。

(5)会话层(Session Layer)

会话层也称为对话层,在会话层及以上的更高层次中,数据传送的单位一般称为报文。会话层虽然不参与具体的数据传输,但它却对数据传输进行管理。会话层在两个互相通信的应用进程之间,建立、组织和协调其交互关系。例如,确定是双工工作(双方同时发送和接收),还是半双工工作(双方交替发送和接收)。当发生意外时(如已建立的连接突然中断),要确定在重新恢复会话时应从何处开始。

(6)表示层(Presentation Layer)

表示层主要解决用户信息的语法表示问题。表示层将要交换的数据从适合于某一用户的抽象语法,变换为适合于 OSI 系统内部使用的传送语法。例如,对方使用什么样的语言。此外,对传送信息加密(和解密)也是表示层的任务之一。

(7)应用层(Application Layer)

应用层是 OSI 模型中的最高层,它确定进程之间通信的性质以满足用户的需要;同时还负责用户信息的语义表示,并在两个通信方之间进行语义匹配,即应用层不仅要提供应用进程所需要的信息交换和远程操作,而且还要作为互相作用的应用进程的用户代理来完成一些为进行语义上有意义的信息交换所必需的功能。

2. TCP/IP 体系结构

1979 年提出的 OSI 模型在实际上并没有得到市场的认可,而美国国防高级研究计划局(DARPA)于 1969 年提出的 TCP/IP 模型却得到了广泛的应用。由于 TCP/IP 有大量的协议和应用支持,现在已成为事实上的全球标准。

TCP/IP 也采用分层体系结构,TCP/IP 共分四层,即网络接口层、Internet 层、传输层和应用层。与 OSI 七层模型相比,TCP/IP 没有表示层和会话层,这两层的功能由应用层提供,OSI 的物理层和数据链路层功能由网络接口层完成。TCP/IP 模型及协议族如图 7 - 12 所示。

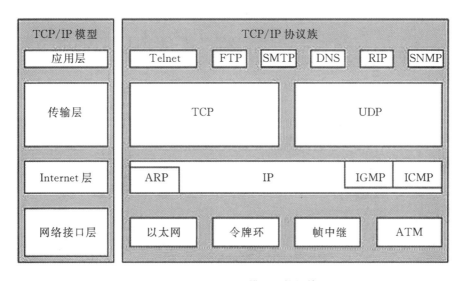

图 7 - 12 TCP/IP 模型及协议族

(1)网络接口层

网络接口层是 TCP/IP 模型的最低层,它负责通过网络发送和接收 IP 数据报。TCP/IP 模型允许主机连入网络时使用多种现有的协议,例如局域网协议或其他一些协议。

(2)Internet 层(网络层)

网络层也称为互联网层,是 TCP/IP 模型的第二层,它相当于 OSI 模型的网络层。网络层负责将源主机的报文分组发送到目的主机,源主机与目的主机可以在同一个网上,也可以在不同的网上。

(3) 传输层

传输层是 TCP/IP 模型的第三层,它负责在应用进程之间的"端—端"通信。传输层的主要目的是在互联网中源主机与目的主机的对等实体间建立用于会话的"端—端"连接。从这一点上看,TCP/IP 模型的运输层与 OSI 模型的运输层功能是相似的。

(4) 应用层

应用层是 TCP/IP 模型的最高层,它包括所有的高层协议,并且不断有新的协议加入。TCP/IP 模型的应用层与 OSI 模型的应用层功能是相似的。

◎ 任务实施

下面介绍计算机局域网网络适配器的基本设置方法。

① 首先打开控制面板,然后选择设备管理器,打开设备管理器窗口,如图 7-13 所示。

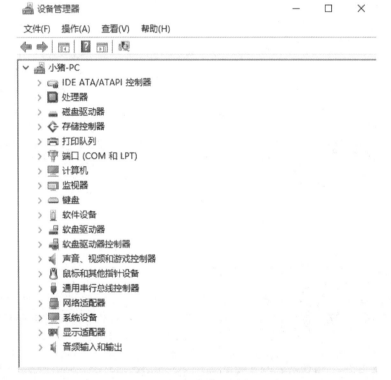

图 7-13 设备管理器窗口

② 在设备管理器窗口中选定机器名称后单击鼠标右键,如图 7-14 所示。在弹出的菜单栏中单击"添加过时硬件",将弹出如图 7-15 所示"添加硬件"对话框。

③ 在显示的"欢迎使用添加硬件向导"对话框中,直接点击下一步。

④ 在"这个向导可以帮助你安装其他硬件"对话框中,选择"安装我手动从列表选择的硬件",如图 7-16 所示,点击下一步。

⑤ 在"从以下列表,选择要安装的硬件类型"对话框中,选择"网络适配器",如图 7-17 所示,点击下一步。

模块七　计算机网络基础与 Internet 应用

图 7-14　选定机器名称后单击鼠标右键

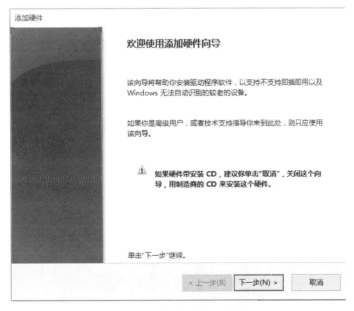

图 7-15　"添加硬件"对话框

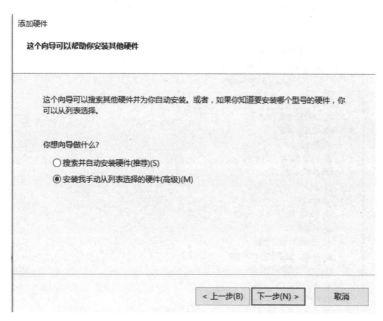

图7-16 "这个向导可以帮助你安装其他硬件"对话框

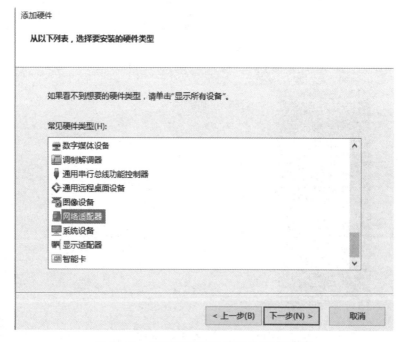

图7-17 "选择要安装的硬件类型"对话框

⑥在"选择要为此硬件安装的设备驱动程序"对话框中,选择网络适配器的厂商和型号,如图7-18所示,点击"下一步"安装开始,完成安装后,就会在网络适配器项发现新的网卡。

模块七 计算机网络基础与Internet应用

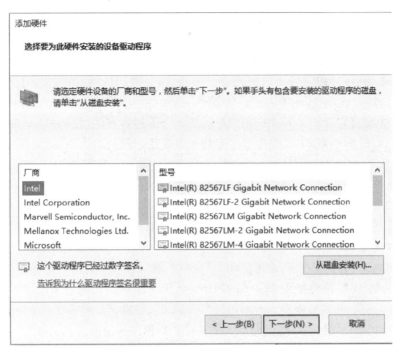

图 7-18 "选择要为此硬件安装的设备驱动程序"对话框

任务四 IP 地址和域名

◎任务描述

IP 地址和域名是 Internet 网络中对资源进行定位的一种技术手段,每台接入到 Internet 网络中的计算机都有一个唯一的 IP 地址。当前使用的 IP 地址分为哪几类？什么是域名和域名系统呢？

◎任务分析

了解了 TCP/IP 体系结构后,我们将理解与掌握 IP 地址的概念与分类,IP 地址的域名及域名系统,并进行上机操作熟练掌握 IP 地址和子网掩码的设置。

◎知识链接

1. IP 地址

IP 是英文 Internet Protocol 的缩写,意思是"网络之间互联的协议",也就是为计算机网络相互连接进行通信而设计的协议。在 Internet 中,它是能使连接到网上的所有计算机实现相互通信的一套规则,规定了计算机在 Internet 上进行通信时应当遵守的规则。任何厂家生产的计算机系统,只要遵守 IP 协议就可以与 Internet 互联互通。IP 地址是一种在 Internet 上给主机编址的方式,也称为网际协议地址。

常见的 IP 地址,分为 IPv4 与 IPv6 两大类。最初设计互联网络时,为了便于寻址以及层次化构造网络,每个 IP 地址包括两个标识码(ID),即网络 ID 和主机 ID。同一个物理网络上的所有主机都使用同一个网络 ID,网络上的一个主机(包括网络上的工作站、服务器和路由器等)有一个主机 ID 与其对应。

在 IPv4 中,IP 地址是一个 32 位的二进制数,通常被分割为 4 个"8 位二进制数"(也就是 4 个字节)。用点分十进制表示方法,每段数字范围为 0~255,段与段之间用句点隔开。

例如:32 位 IP 地址的点分十进制表示:10100110　01101111　00000001　00000110 表示为:166.111.1.6。

Internet 委员会定义了 5 种 IP 地址类型以适合不同容量的网络,即 A、B、C、D、E 共 5 类,其中 A、B、C 是基本类,D、E 类作为多播和保留使用。

①A 类 IP 地址:它是指在 IP 地址的四段号码中,第一段号码为网络号码,剩下的三段号码为本地计算机的号码。如果用二进制表示 IP 地址的话,A 类 IP 地址就由 1 字节的网络地址和 3 字节主机地址组成,网络地址的最高位必须是"0"。A 类 IP 地址中网络的标识长度为 8 位,主机标识的长度为 24 位,A 类网络地址数量较少,有 126 个网络,每个网络可以容纳主机数达 1600 多万台。

②B 类 IP 地址:它是指在 IP 地址的四段号码中,前两段号码为网络号码。如果用二进制表示 IP 地址的话,B 类 IP 地址由 2 字节的网络地址和 2 字节主机地址组成,网络地址的最高位必须是"10"。B 类 IP 地址中网络的标识长度为 16 位,主机标识的长度为 16 位,B 类网络地址适用于中等规模的网络,网络数量为 16384,每个网络所能容纳的计算机数为 6 万多台。

③C 类 IP 地址:它是指在 IP 地址的四段号码中,前三段号码为网络号码,剩下的一段号码为本地计算机的号码。如果用二进制表示 IP 地址的话,C 类 IP 地址由 3 字节的网络地址和 1 字节主机地址组成,网络地址的最高位必须是"110"。C 类 IP 地址中网络的标识长度为 24 位,主机标识的长度为 8 位,C 类网络地址数量较多,达到 209 万个网络,适用于小规模的局域网络,每个网络最多只能包含 254 台计算机。

④D 类 IP 地址:它在历史上被叫做多播地址(Multicast Address),即组播地址。在以太网中,多播地址命名了一组应该在这个网络中应用接收到一个分组的站点。多播地址的最高位必须是"1110",范围从 224.0.0.0 到 239.255.255.255。

⑤E 类 IP 地址:E 类 IP 地址保留了两个特殊的网段用于进行试验,这两个网段称为保留地址,或者称为私有地址,路由器不会转发目的地是保留地址的数据包,这些 IP 地址只在本局域网内有效。

表 7-1 是 A、B、C 三类 IP 地址的取值范围与用途。

表 7-1　A、B、C 三类 IP 地址的取值范围与用途

类别	最大网络数	IP 地址范围	最大主机数	主要用途
A	126(2^7-2)	0.0.0.0—127.255.255.255	16777214	用于主机数在 1600 万台以上的大型网络
B	16384(2^{14})	128.0.0.0—191.255.255.255	65534	适用于中等规模的网络,每个网络所能容纳的计算机数为 6 万多台
C	2097152(2^{21})	192.0.0.0—223.255.255.255	254	适合于小规模的局域网,每个网络最多只能包含 254 台计算机

现有的互联网是在 IPv4 协议的基础上运行的。IPv6 是下一版本的互联网协议,也可以说是下一代互联网的协议,它的提出最初是因为随着互联网的迅速发展,IPv4 定义的有限地址空间将被耗尽,而地址空间的不足必将妨碍互联网的进一步发展。为了扩大地址空间,拟通过 IPv6 以重新定义地址空间。IPv4 采用 32 位地址长度,只有大约 43 亿个地址,而 IPv6 采用 128 位地址长度,几乎可以不受限制地提供地址。按保守方法估算 IPv6 实际可分配的地址可以达到整个地球每平方米面积上 1000 多个地址。在 IPv6 的设计过程中除解决了地址短缺问题以外,还考虑了在 IPv4 中解决不好的其他一些问题,主要有端到端 IP 连接、服务质量(QoS)、安全性、多播、移动性、即插即用等。

与 IPv4 相比,IPv6 主要有如下一些优势。

第一,明显地扩大了地址空间。IPv6 采用 128 位地址长度,几乎可以不受限制地提供 IP 地址,从而确保了端到端连接的可能性。

第二,提高了网络的整体吞吐量。由于 IPv6 的数据包可以远远超过 64K 字节,应用程序可以利用最大传输单元(MTU)获得更快、更可靠的数据传输,同时在设计上改进了选路结构,采用简化的报头定长结构和更合理的分段方法,使路由器可以加快数据包处理速度,提高了转发效率,从而提高网络的整体吞吐量。

第三,使得整个网络服务质量得到很大改善。报头中的业务级别和流标记通过路由器的配置可以实现优先级控制和 QoS 保障,从而极大改善了 IPv6 的服务质量。

第四,安全性有了更好的保证。采用 IPSec 可以为上层协议和应用提供有效的端到端安全保证,能提高在路由器水平上的安全性。

第五,支持即插即用和移动性。设备接入网络时通过配置可自动获取 IP 地址和必要的参数,实现即插即用,简化了网络管理,易于支持移动节点。而且 IPv6 不仅从 IPv4 中借鉴了许多概念和术语,它还定义了许多移动 IPv6 所需的新功能。

第六,更好地实现了多播功能。在 IPv6 的多播功能中增加了"范围"和"标志",限定了路由范围和可以区分永久性与临时性地址,更有利于多播功能的实现。

IPv6 并非是简单的 IPv4 升级版本,作为互联网领域迫切需要的技术体系、网络体系,IPv6 比任何一个局部技术都更为迫切和急需。这是因为其不仅能够解决互联网 IP 地址的短缺问题,还能够降低互联网的使用成本,带来更大的经济效益,并更有利于推动社会进步。IPv6 正处在不断发展和完善的过程中,它在不久的将来将取代目前广泛使用的 IPv4,每个人将拥有更多的 IP 地址。

IPv6 把 128 位二进制表示的 IP 地址以 16 位为一分组,共分成 8 组,每个 16 位二进制数不再用十进制数表示,而是用 4 位十六进制数表示,中间用冒号分隔。故而把 IPv6 地址的表示方法称为冒号分十六进制格式。例如:

21DA:00D3:0000:2F3B:02AA:00FF:FE28:9C5A

是一个完整的 IPv6 地址。

我们知道 IP 地址是以网络号和主机号来标示网络上的主机的,只有在一个网络号下的计算机之间才能"直接"互通,不同网络号的计算机要通过网关(Gateway)才能互通。但这样的划分在某些情况下显得不够灵活。为此 IP 网络还允许划分成更小的网络,称为子网(Subnet),这样就产生了子网掩码。子网掩码的作用就是用来判断任意两个 IP 地址是否属于同一子网络,这时只有在同一子网的计算机才能"直接"互通。

子网掩码和 IP 地址一样有 32 位,确定子网掩码的方法是其与 IP 地址中标识网络号的所有对应位都用"1",而与主机号对应的位都是"0"。如分为 2 个子网的 C 类 IP 地址用 22 位来标识网络号,则其子网掩码为:11111111 11111111 11111111 10000000 即 255.255.255.128。于是我们可以知道,A 类地址的缺省子网掩码为 255.0.0.0,B 类为 255.255.0.0,C 类为 255.255.255.0。

2. 域名系统

通过 IP 地址,用户就可以在网络中进行通信。但是用一连串的数字 IP 作为机器在网络中的标识不便于人们记忆,操作起来也不方便。因此 Internet 中利用计算机处理速度快和存储容量大的特点,允许用户使用另一种识别标志。这种标志与网络中的每一台主机的 IP 地址一一对应,不同的是这种标志由字符组成便于用户记忆。我们把这样的一种对应关系规则称为域名系统(Domain Name System,DNS)。DNS 提供主机名与 IP 地址之间的转换服务,它是今天在 Internet 上成功运作的名字服务系统。

Internet 中的域名采用了层次树状结构的命名方法。域名的结构由若干个分量组成,各分量之间用点隔开。形式:三级域名.二级域名.顶级域名。如清华大学注册的域名为"tsinghua.edu.cn"。各个部分分别代表不同级别的域名,各级域名由其上一级的域名管理机构管理,而最高的顶级域名则由 Internet 的有关机构管理。

如图 7-19 是 Internet 域名空间的结构,它实际上是一棵倒过来的树,树根在最上面而没有名字。树根下面一级的节点就是最高一级的顶级域节点。在顶级域下面的是二级域节点。例如:南昌大学科学技术学院注册的域名为"ndkj.com.cn",其中"cn"为顶级域名,"com"为二级域名,"ndkj"为三级域名。

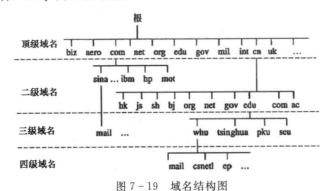

图 7-19 域名结构图

3. URL 地址

统一资源定位符(Uniform Resource Locator,URL)是对可以从互联网上得到的资源的位置和访问方法的一种简洁的表示,是互联网上标准资源的地址。互联网上的每个文件都有一个唯一的 URL,它包含的信息指出该文件的位置以及浏览器应该怎么处理它。它最初是由蒂姆·伯纳斯·李发明用来作为万维网的地址。

URL 由三部分组成:资源类型、存放资源的主机域名、资源文件名。

URL 的一般语法格式为:

protocol://hostname[:port]/path/[;parameters][? query]#fragment
(注：带方括号"[]"的为可选项)

其中 protocol(协议)是指定使用的传输协议；hostname(主机名)是指存放资源服务器的域名系统(DNS)主机名或 IP 地址；port(端口号)是可选项,省略时表示使用方案的默认端口,各种传输协议都有默认的端口号；path(路径)由零或多个"/"符号隔开的字符串组成,一般用来表示主机上的一个目录或文件地址。parameters(参数)用于指定特殊参数的可选项；query(查询)是可选项,用于给动态网页传递参数,可有多个参数,用"&"符号隔开,每个参数的名和值用"="符号隔开；fragment(信息片断)是字符串,用于指定网络资源中的片断。

例如地址"http://www.edu.cn/",表示用 HTTP 协议访问主机名为"www.edu.cn"的 Web 服务器的主页；地址"http://www.hebut.edu.cn/services/china.html",表示用 HTTP 协议访问主机名为"www.hebut.edu.cn"的一个 HTML 文件。

◎任务实施

对某台计算机配置 TCP/IP 访问协议,设置 IP 地址和子网掩码。

①在桌面上右键单击"网络"图标,在弹出的下拉列表中,选择"属性",单击打开,将弹出"网络和共享中心"窗口,如图 7-20 所示。

图 7-20 "网络和共享中心"窗口

②在打开的"网络和共享中心"窗口中,选择窗口左上角"更改适配器设置"打开"网络连接"窗口,如图 7-21 所示。

图 7-21 "网络连接"窗口

③双击打开"本地连接"图标,会弹出一个新窗口,如图 7-22 所示,然后单击"属性"图标,又会弹出一个新窗口,如图 7-23 所示。

④在打开的窗口中选择"Internet 协议版本 4(TCP/IPv4)",单击"属性"图标,会弹出一个新窗口,如图 7-24 所示。

图 7-22 "本地连接状态"对话框　　　　图 7-23 "本地连接属性"对话框

⑤此时选择"使用下面的 IP 地址"进行 IP 地址的设置。设置完成后结果如图 7-25 所示。

图 7-24 "Internet 协议版本 4(TCP/IPv4) 属性"对话框　　　　图 7-25 "Internet 协议版本 4(TCP/IPv4) 属性"对话框

项目二 Internet 的应用与信息的检索

随着计算机网络技术的不断发展,Internet 已经成为世界上最大的互联网,其网络资源数量巨大,包罗万象。人们可以通过 Internet 搜索资料,下载或上传图文、音像文件,收发电子邮件,Internet 正以强大的能力席卷全球,融入人们的日常生活。

任务一 浏览器的使用

◎任务描述

浏览器(Browser)是一种显示网页服务器或者文件系统的 HTML 文件内容,并让用户与这些文件进行交互操作的应用软件。它用来显示在万维网或局域网内的文字、图像及其他信息。这些文字或图像可以是连接其他网址的超链接,用户可迅速及方便地浏览各种信息。那么在使用浏览器前,我们先了解一下目前应用较广泛的几款浏览器。

◎任务分析

浏览器通过 HTTP 协议与 Web 服务器进行交互,它根据 Internet 用户提供的 Web 服务器的 IP 地址或域名获取 Web 服务器提供的网页。常见的网页浏览器有微软公司的 Internet Explorer(简称 IE)、苹果公司的 Safari、谷歌公司的 Chrome、Mozilla 公司的 Firefox,对于国内用户,常用的还有 QQ 浏览器、百度浏览器、搜狗浏览器、猎豹浏览器、360 浏览器、UC 浏览器、傲游浏览器等,本任务主要介绍微软公司的 IE 10.0 浏览器的组成与属性设置。

◎知识链接

1. IE 的界面组成

启动 IE 或者双击桌面上的 IE 图标,IE 会以默认起始页的方式打开浏览器窗口。图 7-26 是 IE 10.0 版本的主界面。

图 7-26 IE 10.0 版本的主界面

IE 的版本不同,主界面的组成也各不相同,IE 浏览器的主界面一般由标题栏、地址栏、搜索栏、菜单栏、主窗口、常用按钮和状态栏组成。

地址栏:为用户提供了输入网页地址的地方,用户在输完地址后,按回车键即可让浏览器连接并打开指定的网页。

搜索栏:提供搜索引擎的功能。

菜单栏:提供与网页浏览相关的功能和浏览器的配置功能等。

主窗口:用于显示网页的内容,在主窗口中可以打开多个选项卡,用于显示不同的网页。

常用按钮:分散在整个界面的上方,它采用按钮的方式实现了菜单栏中比较常用的功能,例如前进、后退、刷新、收藏夹等功能。

状态栏:用于显示浏览器当前的功能,如正在打开的网页等。

◎任务实施

IE 浏览器的属性设置。

通过对 IE 浏览器属性的设置可以实现更多个性化功能。"工具"菜单栏中的"Internet 选项"对话框包括"常规""安全""隐私""内容""连接""程序"和"高级"等选项卡,可分别设置不同类型的工作环境,也可以使用缺省值。

(1)Internet 常规设置

通过单击"工具"菜单栏中 Internet 选项的"常规"进行设置,可以允许用户对主页、启动、外观等进行管理,以满足用户的需要和个人习惯。如图 7-27 所示为"Internet 选项"对话框的"常规"选项卡。

①主页设置:用户可以自己选择 IE 浏览器打开时显示的网站主页,如使用当前正在访问的网址、使用默认的网址或使用空白页。可以在图 7-27 中"主页"栏里面输入作为主页的网址。

②Internet 临时文件:

图 7-27 "Internet 选项"对话框

浏览网页内容时,IE浏览器会自动将访问过的网页内容保存在浏览器的临时文件夹中,这些保存的文件就是临时文件。在下次访问该网页时可提高浏览速度。临时文件的设置可通过图7-27中"浏览历史记录"进行设置。

③历史记录:IE浏览器可以将近期访问过的网址保存在历史记录中,便于用户再次快速访问。用户可以自定义网址保存在历史记录中的天数,也可清除历史记录。历史记录的设置可通过图7-27中"浏览历史记录"进行设置。

(2)Internet高级选项

Internet高级设置一般是涉及IE浏览器的显示效果控制、安全设置等内容。修改高级设置一般要具有较高的计算机使用能力,否则会影响浏览器的正常工作。打开"Internet属性"对话框中的"高级"选项卡,如图7-28所示。在"高级"选项卡中包含了非常多的设置选项供用户进行设置,其中许多选项都是在浏览网页时经常用到的,比如现在许多网页都是带有图像、动画、音频和视频的,具有丰富的视觉和听觉效果,但是同时影响了网页的加载速

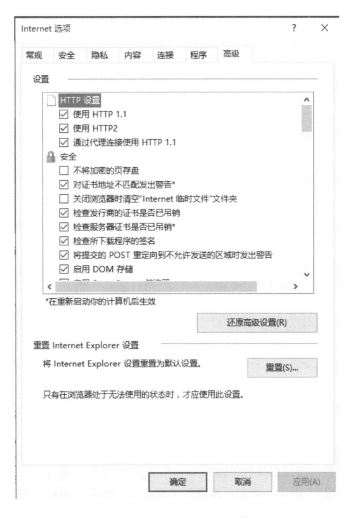

图7-28　Internet"高级"选项卡

度，特别是在网络拥挤的时候。如果想缩短网页加载的时间，可以进行如下设置：在"多媒体"选项组中，取消选中"播放动画""播放声音""播放视频""显示图片""优化图像抖动"等选项，这样浏览的网页将只包含纯文本的信息，其加载速度会大大提高。

任务二　电子邮件的应用

◎任务描述

电子邮件是一种用电子手段提供信息交换的通信方式，是互联网应用最广的服务。它已成为人们日常生活与工作中一种重要的通信方式。它具有便捷、高效、便宜等特点。我们如何来灵活运行电子邮件进行通信呢？

◎任务分析

电子邮件作为Internet中一种非常重要的应用，我们要理解电子邮件的概述与特点，学会申请免费的邮箱和掌握邮箱的使用方法。

◎知识链接

1. 电子邮件的概述

电子邮件（E-mail）是基于计算机网络的通信功能而实现信息交换的技术，它是Internet上使用最多的一种服务，是网上交流信息的一种重要工具。

电子邮件系统采用"客户-服务器"工作模式。在Internet上提供电子邮件服务的服务器称为邮件服务器。当用户在邮件服务器上申请邮箱时，邮件服务器就会为这个用户分配一块存储区域，用于对该用户的信件进行处理，这块存储区域就称为邮箱。一个邮件服务器上有很多这样一块一块的存储区域，分别对应不同的用户，这些邮箱都有自己的邮箱地址，即E-mail地址，用户通过自己的E-mail地址访问邮件服务器登陆各自的邮箱并处理邮件。

邮件服务器一般分为通用和专用两大类。通用邮件服务器允许世界各地的任何人进行申请，如果用户接受它的协议条款，就可以在该邮件服务器上申请到免费的电子邮箱，这类服务器中比较著名的有网易、Hotmail等。如果需要更好的服务，也可以申请付费的电子邮箱。专用服务器一般是学校、企业、集团内部所使用的专用于内部员工交流、办公使用的服务器，它一般不对外提供服务。

收发电子邮件主要有以下两种方式。

①Web方式收发电子邮件（也称在线收发邮件）。它通过浏览器直接登录邮件服务器的网页，在网页输入用户名和密码后，进入自己的邮箱进行邮件的处理。大部分用户都采用这种方式进行邮箱的操作。

②利用电子邮件应用程序收发电子邮件（也称离线方式）。在本地运行电子邮件应用程序，通过该程序进行邮件收发的工作。收信时先通过电子邮件应用程序登录邮箱服务器，将服务器上的邮件转到本机上进行阅读；发信时先利用电子邮件应用程序来组织编辑邮件，然后通过电子邮件应用程序连接件服务器，并把写好的邮件发送出去。

在TCP/IP协议中，电子邮件客户端程序向服务器发送邮件采用SMTP协议；而接收邮件采用POP3（第3代邮局协议）协议或IMAP（交互式电子邮件存取协议）协议。

在邮件服务器中为每个合法用户开辟的存储用户邮件的空间叫邮箱，邮箱拥有独立的账号和密码属性,只有合法用户才能阅读邮箱中的邮件。电子邮箱地址的格式:用户名@邮件服务器域名。例如:yueyar88@126.com。其中用户名"yueyar88"是用户注册的账号登录名,"126.com"代表用户申请信箱的服务器域名。

◎ 任务实施

下面以网易的免费电子邮箱为例,介绍如何申请注册一个邮箱并收发邮件。

①打开浏览器,在地址栏里输入网易免费邮箱的首页网址:http://www.126.com。

②在首页点击"注册新账号"选项,如图7-29所示。

图7-29 网易邮箱首页

③进入邮箱注册界面,注册时有两种注册方式,分别为注册免费邮箱和注册VIP邮箱,如图7-30所示,选择"注册免费邮箱"(默认选择),进入个人资料填写页面,在填写个人资料时,凡带有"＊"的项目必须填写,例如:申请邮件地址为xiongtinglucky6677@126.com,邮箱注册需与手机号进行绑定,当信息填写完成后,用绑定的手机号编辑短信222发送到10690163222,再勾选同意《网易邮箱帐号服务条款》和《网易隐私政策》后,单击"已发送短信验证,立即注册",将弹出"xiongtinglucky6677@126.com 注册成功!"的页面,如图7-31所示。

④注册邮箱成功之后,单击"进入邮箱",进入网易免费邮箱,就可收发电子邮件,如图7-32所示。

图 7-30 网易邮箱注册界面

图 7-31 网易邮箱注册成功页面

模块七 计算机网络基础与Internet应用

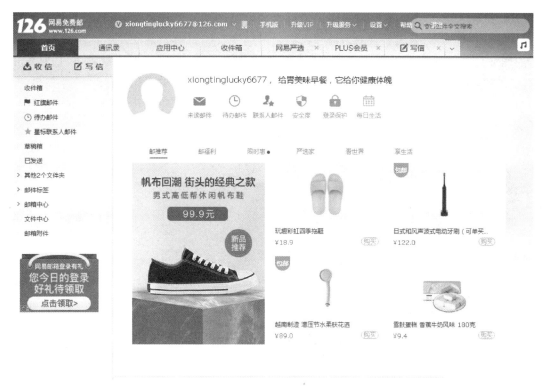

图 7-32　邮箱首页

任务三　文件传输

◎任务描述

文件传输(File Transfer),是指将一个文件或其中的一部分从一台计算机传到另一台计算机。在 Internet 上通过文件传输协议(File Transfer Protocol,FTP)实现文件传输。通过文件传送服务,用户可以把个人计算机与世界各地所有运行 FTP 协议的服务器相连,从而访问、下载大量程序和信息文件。生活中,常用的文件传送方式有哪些呢? 该如何操作呢?

◎任务分析

文件传输也是 Internet 中一种非常重要的应用,我们要理解文件传输的概述与特点,学会利用浏览器实现文件的上传与下载。

◎知识链接

1.文件传输概述

在实际应用中我们经常需要将文件、资料发布到网上,或从网上下载文件到本地,这种文件传输方式与浏览网页的信息下载有很大区别,HTTP 协议不能满足用户的这种双向信息传递要求,为此必须使用支持文件传输的协议,即 FTP。使用 FTP 传送的文件称为 FTP 文件,提供文件传输服务的服务器称为 FTP 服务器。FTP 文件可以是任意格式的文件,如压缩文件、可执行文件、Word 文档等。

为了保证在 FTP 服务器和用户计算机之间准确无误地传输文件,必须在双方分别装有

297

FTP 服务器软件和 FTP 客户端软件。进行文件传输的用户计算机要运行 FTP 客户端软件，并且要有登录 FTP 服务器的地址和账户。用户启动 FTP 客户端软件后，给出 FTP 服务器的地址，并根据提示输入用户名和密码，与 FTP 服务器建立连接，即登录到 FTP 服务器上。登录成功后，就可以开始文件的搜索，查找到需要的文件后就可把它下载到计算机上，称为下载文件（Download）；也可以把本地的文件发送到 FTP 服务器上，供所有的网络用户共享，称为上传文件（Upload）。

由于大量的上传文件会造成 FTP 服务器上文件的拥挤和混乱，所以一般情况下，Internet 上的 FTP 服务器会限制用户进行上传文件的操作。

2．文件传输的方式

资源共享是 Internet 的重要功能之一，为了达到资源共享的目的，在 Internet 上经常需要在计算机之间传送文件。随着计算机软件技术的不断发展，能够执行文件上传和下载功能的软件也越来越多，使用的方法也多种多样，常用的文件上传和下载工具有 FTP 客户端、常用浏览器、迅雷、FlashGet 等。任务实施中将仅介绍利用迅雷实现文件的上传和下载，其他的方法在此不做介绍，感兴趣的读者可以自行学习。

◎任务实施

利用浏览器实现文件的上传与下载。

下面以上一任务中电子邮件注册的 126 网易邮箱为例，介绍在 IE 浏览器中上传文件的方法。网络磁盘是网络服务商为 Internet 用户提供的数据托管服务，用户通过 Internet 将本地的文件上传到网络磁盘上，可以减少本地磁盘空间的占用量，也可以提高数据使用的便利性。

①打开 126 网易邮箱的首页，在邮箱首页左下角，找到"文件中心"，如图 7-33 所示。

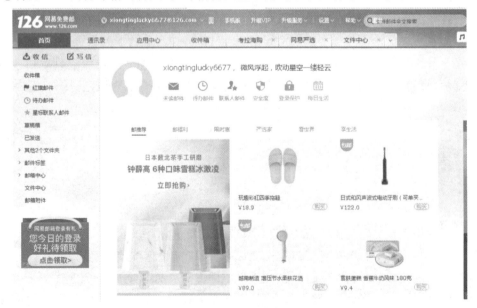

图 7-33　126 网易邮箱的首页

②单击"文件中心"按钮进入"文件中心"页面,可以看到已经保存于网盘的文件,还能查看网盘空间大小及剩余空间。单击"上传文件",随即会打开标准的文件选择窗口,在这里选择需要上传保存的文件,单击"打开"按钮,如图 7-34 所示,其中可以看到文件上传的进度,如图 7-35 所示。如果对保存路径有要求,可以在保存前先打开需要的路径,直接保存到相应的文件夹内,默认是上传到根目录。

图 7-34　文件上传选择文件框

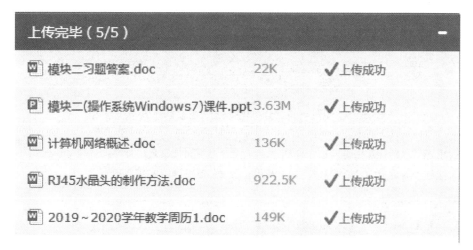

图 7-35　文件上传进度提示框

③上传完毕,在根目录中就可以看到上传的文件的名称,在网络磁盘的主页上也可看到新上传的文件,如图 7-36 所示。我们就可以在任何地方上网查看了。

图 7-36　文件上传成功页面

利用浏览器实现文件下载的方法与文件上传的方法类似，还是以网易邮件文件中心为例，成功登入邮箱后，在邮箱首页左下角，单击"文件中心"，在网络磁盘主页上即可看到上传的文件，此时我们单击"上传文件"并列的"下载"，再把鼠标放到需要下载的资料上，这时就会出现隐藏的功能菜单，如图 7-37 所示。

图 7-37　网易邮箱文件下载功能

我们单击"下载"功能键，这时页面就会弹出"新建下载任务"的对话框，单击对话框中的"浏览"功能键，设置好文件保存的位置后单击下载，此时就可以把网易磁盘中的文件下载到指定的保存路径。

任务四　常见的中文搜索引擎

◎任务描述

Internet 是一个巨大的信息资源宝库，几乎所有的 Internet 用户都希望宝库中的资源越来越丰富，应有尽有。那么用户如何在如此丰富的网络资源中快速有效地查找到自己想要的信息呢？就这要借助于 Internet 中的搜索引擎。

◎ 任务分析

为了在 Internet 中快速高效地找到我们所需要的资源，我们可以用搜索引擎来实现，在学会使用搜索引擎之前，我们先来理解信息检索的概念，最后以百度为例介绍网络搜索引擎的使用方法。

◎ 知识链接

1. 信息检索的概述

信息检索（Information Retrieval）是指根据用户的需要找出相关信息的过程和技术，它把用户想要的信息按一定的方式组织起来，然后提供给用户。信息检索起源于图书馆的参考咨询和文摘索引工作，以前的检索手段主要为手工检索、机械检索和计算机检索。

随着计算机技术和 Internet 技术的不断发展与推广，图书馆的信息检索逐渐信息化和网络化，出现了许多通过 Internet 进行访问的电子图书馆，需要检索信息的用户在家里、办公室或其他能访问 Internet 的地方都能通过 Internet 进入电子图书馆系统，不需要图书馆管理员的帮助就可以随意检索自己想要的信息。目前，国内高校基本上都建立了自己的电子图书馆，但一般只对本校内部师生开放。国内对公众开放的电子图书馆有 CNKI、维普、超星图书馆等，Internet 用户可以在这些电子图书馆中查询到文献的摘要信息，但只有在支付一定的费用后才能下载到文献的全文。当前，信息检索技术不再局限于图书馆的文献咨询和检索，而是延伸到 Internet 中海量信息的检索。

2. 常用的网络搜索引擎

搜索引擎是 Internet 上的一个网站，它的主要任务就是在 Internet 中主动搜索 Web 站点中的信息并对其自动索引。目前常用的网络搜索引擎有百度、谷歌、搜狗等，如表 7-2 所示是常用的搜索引擎。

表 7-2 常用的搜索引擎

搜索引擎	URL 地址
百度	http://www.baidu.com
谷歌	http://www.google.cn
搜狗	http://www.sogou.com
中文雅虎	https://cn.yahoo.com

◎ 任务实施

下面以百度为例介绍网络搜索引擎的使用方法。

百度是全球最大的中文搜索引擎，它为 Internet 用户提供了功能多样的网络搜索产品，除了常规的网页搜索外，还提供了以贴吧为主的社区搜索、针对各区域和行业所需的垂直搜索、音乐搜索等，基本覆盖了中文网络世界的信息搜索需求。用户只需将待搜索的关键词输入如图 7-38 所示搜索引擎主界面的搜索框中，然后单击"百度一下"按钮，系统将显示与该关键词相关的信息，用户单击相关信息的标题即可进入相关的网页。

图 7-38　百度搜索引擎主界面

在百度里实现的最简单的搜索就是搜索单个关键词,例如搜索关键词"计算机"相关的信息,搜索结果如图 7-39 所示。

图 7-39　百度搜索关键词"计算机"结果

为了更加准确地搜索到用户想要的信息,有时需要提供多个关键词进行搜索,例如搜索与"计算机"和"百科"两者相关的信息,需要将这两个关键词都输入到搜索框中,并且用空格分开,搜索结果如图7-40所示。

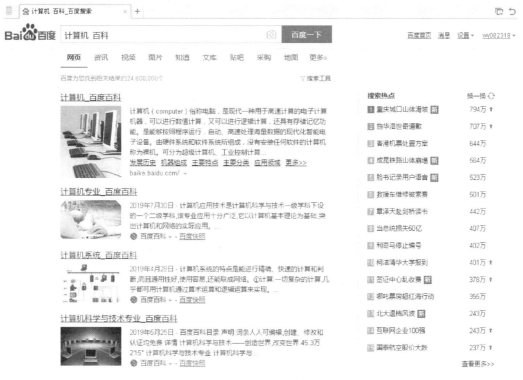

图7-40 百度搜索关键词"计算机 百科"结果

另外,还可以指定信息搜索结果的类型,如图片、音乐等,只需在如图7-41所示搜索结果的基础上单击页面输入框下面的"图片"超链接,即可获得与"计算机""百科"相关的图片搜索结果。

通过在关键词中加入特殊的命令可以在百度中搜索出更加精确的结果,下面列举3种常用的搜索命令。

①filetype:doc命令:在搜索框中输入filetype:doc命令和关键词,可以搜索出与关键词相关的Word文档类型的文件,如图7-42所示。

②inurl:指定网址命令:在搜索框中输入inurl:指定网址和关键词,则可以搜索出与关键词相关的、网址中含有指定网址的网页,如图7-43所示。

③intitle:指定网址命令:在搜索框中输入intitle:指定网址和关键词,则可以搜索出与关键词相关的、网页标题中含有指定网址的网页,如图7-44所示。

图 7-41　百度搜索关键词"计算机""百科"图片结果

图 7-42　百度搜索"filetype:doc 计算机学习"结果

模块七　计算机网络基础与 Internet 应用

图 7-43　百度搜索"inurl：www.ndkj.com.cn 计算机系"结果

图 7-44　百度搜索"intitle：南昌大学科技学院计算机系"结果

任务五　网络电子图书馆的应用

◎任务描述

众所周知,图书馆是供人们查阅资料,获取信息的场所,是实现信息共享的地方。网络电子图书馆因为网络环境改变了图书馆馆藏概念的内涵和外延,网络时代的图书馆是现实图书馆被信息技术化的产物。网络电子图书馆也是 Internet 资源共享的一种应用。

◎任务分析

本任务以中文的 CNKI(China Knowledge Internet)电子图书馆为例介绍网络电子图书馆的基本使用方法。

◎知识链接

中国知网(China Knowledge Internet,CNKI)的概念来源于国家知识基础设施(National Knowledge Infrastructure,NKI),该概念由世界银行于 1998 年提出。CNKI 工程是以实现全社会知识资源传播共享与增值利用为目标的信息化建设项目,由清华大学、清华同方发起,始建于 1999 年 6 月。在党和国家领导以及教育部、中宣部、科技部、新闻出版总署、国家版权局、国家发改委的大力支持下,在全国学术界、教育界、出版界等社会各界的密切配合和清华大学的直接领导下,CNKI 工程集团经过多年努力,采用自主开发并具有国际领先水平的数字图书馆技术,建成了世界上全文信息量规模最大的"CNKI 数字图书馆",并正式启动建设《中国知识资源总库》及 CNKI 网络资源共享平台,通过产业化运作,为全社会知识资源高效共享提供最丰富的知识信息资源和最有效的知识传播与数字化学习平台。

通过与期刊界、出版界及各内容提供商的合作,中国知网已经发展成为集期刊杂志、博士论文、硕士论文、会议论文、报纸、工具书、年鉴、专利、标准、国学、海外文献资源为一体的、具有国际领先水平的网络出版平台。中心网站的日更新文献量达 5 万篇以上。

基于海量的内容资源增值服务平台,任何人、任何机构都可以在中国知网建立个人数字图书馆,定制自己需要的内容。越来越多的读者将中国知网作为日常工作和学习的平台。

◎任务实施

中文的 CNKI(China Knowledge Internet)电子图书馆应用。

在 IE 浏览器的地址栏中输入 CNKI 的网址：http://www.cnki.net,进入如图 7-45 所示的 CNKI 的首页。

单击页面上方"旧版入口",进入相应页面后,再单击页面右侧的"资源总库"超链接,进入资源总库页面,如图 7-46 所示。

CNKI 的资源数据库包括期刊、学位论文、报纸、会议论文等多个模块,用户可以根据待检索文献的类型选择合适的资源数据库进行文献的检索。下面以检索期刊文献为例介绍 CNKI 的文献检索方法。

选择"资源总库"页面中"期刊"下的"《中国学术期刊(网络版)》",然后单击进入文献检索页面,在期刊检索右侧的提示框中输入文献检索的条件,如果要增加检索条件,可以单击在"主题"左侧的"+"按钮增加一个检索条件输入框。还可以通过"主题"右面的 ∨ 按钮展

模块七　计算机网络基础与 Internet 应用

图 7-45　CNKI 的首页

图 7-46　资源总库的页面

开下拉列表框进行检索条件的选择，如图 7-47 所示。

图 7-47　期刊检索页面

选择按"主题"检索,例如在文本框中输入"计算机网络安全策略","主题"下面还可以设置检索起始时间和选择来源类别,用户可以根据检索需求加以设置与选择,然后单击"检索"按钮,进入检索页面,如图 7-48 所示为检索结果。检索结果中将显示检索出相关主题的文献的篇名、作者、刊名、发表时间等信息。

图 7-48　检索结果页面

用户可以在检索结果中,单击其中一篇文献的"篇名",就可以查看该文献的详细信息,如图 7-49 所示。例如在本检索结果中单击"局域网环境下计算机网络安全技术的应用策略浅谈"的篇名,进入该文献的详细页面,可以根据用户需求进行下载查看等操作。

CNKI 的文献检索功能非常丰富,用户可以在图 7-47 所示的检索页面根据检索需求,

图 7-49　文献详细内容的显示页面

选择"高级检索""专业检索""作者发文检索""一框式检索""句子检索"功能,然后在文本框中输入已有的信息并检索文献,以便更加准确地检索出用户所需要的文献信息。

模块小结

1. 计算机网络是指为了实现计算机之间的通信交互、资源共享和协同工作,采用通信手段,将地理位置分散的具有独立功能的许多计算机利用传输介质和网络设备连接起来并使用某种协议实现数据通信和资源共享的计算机系统。

2. 计算机网络的主要功能是数据通信、资源共享、远程传输、集中管理、实现分布式处理和负载平衡。

3. 计算机网络的分类方法有多种。按照地理覆盖范围分:局域网(LAN)、城域网(MAN)、广域网(WAN)。它们的实现技术不同,各自有不同的体系架构标准。按照网络的拓扑结构分:总线型网、星形网、环形网和混合型网,各自有不同的特点和应用环境。

4. 计算机网络系统由硬件系统和软件系统构成。网络的硬件系统包括网络中的计算机、网络互联设备以及物理连接介质;网络的软件系统包括网络操作系统和一些网络应用软件。

5. 网络体系结构是计算机之间相互通信的层次以及各层中的协议和层次之间接口的集合。国际标准化组织在 1979 年提出了开放系统互联的模型(Open System Interconnection,OSI)。1969 年美国国防高级研究计划局(DARPA)提出了 TCP/IP 模型。OSI 模型由低层至高层分别称为物理层、数据链路层、网络层、运输层、会话层、表示层和应用层;TCP/IP 模型共分四层,即网络接口层、网络层、传输层和应用层。它们为网络硬件、软件、协议、存取控制和拓扑结构提供了制定标准。

6. Internet 是一个国际性的广域网,它是由在全球范围内符合 TCP/IP 等网络协议的计算机网络连接起来形成的互联网。IP 地址和域名是在 Internet 网络中对资源进行定位的一种技术手段,每台接入到 Internet 网络中的计算机都有一个唯一的 IP 地址。统一资源定位符是对可以从互联网上得到的资源的位置和访问方法的一种简洁的表示,是互联网上标准资源的地址。

7. 随着计算机网络技术的不断发展,Internet 已经成为世界上规模最大的互联网,其网络资源数量巨大,包罗万象。Internet 提供了迅速方便的通信手段,人们足不出户即可从网上获取大量的数据、信息。要求理解与掌握常用浏览器的功能特点、电子邮件的收发操作、常用的文件上传和下载工具、信息检索的功能与使用方法。

习 题

一、单选题(请选择 A、B、C、D 中的一个字母写到本题的括号中)

1. 计算机网络是计算机与(　　)结合的产物。
   A. 电话　　　　　　　　　　　　B. 线路
   C. 各种协议　　　　　　　　　　D. 通信技术

2. 互联网的基本含义是(　　)。
   A. 国内计算机与国际计算机互联　　B. 计算机与计算机网络互联
   C. 计算机与计算机互联　　　　　　D. 计算机网络与计算机网络互联

3. "HTTP"是一种(　　)。
   A. 高级程序设计语言　　　　　　B. 超文本传输协议
   C. 网址　　　　　　　　　　　　D. 域名

4. 计算机网络最突出的优点是(　　)。
   A. 运算速度快　　　　　　　　　B. 运算精度高
   C. 存储容量大　　　　　　　　　D. 资源共享

5. 目前,一台计算机要连入 Internet,必须安装的硬件是(　　)。
   A. 网络操作系统　　　　　　　　B. WWW 浏览器
   C. 网络查询工具　　　　　　　　D. 调制解调器或网卡

6. 从"www.uste.edu.cn"可以看出,它是中国的一个(　　)站点。
   A. 教育部门　　　　　　　　　　B. 军事部门
   C. 政府部门　　　　　　　　　　D. 工商部门

7. 互联网上的服务都是基于一种协议,WWW 服务基于(　　)协议。
   A. TELNET　　　　　　　　　　　B. SMIP

C. SNMP   D. HTTP

8. Internet 的通信协议是（　　）。
   A. CSMA   B. CSMA/CD
   C. X.25   D. TCP/IP

9. "E-mail"一词是指（　　）。
   A. 电子邮件   B. 一种新的操作系统
   C. 一种新的字处理软件   D. 一种新的数据库软件

10. 最早出现的计算机网络是（　　）。
    A. Internet   B. Ethernet
    C. Bitnet   D. ARPANET

11. 局域网的拓扑结构是（　　）。
    A. 环形   B. 星形
    C. 总线型   D. 以上都可以

12. 为网络提供共享资源并对这些资源进行管理的计算机称为（　　）。
    A. 网桥   B. 网卡
    C. 工作站   D. 服务器

13. 已知接入 Internet 的计算机用户名为 Xinhua，而连接的服务商主机名为 public.tpt.fj.cn，相应的 E-mail 地址应为（　　）。
    A. Xinhua.public.@tpt.fj.cn B. Xinhua.public.tpt.fj.cn
    C. Public.tpt.fj.cn@Xinhu   D. Xinhua@public.tpt.fj.cn

14. 下列四项中，合法的 IP 地址是（　　）。
    A. 190.220.5   B. 206.53.3.78
    C. 206.53.312.78   D. 123.48.82.220

15. 下列有关 Internet 的叙述，（　　）的说法是错误的。
    A. Internet 是国际计算机互联网   B. Internet 是计算机网络的网络
    C. Internet 上提供了多种信息网络系统   D. 万维网就是 Internet

16. 某台主机属于中国电信系统，其域名应以（　　）结尾。
    A. com.cn   B. com
    C. net.cn   D. net

17. 为了保证提供服务，Internet 上的任何一台物理服务器（　　）。
    A. 不能具有多个域名   B. 必须具有唯一的 IP 地址
    C. 只能提供一种信息服务   D. 必须具有计算机名

18. 如果要将电子邮件发送给两个人，可在收件人处填写其中一人的邮箱地址，在（　　）处填写另一个人的邮箱地址。
    A. 发件人   B. 收件人
    C. 抄送   D. 主题

19. 下列四项里，（　　）是 Internet 的最高层域名。
    A. cn   B. www

C. edu   D. gov

20. 若网络形状是由站点和连接站点的链路组成的一个闭合环,则称这种拓扑结构为（　　）。

　　A. 星形拓扑   B. 环形拓扑
　　C. 树形拓扑   D. 总线拓扑

21. 127.0.0.1 属于哪一类特殊地址（　　）。

　　1. 广播地址   B. 回环地址
　　C. 本地链路地址   D. 网络地址

22. 统一资源定位符 URL 的格式是（　　）。

　　A. 协议://IP 地址或域名/路径/文件名   B. 协议://路径/文件名
　　C. TCP/IP 协议   D. http 协议

23. 地址"ftp://218.0.0.123"中的"ftp"是指（　　）。

　　A. 协议   B. 网址
　　C. 新闻组   D. 邮件信箱

24. 我们平常所说的 Internet 是（　　）。

　　A. 局域网   B. 远程网
　　C. 广域网   D. 都不是

25. 域是用来标识（　　）。

　　A. 不同的地域   B. Internet 特定的主机
　　C. 不同风格的网站   D. 盈利与非盈利网站

26. 在登陆互联网的时候,需要一个网络服务商提供网络的连接,它称为（　　）。

　　A. ASP   B. ICP
　　C. ISP   D. PHP

27. 以下哪一个设置不是连接互联网所必须的（　　）。

　　A. 网关   B. IP 地址
　　C. 子网掩码   D. 工作组

28. 以下设备,哪一项不是计算机网络连接设备（　　）。

　　A. 网卡   B. 路由器
　　C. 电视盒   D. 交换机

29. 以下关于 FTP 与 Telnet 的描述,不正确的是（　　）。

　　A. FTP 与 Telnet 都采用客户机/服务器方式
　　B. 允许没有帐号的用户登录到 FTP 服务器
　　C. FTP 与 Telnet 可在交互命令下实现,也可利用浏览器工具
　　D. 可以不受限制地使用 FTP 服务器上的资源

二、判断题（请在正确的题后括号中打√,错误的题后括号中打×）

1. 介质访问控制技术是局域网中最重要的基本技术。（　　）
2. 国际标准化组织(ISO)是在 1977 年成立的。（　　）

3. OSI 模型是一种国际标准。（　　）

4. LAN 和 WAN 的主要区别是通信距离和传输速率。（　　）

5. 双绞线不仅可以传输数字信号，而且也可以传输模拟信号。（　　）

6. OSI 层次的划分应当从逻辑上将功能分开，越少越好。（　　）

7. TCP/IP 不符合国际标准化组织的 OSI 标准。（　　）

8. 在局域网标准中共定义了四个层次。（　　）

9. 星形结构的网络采用的是广播式的传播方式。（　　）

10. 国际互联网(Internet)是广域网的一种形式。（　　）

11. TCP/IP 协议的结构由传输层和网际协议层组成。（　　）

12. 启动 Internet Explorer 时，主页可以是我们设置的任意网站。（　　）

13. 在 Internet Explorer 中，按下"刷新"按钮，浏览器一定会从服务器重新加载当前页面。（　　）

14. 在 Internet Explorer 中，用户访问过的网页信息将被暂时保存在临时文件夹中。（　　）

15. 恢复已删除的邮件，必须在已删除邮箱中进行恢复操作。（　　）

三、上机操作题

1. 学生为自己的计算机添加网卡驱动程序（如已经添加好了可以略去此步）。

2. 学生两人为一组对各自的计算机配置 TCP/IP 协议。（注意：IP 地址应该处于同一个网段中且在同一个局域网中不能出现重复的 IP 地址，例如大家都是 192.168.1.X）

3. 学生查看计算机的主机名和所在工作组情况。

4. 学生在各自的计算机中创建一个共享文件夹，通过网上邻居相互访问共享资源。

5. 打开 IE 10.0 并在地址栏中输入"http://www.ncu.edu.cn/"打开南昌大学的网站。

6. 将南昌大学的网站设置为主页。

7. 在南昌大学网站的首页里选择一张图片保存到本地计算机中 D 盘的文件夹里。

8. 把南昌大学网站的首页完整地保存到 D 盘的文件夹里。

9. 把南昌大学网站放到 IE 10.0 的收藏夹内收藏。

10. 打开"www.google.com"网站，输入搜索关键字"南昌大学"，检索有关"南昌大学"的所有信息。

11. 通过"南昌大学科学技术学院"主页的"图书馆"，打开"中国知网"(CNKI)，学习"中国知网"的基本使用方法。

模块八 信息安全与病毒防范

计算机网络的广泛应用,促进了社会的进步和繁荣,并为人类社会创造了巨大财富。但由于计算机及其信息网络自身的脆弱性以及人为的攻击破坏,也给社会带来了损失。因此,计算机网络的安全性和可靠性成为所有用户共同关心的问题。人们都希望自己的网络能够更加安全可靠地运行,免受外来入侵者的干扰和破坏,所以解决好网络的安全性和可靠性是保证计算机信息安全的前提和保障。

项目一 计算机的安全维护

随着计算机信息化建设的飞速发展,计算机已普遍进入我们工作、生活的每个领域,但随之而来的是计算机信息安全也受到前所未有的威胁,计算机病毒泛滥、黑客猖獗。本项目主要介绍《中华人民共和国网络安全法》、计算机病毒的防范措施和常见的网络犯罪行为。下面让我们详细了解计算机安全知识和进行系统安全维护与防范的操作。

任务一 日常生活中网络安全

◎任务描述

网络安全是指网络系统的硬件、软件及其系统中的数据受到保护,不受偶然或者恶意的攻击而遭到破坏、更改、泄露,系统连续可靠正常地运行,网络服务不会中断。一般认为黑客攻击、计算机病毒和拒绝服务攻击是计算机网络系统受到的主要威胁。在日常生活中我们会遇到哪些网络安全问题?又有哪些网络安全措施?

◎任务分析

日常生活中,我们需要经常使用网络,掌握一些基本的网络安全知识和网络安全防护措施能确保我们更加安全地使用网络。

◎知识链接

1.信息系统安全定义

所谓信息安全就是关注信息本身的安全,而不管是否应用了计算机作为信息处理的手段。信息安全的任务是保护信息财产,以防止偶然的或未授权者对信息的恶意泄露、修改和破坏,从而导致信息的不可靠或无法处理等。这样可以使我们在最大限度利用信息的同时,避免损失或使损失最小。

网络信息安全指的是通过对计算机网络系统中的硬件、数据以及程序等不会因为无意或者恶意被破坏、篡改和泄露，防止非授权用户的访问或者使用，系统可以对服务保持连续性，能够可靠的运行。

信息安全的基本属性主要表现在以下 5 个方面。信息安全的任务就是要实现信息的 5 种安全属性。对于攻击者来说，就是要通过一切可能的方法和手段破坏信息的安全属性。

①完整性（Integrity）：完整性是指信息在存储或传输的过程中保持未经授权不能改变的特性，即对抗主动攻击，保证数据的一致性，防止数据被非法用户修改和破坏。对信息安全发动攻击的最终目的是破坏信息的完整性。

②保密性（Confidentiality）：保密性是指信息不被泄露给未经授权者的特性，即对抗被动攻击，以保证机密信息不会泄露给非法用户。

③可用性（Availability）：可用性是指信息可被授权者访问并按需求使用的特性，即保证合法用户对信息和资源的使用不会被不合理地拒绝。对可用性的攻击就是阻断信息的合理使用，如破坏系统的正常运行就属于这种类型的攻击。

④不可否认性（Non-repudiation）：不可否认性也称为不可抵赖性，即所有参与者都不可能否认或抵赖曾经完成的操作和承诺。发送方不能否认已发送的信息，接收方也不能否认已收到的信息。

⑤可控性（Controllability）：可控性是指对信息的传播及内容具有控制能力的特性。授权机构可以随时控制信息的机密性，能够对信息实施安全监控。

2.网络攻击与数据加密技术

网络攻击就是对网络安全威胁的具体体现。Internet 作为全球信息基础设施的骨干网络，其本身所具有的开放性和共享性对信息的安全问题提出了严峻挑战。由于系统脆弱性的客观存在，操作系统、应用软件、硬件设备不可避免地存在一些安全漏洞，网络协议本身的设计也存在一些安全隐患，这些都为攻击者采用非正常手段入侵系统提供了可乘之机。典型的网络攻击的一般流程如图 8-1 所示。

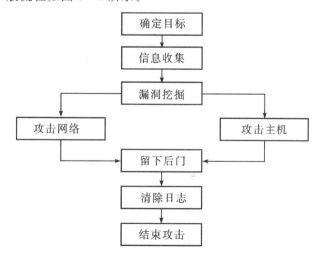

图 8-1　网络攻击一般流程

攻击过程中的关键阶段是弱点挖掘和获助权限。攻击成功的关键条件之一是目标系统存在安全漏洞或弱点。网络攻击的难点是目标使用权的获得。能否成功攻击一个系统取决于多方面的因素。常见的网络攻击工具有安全扫描工具、监听工具、口令破译工具等。

加密技术可以有效保证数据信息的安全,可以防止信息被外界破坏、修改和浏览,是一种主动防范的信息安全技术。

数据加密技术的原理是将公共认可的信息(明文)通过加密算法转换成不能直接被读取、不被认可的密文形式,这样数据在传输的过程中,以密文的形式进行,可以保证数据信息在被非法的用户截获后,由于数据的加密而无法有效地理解原文的内容,确保了网络信息的安全性。在数据信息到达指定的用户位置后,通过正确的解密算法将密文还原为明文,以供合法用户进行读取。对于加密和解密过程中使用到的参数,我们称之为密钥。

密钥加密技术的密码体制分为对称密钥体制和非对称密钥体制两种。相应地,对数据加密的技术也分为两类,即对称加密(也称私人密钥加密,如图8-2所示)和非对称加密(也称公开密钥加密,如图8-3所示)。加密体制中的加密算法是公开的,可以被他人分析。加密算法的真正安全性取决于密钥的安全性,即使攻击者知道加密算法,但不知道密钥,那么他也就不可能获得明文。所以加密系统中的密钥管理是一个非常重要的问题。

图8-2 对称加密解密过程示意图

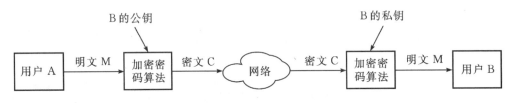

图8-3 非对称加密解密过程示意图

◎ 任务实施

1. Internet 拒绝服务攻击方法

①PING 风暴(PING Flooding):PING 命令是用来在网络中确认特定主机是否可达,但它也被用作攻击主机的手段。

②同步包风暴(SYN Flooding):同步包风暴是应用最为广泛的一种 DOS 攻击方式。

③电子邮件炸弹(E-mail Bomb):电子邮件炸弹的目的是通过不断地向目标 E-mail 地址发送垃圾邮件,占满收信者的邮箱,使其无法正常使用。

④Land 攻击:Land 攻击的原理是向目标主机的某个开放端口发送一个 TCP 包,并伪造 TCP/IP 地址,使得源 IP 地址等于目标 IP 地址,源端口等于目标端口,这样,就可以造成

包括 Windows 在内的很多操作平台上的主机死机。

2. Internet 后门攻击方法

"后门"一般是隐藏在操作系统或软件中,不为使用者知晓的系统漏洞,而它可使某些人绕过系统的安全机制获取访问权限。黑客可利用一些"扫描机（Scanners）"的小程序,专门寻找上网用户的系统漏洞,例如 NetBIOS 及 Windows "文件及打印共享"功能所打开的系统后门。一旦扫描程序在网上发现了系统存在着漏洞,那些恶意攻击者就会设法通过找到的"后门"进入你的计算机并获取你的信息。所有的这些非法入侵行为,你可能毫无查觉。

3. 特洛伊木马攻击方法

"特洛伊木马程序"是黑客常用的攻击手段。它通过在用户电脑中隐藏一个在 Windows 系统启动时悄悄运行的程序,采用服务器/客户机的运行方式,从而达到在上网时控制用户电脑的目的。黑客可以利用它窃取口令、浏览驱动器、修改文件和注册表等。特洛伊木马程序不仅可以收集信息,它还可能破坏系统,特洛伊木马程序不能自动复制,因此,它不属于计算机病毒。

4. 修改 Windows 系统注册表的安全配置并用"regedit"命令启动注册表编辑器配置 Windows 系统注册表中的安全项

操作步骤如下:

①关闭 Windows 远程注册表服务:通过任务栏的"开始"→"运行"输入"regedit",进入注册表编辑器。找到注册表中"HKEY_LOCAL_MACHINE\SYSTEM\CurrentControlSet\Services"下的"RemoteRegistry"。右键单击"RemoteRegistry"项选择"删除",如图 8-4 所示。

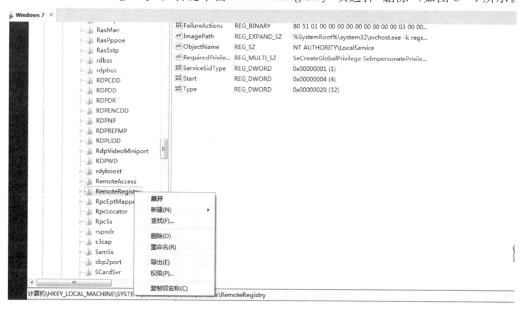

图 8-4 远程注册服务操作界面

②修改注册表防范 IPC$攻击:IPC$（Internet Process Connection）可以通过验证用户名和密码获得相应的权限,在远程管理计算机和查看计算机的共享资源时使用,如图 8-5

所示。

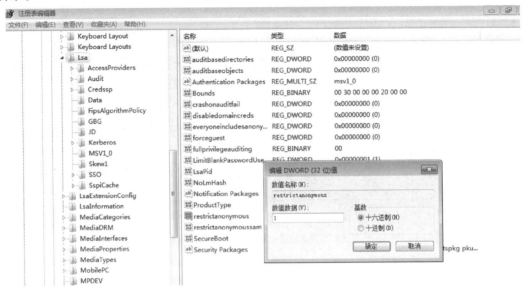

图 8-5　注册表防范 IPC＄连接操作界面

　　a. 查找注册表中"HKEY_LOCAL_MACHINE\SYSTEM\CurrentControlSet\Control\LSA"的"restrictanonymous"项。

　　b. 单击右键选择"修改"。

　　c. 在弹出的"编辑 DWORD(32 位)值"对话框中数值数据框中添入"1",将数值数据项设置为"1",这样就可以禁止 IPC＄的连接,最后单击"确定"按钮。

　　③修改注册表关闭默认共享,如图 8-6 所示。

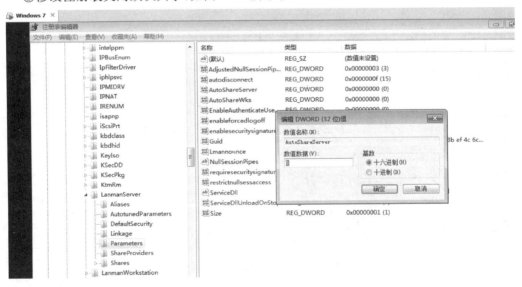

图 8-6　注册表关闭默认共享操作界面

a. 在注册表中找到"HKEY_LOCAL_MACHINE\SYSTEM\CurrentControlSet\Services\LanmanServer\Parameters"项。在该项的右边空白处单击右键选择新建 DWORD 值。

b. 添加数值名称"AutoShareServer"的数值数据为"0"。

5. 设置用户的本地安全策略

设置用户的本地安全策略,包括密码策略和帐户锁定策略,如图 8-7 所示。

操作步骤如下:

①打开"控制面板"→"管理工具"→"本地安全设置"。

②设置密码复杂性要求,双击"密码必须符合复杂性要求"就会出现"本地安全策略设置"界面,可根据需要选择"已启用",单击"确定"即可启用密码复杂性检查。

③设置密码长度最小值,双击"密码长度最小值",将密码长度设置在 6 位以上。

④设置密码最长使用期限,双击"密码最长使用期限",将密码使用期限设置为 60 天,则用户每次设置的密码只在 60 天内有效。

图 8-7 用户密码策略设置界面

任务二 《中华人民共和国网络安全法》

◎任务描述

《中华人民共和国网络安全法》(以下简称《网络安全法》)是我国第一部全面规范网络空间安全管理方面问题的基础性法律,是我国网络空间法治建设的重要里程碑,是依法治网、化解网络风险的法律武器,是让互联网在法治轨道上健康运行的重要保障。这部法律对国家网络安全有什么重要意义? 其基本原则是什么? 又有哪些特点?

◎ 任务分析

通过了解我国《网络安全法》的立法背景和进程,明确网络空间主权的原则、网络产品以及服务提供者和网络运营者的安全义务;了解个人信息保护规则、关键信息基础设施安全保护制度和关键信息基础设施重要数据跨境传输的规则。

◎ 知识链接

1.《网络安全法》的重大意义与作用

全国人大通过《网络安全法》的重大意义在于,从此我国网络安全工作有了基础性的法律框架,有了网络安全的"基本法"。作为"基本法",其解决了以下几个问题:

① 明确了政府部门、企业、社会组织和个人的权利、义务和责任。

② 规定了国家网络安全工作的基本原则、主要任务和重大指导思想、理念。

③ 将成熟的政策规定和措施上升为法律,为政府部门的工作提供了法律依据,体现了依法行政、依法治国的要求。

④ 建立了国家网络安全的一系列基本制度,这些基本制度具有全局性、基础性的特点,是推动工作、夯实能力、防范重大风险所必需的制度保障。

2.《网络安全法》的立法背景和使用范围

(1)《网络安全法》的顺利颁布源于四个方面

① 领导重视:习近平总书记一开始就对《网络安全法》的起草做出重要指示。

② 全国人大主导:时任全国人大常委会委员长张德江对立法工作给予了大力支持。

③ 多部门支持协调:《网络安全法》的编制工作得到了全国人大、网信办、公安部、工信部等多个部门的大力支持和配合。

④ 坚持开明立法:《网络安全法》在草案第一稿时就向全社会公开征集了包括网络安全厂商和广大网民在内的多方面意见。

(2)重点强调本法的使用范围

对互联网、网络、网络空间进行区分,确定《网络安全法》的适用范围是网络。互联网太局限,网络空间外延太大,一部法律无法概括描述,最终确立为"网络",指计算机或者其他信息终端及相关设备组成的按照一定的规则和程序对信息进行收集、存储、传输、交换、处理的系统。

(3)网络安全≠信息安全

特别强调网络安全不等于信息安全,两者有大幅的交集,但网络安全有特殊的内涵,包括网络的使用、运营。国家对网络的主权,符合国际惯例和一般做法。

3.《网络安全法》的两个重要概念

① "关键信息基础设施"是指公共通信和信息服务、能源、交通、水利、金融、公共服务、电子政务等重要行业和领域,以及其他一旦遭到破坏、丧失功能或者数据泄露,可能严重危害国家安全、国计民生、公共利益的关键信息基础设施。

② "信息安全等级保护"是对信息和信息载体按照重要性等级分级别进行保护的一种工作,在很多国家都存在信息安全领域的工作。在中国,信息安全等级保护广义上为涉及到该

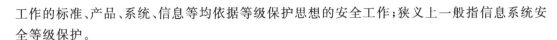

工作的标准、产品、系统、信息等均依据等级保护思想的安全工作;狭义上一般指信息系统安全等级保护。

4.《网络安全法》的认识

①《网络安全法》的制定旨在保障网络安全,维护网络空间主权和国家安全、社会公共利益,保护公民、法人和其他组织的合法权益,促进经济社会信息化健康发展。

②《网络安全法》主要适用于在中华人民共和国境内建设、运营、维护和使用的网络,以及网络安全的监督管理等事宜。

③《网络安全法》基本制度内容涉及网络安全支持与促进、网络运行安全、关键信息基础设施、网络信息安全、监测预警与应急处置以及法律责任等方面。

◎ 任务实施

1.《网络安全法》重点内容解读

①强调国家对网络的主权:强调国家对网络的主权,对境外的攻击破坏行为有监测、防御、处置的权利。

②强调"等级保护"制度要上升到法律:《网络安全法》执行要贴近"等级保护",通过对重要信息系统的定级才能知道什么是"关键"。

③《网络安全法》对各个主体进行权力、义务的描述:本法针对的主体是国家、网络运营者(不仅是网络运营商,还包括关键基础设施的企业、甚至关键的私营企业)、公民及其他。公安部网络安全保卫局处长郭启全明确表示:"原来大家在进行网络安全建设时感到没有支撑,无法可依,现在终于有'尚方宝剑'了,对于政府和企业也提出要求,必须支持网络安全建设。"

④各级政府要支持网络安全:《网络安全法》针对各级政府考核有明确指标,各级政府必须拿出适当比例的资金用于网络安全建设,在对政府业绩考核中有2分给了对网络安全的支持,已经相当不少。

⑤关键基础设施的保护:突出强调对CII(关键信息基础设施)必须落实国家等级保护制度,突出重点保护。

⑥信息通报制度上升为法律:国家建立网络安全监测预警和信息通报制度,按照规定统一发布网络安全监测预警信息。国家网信部门要协调建立健全网络安全风险评估和应急工作机制,制定网络安全事件应急预案,并定期组织演练。

2.《网络安全法》对教育领域的要求

(1)作为教育信息系统的提供者

①需要对提供的教育信息系统实行重点保护,落实等保建设。

②采购的网络安全产品和服务需要符合国家安全标准。

③对于教育信息系统里的教学信息和重要数据应当做好存储保护,如需向境外提供的,应当按照相关办法进行安全评估,法律、法规另有规定的按规定执行。

④建立健全网络安全监测预警和信息通报制度,制定网络安全事件应急预案。

(2)作为师生个人信息持有者

①对于师生信息的收集应当向师生明示并取得同意,涉及师生个人信息的应当依法依

规进行保护。

②不得泄露、篡改、损毁其收集的师生个人信息;未经被收集者同意,不得向他人提供个人信息。

(3) 作为网络运营者

①制定安全管理制度操作规程、确定安全责任人。

②技术层面需要采取预防病毒、入侵检测等手段保护网络安全。

③对于网络运行状态、网络安全等事件采取监测、记录的技术措施,并按照规定留存相关的网络日志不少于六个月。

④确保数据的安全,采取数据分类、重要数据备份和加密等措施。

⑤应当制定网络安全事件应急预案,及时处置系统漏洞、计算机病毒、网络攻击、网络侵入等安全风险。

任务三　计算机病毒与防范

◎任务描述

计算机病毒的产生是一个历史问题,是计算机科学技术高度发展与计算机文明迟迟得不到完善这样一种不平衡发展的结果,它充分暴露了计算机信息系统本身的脆弱性和安全管理方面存在的问题。病毒是如何产生的,我们又该如何防范计算机病毒呢?

◎任务分析

通过掌握计算机病毒的特点及其对计算机系统所产生的破坏效应,可以让我们更加重视对计算机病毒的防范、检测和清除工作。

◎知识链接

1. 计算机病毒的定义

计算机病毒是一种人为编写的隐藏在计算机系统中,能危害计算机正常工作的程序。计算机病毒按照种类不同,对计算机系统的危害形式也不同。有些病毒只是占用系统的资源,干扰用户的工作;有些病毒却可以破坏系统的资源,造成用户文件的损失或丢失,甚至使计算机系统瘫痪。

2. 计算机病毒的特点

一般说来,计算机病毒有以下特点。

①破坏性:对于计算机病毒的破坏性,主要取决于病毒的设计者。如果病毒设计者的目的在于彻底破坏计算机系统的正常运行,那么这种病毒对系统进行攻击所造成的后果是难以想象的。不过也不是所有的病毒都会对计算机系统产生极大的破坏作用,但是所有的计算机病毒都存在着一个共同的特点即会降低计算机系统的工作效率。

②传染性:计算机病毒的传染性是指计算机病毒的再生机制,病毒程序一旦进入系统并与系统中的程序拼接在一起,就会在运行这一被感染的程序之后开始传染其他程序。

③潜伏性:计算机病毒的潜伏性是指病毒具有依附于其他媒介而寄生的能力,一个编制巧妙的计算机病毒程序,可在几周或者几个月甚至几年内隐藏在合法的文件中,对其他系统

进行传染,而不被发现。

④可触发性:计算机病毒都有一个触发条件,一旦符合了触发条件,计算机病毒就会对系统发起攻击。例如:CIH病毒的发作时间是每年的4月26日。

⑤隐藏性:病毒程序在发作以前不容易被用户发现,它们有的隐藏在计算机操作系统的引导扇区中,有的隐藏在硬盘分区表中,有的隐藏在可执行文件或用户的数据文件中。

3.计算机病毒的分类

(1)按入侵途径分类

①源码型病毒:这种病毒比较罕见。这种病毒并不感染可执行的文件,而是感染源代码,使源代码在被高级编译语言编译后具有一定的破坏、传播的能力。

②操作系统型病毒:操作系统型病毒将自己附加到操作系统中或者替代部分操作系统程序进行工作,有很强的复制和破坏能力。而且由于感染了操作系统,这种病毒在运行时,会用自己的程序片断取代操作系统的合法程序模块。根据病毒自身的特点和被替代的合法程序模块在操作系统中的地位与作用,以及病毒取代操作系统的方式等,对操作系统进行破坏。同时,这种病毒对系统文件的感染性也很强。

③外壳型病毒:计算机外壳型病毒是将其自己包围在主程序的四周,对原来的程序不做修改,在文件执行时先执行病毒程序,从而实现不断地复制,等病毒程序执行完毕后,转回到原文件入口继续运行。外壳型病毒易于编写,也较为常见,但杀毒却较为麻烦。

④入侵型病毒:入侵型病毒可用自身代替正常程序中的部分模块或堆栈区。因此这类病毒只攻击某些特定程序,针对性强。一般情况下也难以被发现,清除起来也较困难。

(2)按感染对象分类

根据感染对象的不同,病毒可分为三类,即引导型病毒、文件型病毒和混合型病毒。

①引导型病毒的感染对象是计算机存储介质的引导区。病毒用自身的全部或部分逻辑取代正常的引导记录,而将正常的引导记录隐藏在介质的其他存储空间。由于引导区是计算机系统正常启动的先决条件,所以此类病毒可在计算机运行前就获得控制权,其传染性较强,如BUPT、Monkey等都属于引导型病毒。

②文件型病毒感染对象是计算机系统中独立存在的文件。病毒在文件运行或被调用时驻留内存并传染、破坏,如DIRⅡ、Honking、CIH等都属于文件型病毒。

③混合型病毒的感染对象是引导区或文件,该类型病毒具有复杂的算法,采用非常规办法侵入系统,同时使用加密和变形算法,如One half、V3787等都属于混合型病毒。

(3)按照计算机病毒的破坏情况分类

①良性病毒:良性病毒是指其不包含有立即对计算机系统产生直接破坏作用的代码。这类病毒不会对磁盘信息和用户数据产生破坏,只对屏幕产生干扰或使计算机的运行速度大大降低,如"毛毛虫""欢乐时光"等病毒。

②恶性病毒:恶性病毒就是指在其代码中包含有损伤和破坏计算机系统的操作,在被其传染或发作时会对系统产生直接的破坏作用,有极大的危害性,如CIH病毒。

4.计算机病毒的预防

如何知道计算机是否感染了病毒呢?当发生以下现象时,计算机就有可能是感染了病毒。

①常发生死机现象。

②系统运行速度明显变慢。

③磁盘空间有非人为的改变。

④程序运行发生异常。

⑤数据或文件发生丢失。

如果在使用过程中,出现以上现象,应及时使用反病毒软件进行检测,及时清除病毒,随着计算机病毒的不断发展,我们可以采取以下措施,有效地预防计算机感染病毒。

5. 反病毒技术

特征代码法是检测计算机病毒的基本方法,其将各种已知病毒的特征代码串组成病毒特征代码数据库。这样,可通过各种工具软件检查、搜索可疑计算机系统(可能是文件、磁盘、内存等)时,用特征代码数据库中的病毒特征代码逐一比较,就可确定被检计算机系统感染了何种病毒。

很多著名的病毒检测工具中广泛使用特征代码法。国外专家认为特征代码法是检测已知病毒最简单、成本最低的方法。

一种病毒可能感染很多文件或计算机系统的多个地方,而且在每个被感染的文件中,病毒程序所在的位置也不尽相同,但是计算机病毒程序一般都具有明显的特征代码,这些特征代码,可能是病毒的感染标记特征代码,不一定是连续的,也可以用一些"通配符"或"模糊"代码来表示任意代码。只要是同一种病毒,在任何一个被该病毒感染的文件或计算机中,总能找到这些特征代码。

目前反病毒的主流技术还是以传统的"特征码技术"为主,以新的反病毒技术为辅。因为新的反病毒技术还不成熟,在查杀病毒的准确率上,还与传统的反病毒技术有一定差距。特征码技术是传统的反病毒技术,但是"特征码技术"只能查杀已知病毒,对未知病毒则毫无办法。所以很多时候都是计算机已经感染了病毒并且对计算机或数据造成破坏后才去杀毒。基于这些原因,在反病毒技术上,最重要的就是"防杀结合,防范为主",而防范计算机病毒的基本方法有以下几种。

①不要上非法网站,在浏览网页的时候,很多人有猎奇心理,而一些病毒、木马制造者正是利用人们的猎奇心理,引诱大家浏览他的网页,甚至下载文件,殊不知这样很容易使计算机染上病毒。

②千万要提防电子邮件病毒的传播,在收到陌生可疑邮件时尽量不要打开,特别是对于带有附件的电子邮件更要小心,很多病毒都是通过这种方式传播的。

③对于渠道不明的光盘、移动硬盘、U盘等便携存储器,使用之前应该先查毒。对于从网络上下载的文件以及通过QQ或微信传输的文件同样如此。因此,计算机上应该装有杀毒软件,并且定期更新。

④经常关注一些网站、BBS发布的病毒报告,这样可以在未感染病毒的时候做到预先防范。

⑤对于重要文件、数据做到定期备份。

⑥经常升级系统,给系统打补丁,减少因系统漏洞带来的安全隐患。

⑦不能因为担心病毒而不敢使用网络,那样网络就失去了意义。只要思想上高度重视,时刻具有防范意识,就不容易受到病毒侵扰。

通过技术手段防治病毒,主要是指安装杀毒软件。杀毒软件是一类专门针对计算机病毒开发的软件,它能通过各种内置的功能,帮助用户清除计算机中感染的病毒。杀毒软件通常集成监控识别、病毒扫描和清除以及自动升级等功能,有的杀毒软件还带有数据恢复功能。

◎ 任务实施

1. 安装使用杀毒软件

目前杀毒软件以占用内存小、升级方便、查杀简单、消除彻底等优点被广大用户所接受,一般用户都会安装杀毒软件来保障电脑的安全,目前较为普遍的杀毒软件有360杀毒、金山毒霸、小红伞杀毒、腾讯电脑管家等。下面以腾讯电脑管家为例介绍杀毒软件的使用方法。

①访问"https://guanjia.qq.com"进入腾讯电脑管家主页,下载最新版电脑管家软件,如图8-8所示。

图8-8 腾讯电脑管家官方网站

②双击下载的"腾讯电脑管家"应用软件图标后,弹出安装向导对话框,选择安装路径后,即可单击"下一步"直到安装完成,如图8-9所示。

图8-9 腾讯电脑管家安装向导界面

③安装完毕后,打开软件,单击左侧菜单项中的"病毒查杀"菜单。杀毒方式分别为:闪

电杀毒、全盘杀毒、指定位置杀毒。可根据需要选择合适的杀毒方式并点击"扫描"按钮,如图 8-10 所示。

图 8-10 杀毒界面

④查杀完毕之后,软件会及时隔离危险项。扫描出病毒时,电脑管家已经勾选了所有病毒,此时只需要单击"立即处理",即可轻松清除所有的病毒。有些木马程序需要重启计算机才能彻底清除,所以应该立即重启电脑,以尽快消除病毒对系统的危害。

⑤腾讯电脑管家采用的是误报率极低的云查杀技术,用户检测出危险项的时候一般都会将可疑文件移至电脑管家的隔离区域,用户可以选择删除或者恢复这些可疑文件。

任务四 网络安全工具的应用

◎ 任务描述

网络安全是一项责任重大、管理复杂的工作。对于广大的系统管理者和安全管理人员来说,使用安全管理工具可以起到事半功倍的效果。网络安全工具有哪些种类?又有哪些常用的安全工具?具体使用步骤是什么?

◎ 任务分析

通过介绍计算机网络安全工具,对这些工具进行分类,并尽可能地提供网络安全工具的详细信息,包括工具的功能和适用的安全事件,以便帮助大家选择适合自己系统和网络的安全工具。

◎ 知识链接

1. 网络安全工具的分类

(1)破坏性攻击工具

所谓破坏性攻击工具,是指以完成下面的一个或两个任务为目的程序:干扰和破坏数据。绝大多数的破坏性攻击工具除了惹人讨厌以外基本对安全没有威胁。当然,这些程序偶尔也会影响到网络的性能。例如,一个路由程序或邮件服务器在一个服务拒绝程序的攻击下就可能导致失效。

(2)扫描程序

扫描程序查询 TCP/IP 端口并继续目标的响应。扫描程序通过确定下列项目,收集关于目标主机的有用信息。

①当前正在进行什么服务。

②哪些用户拥有这些服务。

③是否主持匿名登录。

④是否有网络服务需要鉴别。

扫描程序之所以重要是因为它们能揭示一个网络的弱点。在负责任的人手里,扫描程序可以使一些烦琐的安全审计工作得到简化;在怀有恶意或不负责任的人手中,扫描程序就会对网络的安全造成威胁。

(3)口令攻击程序

用户口令对大多数计算机系统而言是唯一识别用户的技术手段,使用口令攻击程序比较容易发现网络中存在的弱点。

(4)嗅探器

嗅探器就是能够捕获网络报文的设备。嗅探器可以用来分析网络的流量,以便找出网络中潜在的问题。但是,不怀好意的人使用嗅探器容易造成以下的危害:

①捕获用户口令。

②捕获机密或专用的信息。

③用来获得更高级别的访问权限。

2.防火墙技术

网络防火墙是一种用来加强网络之间访问控制、防止黑客等外部网络用户以非法手段,通过外部网络进入内部网络,访问内部网络资源,保护内部网络操作环境的特殊网络设备。它对两个或多个网络之间传输的数据包和链接方式按照一定的安全策略进行检查,判断网络之间的通信是否被允许,并监视网络运行状态。它实际上是一个独立的进程或一组紧密联系的进程,运行于路由、网关或服务器上来控制经过防火墙的网络应用服务的通信流量。其中被保护的网络称为内部网络(或私有网络),另一方则称为外部网络(或公用网络)。网络防火墙如图 8-11 所示。

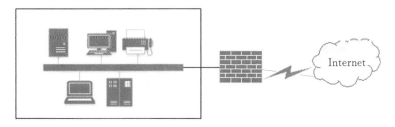

图 8-11 网络防火墙

典型的防火墙具有以下三个方面的基本特性。

①内部网络和外部网络之间的所有网络数据流都必须经过防火墙,否则就失去了防火墙的存在意义。

②只有符合安全策略的数据流才能通过防火墙,这也是防火墙的主要功能——检查和过滤数据。

③防火墙自身应具有非常强的抗攻击免疫力,如果防火墙自身都不安全,就更不可能保护内部网络的安全了。

一般来说,防火墙由四大要素组成。

①安全策略:安全策略是一个防火墙能否充分发挥其作用的关键。哪些数据不能通过防火墙,哪些数据可以通过防火墙;防火墙应该如何部署;应该采取哪些方式来处理紧急的安全事件;以及如何进行审计和取证的工作等都属于安全策略的范畴。防火墙不仅是软件和硬件,而且包括安全策略以及执行这些策略的管理员。

②内部网:需要保护的内部网络。

③外部网:需要防范的外部网络。

④技术手段:具体的实施技术。

随着防火墙技术的不断成熟,国内外已推出系列实用化的产品,以解决当前的网络安全难题,比如 Cisco PIX 防火墙、微软 ISA Server、天网防火墙等。在一般情况下,用户可以通过 Windows 系统自带的防火墙,对来自计算机网络的病毒或木马攻击进行防范。

3. U 盘病毒专杀工具

U 盘病毒顾名思义就是通过 U 盘传播的病毒。自从发现 U 盘中的 autorun.inf 漏洞之后,U 盘病毒的数量与日俱增。

(1)USB Killer

①独创的 SuperClean 高效强力杀毒引擎,查杀 autorun.exe、AV 终结者、rising 等上百种 U 盘病毒,保证 95% 以上查杀率。

②国内首创对电脑实行主动防御,能够自动检测清除插入的 U 盘内的病毒,杜绝病毒通过 U 盘感染电脑。

③我们可以利用免疫功能制作自己的防毒 U 盘。

④防止他人使用 U 盘、移动硬盘盗取电脑重要资料。

⑤解除 U 盘锁定状态,解决拔出时无法停止设备的问题。

⑥进程管理让你迅速辨别并终止系统中的可疑程序。

⑦完美解决双击无法打开磁盘的问题。

⑧兼容其他杀毒软件,可配合使用。

(2)USB Cleaner

U 盘病毒又称 Autorun 病毒,是通过 autorun.inf 文件使对方所有的硬盘完全共享或感染木马的病毒。随着 U 盘、移动硬盘、存储卡等移动存储设备的普及,U 盘病毒也随之泛滥起来。国家计算机病毒处理中心发布公告称:U 盘已成为病毒和恶意木马程序传播的主要途径。

面对这一需要,U 盘病毒专杀工具 USB Cleaner 应运而生。

USB Cleaner 是一种纯绿色的辅助杀毒工具,独有的分类查杀引擎具有检测查杀 470 余种 U 盘病毒、U 盘病毒广谱扫描、U 盘病毒免疫、修复显示隐藏文件及系统文件、安全卸载 U 盘等功能,可以全方位一体化杀灭 U 盘病毒。同时 USB Cleaner 还能迅速对新出现的 U

盘病毒进行处理。

(3)金山 U 盘病毒专杀工具

金山安全实验室分析了众多 U 盘病毒的规律,开发出新版的 U 盘病毒专杀工具,可以智能分析、判断、清除未知的 U 盘病毒。同时可以提供病毒免疫功能,阻止 U 盘病毒的再次感染。对主要通过 U 盘传播的 conficker 病毒有很好的清除能力。

◎任务实施

1. Windows 7 系统防火墙设置

Windows 系统的防火墙功能已经臻于完善,系统防火墙已经成为操作系统的一个不可或缺的部分,Windows 7 自带的系统防火墙对我们的系统信息保护大有裨益。

①打开 Windows 7 防火墙设置界面。依次打开"计算机"→"控制面板"→"Windows 防火墙"(如图 8-12 所示)。除了右侧两个帮助链接外,全部设置都在左侧,如果需要设置网络连接,可以单击左侧下面的"网络和共享中心"。或单击"打开或关闭 Windows 防火墙"来启用或关闭 Windows 防火墙(如图 8-13 所示)。

图 8-12 Windows 系统防火墙界面

②允许程序规则配置。单击图 8-12 中上方的"允许程序或功能通过 Windows 防火墙"打开如图 8-14 所示界面,设置允许程序列表或基本服务。

常规配置中没有端口配置,所以也不再需要手动指定端口 TCP、UDP 协议了,对于普通用户来说一般只需要掌握增加应用程序许可规则即可。

应用程序的许可规则可以区分网络类型,并支持独立配置,互不影响,这对于双网卡的用户就很有帮助。

③添加自己的应用程序许可规则。通过图 8-14 中的"允许运行另一程序"按钮进行添加,单击后如图 8-15 所示。

图 8-13　打开或关闭 Windows 防火墙

图 8-14　允许程序规则配置界面

④选择将要添加的程序名称(如果列表里没有就单击"浏览"按钮找到该应用程序,再单击"打开"),添加后如图 8-16 所示。如果还想对增加的允许规则进行详细定制,比如端口、

图 8-15　向防火墙添加允许通过的应用程序界面

协议、安全连接及作用域等,则需要进行高级设置。

图 8-16　添加完成的界面

2. 修改 Windows 系统的安全服务设置

通过"控制面板\管理工具\本地安全策略"可以配置本地的安全策略(命令:gpedit. msc,secpol. msc)。如图 8-17 所示。

图 8-17　配置本地安全策略操作界面

在"本地安全策略"左侧列表的"安全设置"目录树中,逐层展开"本地策略""安全选项"。查看右侧的相关策略列表并找到"网络访问:不允许 SAM 帐户和共享的匿名枚举",用鼠标右键单击并在弹出菜单中选择"属性",会弹出一个对话框,在对话框中激活"已启用"选项,最后单击"应用"按钮使设置生效。

模块小结

1. 理解信息安全的基本概念和策略以及常用的信息加密技术。
2. 掌握计算机病毒的特征,并能利用相关杀毒软件对病毒进行查杀。同时具备日常防范计算机病毒的能力。
3. 了解网络通信的基本原理,掌握常见的网络攻击方式。并能利用网络防火墙技术抵挡网络攻击。
4. 掌握一款防毒软件的使用方法。能熟练利用防毒软件对电脑进行日常维护和防毒监控。

习 题

一、单选题(请选择 A、B、C、D 中的一个字母写到本题的括号中)

1. 下列叙述中,(　　)是不正确的。
   A. "黑客"是指黑色的病毒　　　　　　B. 计算机病毒是程序
   C. CIH 是一种病毒　　　　　　　　　D. 防火墙是一种被动式防卫软件技术

2. 下述中(　　)不属于计算机病毒的特征。
   A. 传染性,隐蔽性　　　　　　　　　B. 潜伏性,破坏性
   C. 潜伏性,自灭性　　　　　　　　　D. 破坏性,传染性

3. 目前常用的保护计算机网络安全的技术措施是(　　)。
   A. 防火墙　　　　　　　　　　　　　B. 防风墙
   C. KV3000 杀毒软件　　　　　　　　D. 使用 Java 程序

4. 计算机病毒的主要危害是(　　)。
   A. 破坏信息,损坏 CPU　　　　　　　B. 干扰电网,破坏信息
   C. 占用资源,破坏信息　　　　　　　D. 更改缓存芯片中的内容

5. 以下有关加密的说法中不正确的是(　　)。
   A. 密钥密码体系的加密密钥与解密密钥使用相同的算法
   B. 公钥密码体系的加密密钥与解密密钥使用不同的密钥
   C. 公钥密码体系又称为对称密钥体系
   D. 公钥密码体系又称为不对称密钥体系

6. 数字签名通常使用(　　)方式。
   A. 公钥密码体系中的公开密钥与 Hash 相结合
   B. 密钥密码体系
   C. 公钥密码体系中的私人密钥与 Hash 相结合
   D. 公钥密码体系中的私人密钥

7. 以下预防计算机病毒的方法中无效的是(　　)。
   A. 尽量减少使用计算机
   B. 不非法复制及使用软件
   C. 定期用杀毒软件对计算机进行病毒检测
   D. 禁止使用没有进行病毒检测的 U 盘

8. 电子商务的安全保障问题主要涉及(　　)等。
   A. 加密
   B. 防火墙是否有效
   C. 数据被泄露或篡改、冒名发送、未经授权者擅自访问网络

D. 身份认证

9. 以下信息中( )不是数字证书申请者的信息。
   A. 版本信息   B. 证书序列号
   C. 签名算法   D. 申请者的姓名年龄

10. 数字签名是解决( )问题的方法。
    A. 未经授权擅自访问网络   B. 数据被泄露或篡改
    C. 冒名发送数据或发送数据后抵赖   D. 以上三种

11. 使用公钥密码体系,每个用户只需妥善保存( )密钥。
    A. 一个   B. n 个
    C. 一对   D. n 对

12. 关于计算机病毒,下列说法中正确的是( )。
    A. 计算机病毒可以烧坏计算机所有的电子器件
    B. 计算机病毒是一种传染力极强的生物细菌
    C. 计算机病毒是一种人为特制的具有破坏性的程序
    D. 计算机病毒一旦产生,便无法清除

13. 关于计算机病毒的描述不正确的一项是( )。
    A. 破坏性   B. 偶然性
    C. 传染性   D. 潜伏性

14. 要清除已经染上病毒的计算机系统,一般须先( )。
    A. 把硬盘上的所有文件删除   B. 修改计算机的系统时间
    C. 格式化硬盘   D. 用不带毒的操作系统重新启动计算机

15. 计算机感染病毒的途径中不可能的是( )。
    A. 被生病的人操作   B. 从 Internet 上下载文件
    C. 玩网络游戏   D. 使用来历不明的文件

16. 若出现下列情况,可以判断计算机一定已被病毒感染( )。
    A. 执行文件的字节数突然变大   B. 硬盘不能启动
    C. 安装软件的过程中,提示"内存不足" D. 不能正常打印文件

17. 计算机病毒会造成计算机的( )损坏。
    A. 硬件、软件和数据   B. 硬件和软件
    C. 软件和数据   D. 硬件和数据

18. 发现计算机病毒后,比较彻底的清除方式是( )。
    A. 用查毒软件处理   B. 删除磁盘文件
    C. 用杀毒软件处理   D. 格式化磁盘

19. 计算机病毒通常是( )。
    A. 一段程序   B. 一个命令
    C. 一个文件   D. 一个标记

20. 文件型病毒传染的对象主要是( )。
    A. DBF 文件   B. WPS 文件

C. COM 和 EXE 文件　　　　　　　　D. EXE 和 WPS 文件

21. 目前最好的防毒软件的作用是（　　）。

　　A. 检查计算机是否感染病毒，消除已感染的任何病毒

　　B. 杜绝病毒对计算机的侵害

　　C. 查出计算机已感染的任何病毒，消除其中的一部分

　　D. 检查计算机是否感染病毒，消除已感染的部分病毒

22. 计算机病毒的危害性表现在（　　）。

　　A. 能造成计算机永久性失效

　　B. 影响程序的执行，破坏用户数据与程序

　　C. 不影响计算机的运行速度

　　D. 不影响计算机的运算结果，不需采取措施

23. 计算机病毒对于操作计算机的人（　　）。

　　A. 只会传染，不会致病　　　　　B. 会感染致病

　　C. 不会感染　　　　　　　　　　D. 会有厄运

24. 计算机病毒是一组计算机程序，它具有（　　）。

　　A. 传染性　　　　　　　　　　　B. 隐蔽性

　　C. 危害性　　　　　　　　　　　D. 传染性、隐蔽性和危害性

25. 不易被感染上病毒的文件是（　　）。

　　A. COM　　　　　　　　　　　　B. EXE

　　C. TXT　　　　　　　　　　　　D. BOOT

26. （　　）是在计算机信息处理和传输过程中唯一切实可行的安全技术。

　　A. 无线通信技术　　　　　　　　B. 专门的网络传输技术

　　C. 密码技术　　　　　　　　　　D. 校验技术

27. 在下列计算机安全防护措施中，（　　）是最重要的。

　　A. 提高管理水平和技术水平　　　B. 提高硬件设备运行的可靠性

　　C. 预防计算机病毒的传染和传播　D. 尽量防止自然因数的损害

28. 计算机犯罪是一个（　　）问题。

　　A. 技术　　　　　　　　　　　　B. 法律范畴的

　　C. 政治　　　　　　　　　　　　D. 经济

29. 计算机信息安全是指（　　）。

　　A. 保障计算机使用者的人身安全　B. 计算机能正常运行

　　C. 计算机不被盗窃　　　　　　　D. 计算机中的信息不被泄露、篡改和破坏

30. 网络安全涉及范围包括（　　）。

　　A. 加密、防黑客　　　　　　　　B. 防病毒

　　C. 法律政策和管理问题　　　　　D. 以上皆是

二、判断题（请在正确的题后括号中打√，错误的题后括号中打×）

　　1. 所谓计算机"病毒"的实质，是指盘片发生了霉变。（　　）

2. 计算机病毒只感染可执行文件。（   ）

3. 计算机病毒具有传播性、破坏性、易读性。（   ）

4. 目前使用杀毒软件的作用是检查计算机是否感染病毒,清除部分已感染病毒。（   ）

5. 已经染上病毒的计算机系统,一般须先用不带毒的操作系统重新启动计算机。（   ）

6. 防火墙是设置在被保护的内部网路和外部网络之间的软件和硬件设备的结合。（   ）

7. 数字签名必须满足接收方能够核实发送方对报文的签名、发送方不能抵赖对报文的签名、接收方不能伪造对报文的签名。（   ）

8. 黑客侵入他人计算机系统体现出高超的计算机操作能力,我们应向他们学习。（   ）

9. 我们使用盗版杀毒软件也可以有效地清除病毒。（   ）

10. 计算机病毒可通过网络、软盘、U 盘等各种媒介传染,有的病毒还会自行复制。（   ）

11. 用查毒软件对计算机进行检查,并报告没有病毒,说明该计算机一定没有病毒。（   ）

12. 上网浏览网页不会感染计算机病毒。（   ）

13. 当计算机感染上 CIH 病毒后,立即用最新的杀毒软件一般可以清除。（   ）

14. "熊猫烧香"是一种佛教类应用软件。（   ）

15. 当发现病毒时,它们往往已经对计算机系统造成了不同程度的破坏,即使清除了病毒,受到破坏的内容有时也不可恢复。因此,对计算机病毒必须以预防为主。（   ）

三、上机操作题

1. 以 360 安全卫士软件为例,对自己的电脑进行全盘病毒查杀,并对电脑里安装的软件进行扫描,卸载有安全威胁的软件。记录查杀结果并截图,并完成上机实验报告。

2. 通过"本地安全策略设置"功能,设置局域网访问控制。

模块九　Office 2010 高级应用综合练习

前面章节已详细介绍了 Office 2010 三大办公软件（Word 2010、Excel 2010 和 PowerPoint 2010）的主要功能与应用,本模块结合全国计算机等级考试二级 MS Office 高级应用考试大纲,通过综合案例介绍 Office 2010 中的一些主要功能及使用方法。

项目一　Word 2010 案例综合练习

Word 2010 是微软公司开发的 Office 2010 办公组件之一,主要用于文字处理工作。Word 2010 旨在提供最上乘的文档格式设置工具,利用它可以轻松、高效地组织和编写文档,无论何时何地灵感迸发,都可捕获这些灵感。因此,Word 2010 以卓越的性能及良好的用户界面,深受人们的喜爱。下面以案例介绍 Word 2010 综合应用。

◎任务描述

①掌握 Word 2010 的基本操作,学习利用 Word 2010 中的功能来实现对文档的美化操作,用自己掌握的知识点完成各项参数设置。

②学会对文档中文字的复制、剪切、删除和插入等操作方法。

③掌握文档的修改和编辑,学会水印的设置方法。

④掌握文本转换为表格或文本框的方法,掌握表格和文本框的设置方法。

◎任务分析

创建 word.docx 文档,并输入如图 9-1 所示内容。按照要求完成下列操作并以该文件名（word.docx）保存文件。

具体操作要求如下。

①设置页边距为上下左右各 2.7 厘米,装订线在左侧;设置文字水印页面背景,文字为"中国互联网信息中心",水印版式为斜式。

②设置第一段落文字"中国网民规模达 5.64 亿"为标题;设置第二段落文字"互联网普及率为 42.1%"为副标题;改变段间距和行间距（间距单位为行）,使用"独特"样式修饰页面;在页面顶端插入"边线型提要栏"文本框,将第三段文字"中国经济网北京 1 月 15 日讯中国互联网信息中心今日发布《第 31 次中国互联网络发展状况统计报告》。"移入文本框内,设置

中国网民规模达 5.64 亿
互联网普及率为 42.1%
中国经济网北京 1 月 15 日讯 中国互联网信息中心今日发布《第 31 次中国互联网络发展状况统计报告》。

《报告》显示，截至 2012 年 12 月底，我国网民规模达 5.64 亿，全年共计新增网民 5090 万人。互联网普及率为 42.1%，较 2011 年底提升 3.8 个百分点，普及率的增长幅度相比上年继续缩小。

《报告》显示，未来网民的增长动力将主要来自受自身生活习惯(没时间上网)和硬件条件(没有上网设备、当地无法连网)的限制的非网民(即潜在网民)。而对于未来没有上网意向的非网民，多是因为不懂电脑和网络，以及年龄太大。要解决这类人群走向网络，不仅仅是依靠单纯的基础设施建设、费用下调等手段，而且需要互联网应用形式的创新、针对不同人群有更为细致的服务模式、网络世界与线下生活更密切的结合、以及上网硬件设备智能化和易操作化。

《报告》表示，去年，中国政府针对这些技术的研发和应用制定了一系列政策方针：2 月，中国 IPv6 发展路线和时间表确定；3 月工信部组织召开宽带普及提速动员会议，提出"宽带中国"战略；5 月《通信业"十二五"发展规划》发布，针对我国宽带普及、物联网和云计算等新型服务业态制定了未来发展目标和规划。这些政策加快了我国新技术的应用步伐，将推动互联网的持续创新。

附：统计数据
年份   上网人数（单位：万）
2005 年   11100
2006 年   13700
2007 年   21000
2008 年   29800
2009 年   38400
2010 年   45730
2011 年   51310
2012 年   56400

图 9-1 Word 参考样式文档

字体、字号、颜色等；在该文本的最前面插入类别为"文档信息"、名称为"新闻提要"的域。

③设置第四至第六段文字，要求首行缩进 2 个字符。将第四至第六段的段首"《报告》显示"和"《报告》表示"设置为斜体、加粗、红色、双下划线。

④将文档"附：统计数据"后面的内容转换成 2 列 9 行的表格，为表格设置样式；将表格的数据转换成簇状柱形图，插入到文档中"附：统计数据"的前面，保存文档。

◎任务实施

①打开 Word 2010，创建"word.docx"文档，并输入图 9-1 所示内容。

②通过"页面布局"→"页面设置"，打开"页面设置"对话框，选择"页边距"选项卡，设置"上""下""左""右"为 2.7 厘米，"装订线位置"为"左"，最后单击"确定"按钮，如图 9-2 所示。

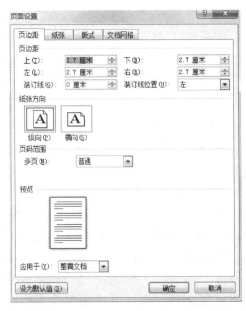

图 9-2 页面设置

③通过"页面布局"→"页面背景"→"水印"→"自定义水印",打开"水印"对话框,选中"文字水印",在"文字"中输入"中国互联网信息中心",版式选择"斜式",最后单击"确定"按钮,如图9-3所示。

图9-3 水印设置

④选中第一段,在"样式"功能选项区单击"标题";选中第二段,在"样式"功能选项区单击"副标题",如图9-4所示。

图9-4 标题设置

⑤选中全文,打开"段落"对话框,设置"段前"和"段后"间距都为"0.5行",选择"行距"为"1.5倍行距",最后单击"确定"按钮,如图9-5所示。

⑥通过"开始"→"更改样式"→"样式集"→"独特"操作,如图9-6所示。

⑦把光标定位到页面顶端,通过"插入"→"文本"→"文本框"→选择"边线型提要栏",如图9-7所示,选中第三段文字进行剪切并粘贴到文本框内。

⑧选中文本框内的文字,设置字体为:黑体、四号、红色、加粗、倾斜,操作后效果如图9-8所示。

⑨把光标定位到文本的最前面,通过"插入"→"文本"→"文档部件"→选择"域"→选择"类别"为"文档信息",在"新名称"文本框中输入"新闻提要",最后单击"确定"按钮,如图9-9,图9-10所示。

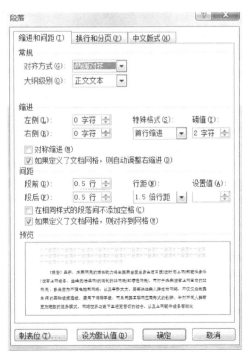

图9-5 段落设置

图 9-6 样式集设置

图 9-7 插入边线型提要栏

新闻提要：中国经济网北京 1 月 15 日讯 中国互联网信息中心今日发布《第 31 次中国互联网络发展新闻提要：状况统计报告》。

图 9-8 文本框内字体设置

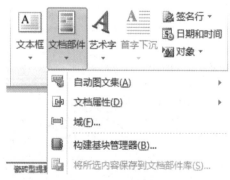

图 9-9 插入文本"域"

图 9-10 创建新名称

⑩选中第四至第六段文字,打开"段落"对话框,在"特殊格式"中选择"首行缩进 2 字符",最后单击"确定"按钮。

⑪选中第四、五段中的"《报告》显示"和第六段中的"《报告》表示",把字体设置为红色、加粗、倾斜、双下划线。

⑫选中文档统计数据后面的内容,通过"插入"→"表格下拉"→选择"文本转换成表格",如图 9-11 所示,把文本转换为表格形式。

图 9-11　文本转换成表格设置

⑬将光标定位到文档"附:统计数据"的前面,通过"插入"→"图表"→选择"簇状柱形图",然后单击"确定",如图 9-12 所示。

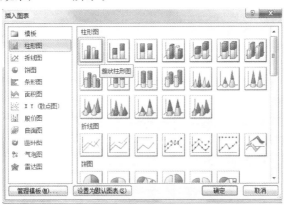

图 9-12　插入簇状柱形图

⑭将 Word 中的表格数据复制粘贴到 Excel 中,再删除 Excel 中的 C 列和 D 列即可,如图 9-13 所示,关闭 Excel 文件。

⑮保存文档 word.docx,最后的效果如图 9-14 所示。

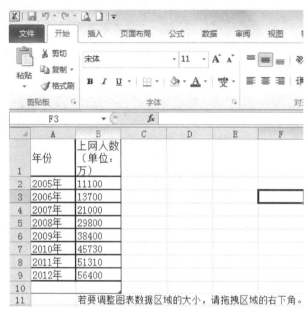

图 9-13 复制表格数据至 Execl 表格

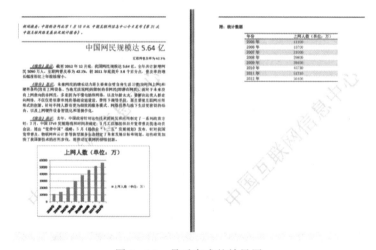

图 9-14 最后完成的效果图

项目二 Execl 2010 案例综合练习

Excel 2010 是微软推出的 Office 2010 重要办公组件之一，Excel 是现代办公中必不可少的办公软件，它是一款电子表格制作软件，而且提供强大的数据分析和可视化功能，借助 Excel 2010，用户可以快速直观地看出数据变化趋势，快速比较分析数据变化的因果关系等。下面以案例介绍 Excel 2010 的综合应用。

◎任务描述

①掌握 Excel 2010 的基本操作，学习利用 Excel 中的功能来实现对文档的美化操作，用自己掌握的知识点完成各项参数设置。

②学会对 Excel 2010 中文字的复制、剪切、删除和插入等操作方法。

③掌握 Excel 2010 的图表修改和编辑方法。

④熟练掌握 Excel 2010 的格式化设置和添加函数的操作方法，掌握公式的用法。

⑤学会 Excel 2010 中数据有效性设置和管理（数据排序、数据筛选、数据分类汇总、数据透视表）。

◎任务分析

小李大学毕业后，在一家计算机图书销售公司担任市场部助理，主要的工作职责是为部门经理提供销售信息的分析和汇总，如图 9－15，图 9－16，图 9－17 所示。

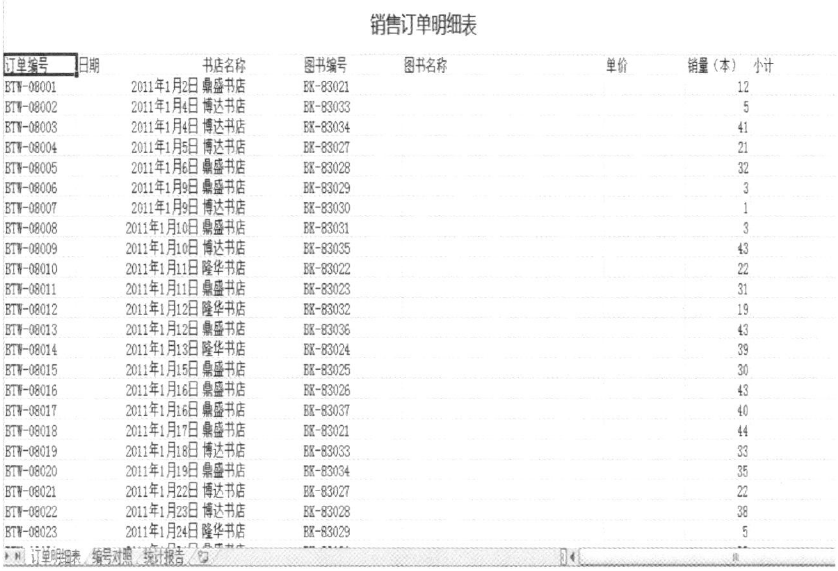
销售订单明细表

订单编号	日期	书店名称	图书编号	图书名称	单价	销量（本）	小计
BTW-08001	2011年1月2日	鼎盛书店	BK-83021			12	
BTW-08002	2011年1月4日	博达书店	BK-83033			5	
BTW-08003	2011年1月4日	博达书店	BK-83034			41	
BTW-08004	2011年1月5日	博达书店	BK-83027			21	
BTW-08005	2011年1月6日	鼎盛书店	BK-83028			32	
BTW-08006	2011年1月9日	鼎盛书店	BK-83029			3	
BTW-08007	2011年1月9日	博达书店	BK-83030			1	
BTW-08008	2011年1月10日	鼎盛书店	BK-83031			3	
BTW-08009	2011年1月10日	博达书店	BK-83035			43	
BTW-08010	2011年1月11日	隆华书店	BK-83022			22	
BTW-08011	2011年1月11日	鼎盛书店	BK-83023			31	
BTW-08012	2011年1月12日	隆华书店	BK-83032			19	
BTW-08013	2011年1月12日	鼎盛书店	BK-83036			43	
BTW-08014	2011年1月13日	隆华书店	BK-83024			39	
BTW-08015	2011年1月15日	鼎盛书店	BK-83025			30	
BTW-08016	2011年1月16日	鼎盛书店	BK-83026			43	
BTW-08017	2011年1月16日	鼎盛书店	BK-83037			40	
BTW-08018	2011年1月17日	鼎盛书店	BK-83021			44	
BTW-08019	2011年1月18日	博达书店	BK-83033			33	
BTW-08020	2011年1月19日	鼎盛书店	BK-83034			35	
BTW-08021	2011年1月22日	博达书店	BK-83027			22	
BTW-08022	2011年1月23日	博达书店	BK-83028			38	
BTW-08023	2011年1月24日	隆华书店	BK-83029			5	

图 9－15 销售订单明细表

请制作出如图 9－15、图 9－16、图 9－17 所示的三个工作表，然后按照如下要求完成统计和分析工作。

①请对“销售订单明细表”工作表进行格式调整，通过套用表格格式的方法将所有的销售记录调整为一致的外观格式，并将“单价”列和“小计”列所包含的单元格调整为“会计专用”（人民币）数字格式。

②根据图书编号，请在“销售订单明细表”工作表的“图书名称”列中，使用 VLOOKUP 函数完成图书名称的自动填充。“销售图书名称”和“图书编号”的对应关系在“图书编号对照表”工作表中。

③根据图书编号，请在“销售订单明细表”工作表的“单价”列中，使用 VLOOKUP 函数完成图书单价的自动填充。“单价”和“图书编号”的对应关系在“图书编号对照表”工作表中。

图书编号对照表

图书编号	图书名称	定价
BK-83021	《计算机基础及MS Office应用》	¥ 36.00
BK-83022	《计算机基础及Photoshop应用》	¥ 34.00
BK-83023	《C语言程序设计》	¥ 42.00
BK-83024	《VB语言程序设计》	¥ 38.00
BK-83025	《Java语言程序设计》	¥ 39.00
BK-83026	《Access数据库程序设计》	¥ 41.00
BK-83027	《MySQL数据库程序设计》	¥ 40.00
BK-83028	《MS Office高级应用》	¥ 39.00
BK-83029	《网络技术》	¥ 43.00
BK-83030	《数据库技术》	¥ 41.00
BK-83031	《软件测试技术》	¥ 36.00
BK-83032	《信息安全技术》	¥ 39.00
BK-83033	《嵌入式系统开发技术》	¥ 44.00
BK-83034	《操作系统原理》	¥ 39.00
BK-83035	《计算机组成与接口》	¥ 40.00
BK-83036	《数据库原理》	¥ 37.00
BK-83037	《软件工程》	¥ 43.00

图 9-16 图书编号对照表

统计报告

统计项目	销售额
所有订单的总销售金额	
《MS Office高级应用》图书在2012年的总销售额	
隆华书店在2011年第3季度（7月1日~9月30日）的总销售额	
隆华书店在2011年的每月平均销售额（保留2位小数）	

图 9-17 统计报告

④在"销售订单明细表"工作表的"小计"列中，计算每笔订单的销售额。

⑤根据"销售订单明细表"工作表中的销售数据，统计所有订单的总销售金额，并将其填写在"统计报告"工作表的 B3 单元格中。

⑥根据"销售订单明细表"工作表中的销售数据，统计《MS Office 高级应用》图书在 2012 年的总销售额，并将其填写在"统计报告"工作表的 B4 单元格中。

⑦根据"销售订单明细表"工作表中的销售数据，统计隆华书店在 2011 年第 3 季度的总销售额，并将其填写在"统计报告"工作表的 B5 单元格中。

⑧根据"销售订单明细表"工作表中的销售数据，统计隆华书店在 2011 年的每月平均销售额（保留 2 位小数），并将其填写在"统计报告"工作表的 B6 单元格中。

⑨保存"Excel. xlsx"文件。

◎ 任务实施

步骤：

①打开 Excel 2010，创建"Excel. xlsx"文件，输入图 9-15 所示数据内容后（或打开已输入数据的"Excel. xlsx"文件），选中工作表中的 A2：H636，通过"开始"→"套用表格格式"，选

择表样式为浅色10,如图9-18所示。

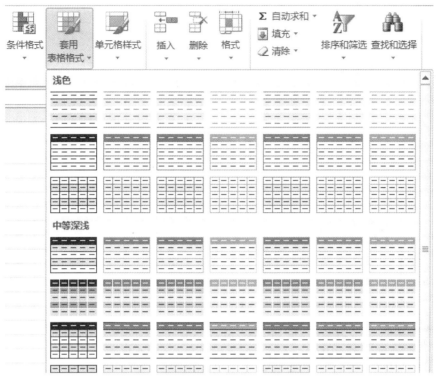

图9-18 套用表格格式

②选中"单价"列和"小计"列,右键单击鼠标→"设置单元格格式",弹出"设置单元格格式"对话框,选择"数字"选项卡,设置"会计专用"→"小数",把小数位数设置为2,货币符号选择"￥",如图9-19所示。

图9-19 "设置单元格格式"对话框

③在"销售订单明细表"工作表的E3单元格中插入如图9-20所示函数,并完成自动填充图书名称。

④在"销售订单明细表"工作表的F3单元格中插入如图9-21所示函数,并完成自动填

充图书单价。

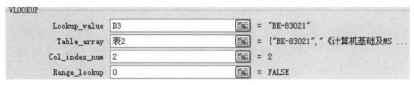

图9-20 E3单元格插入函数对话框

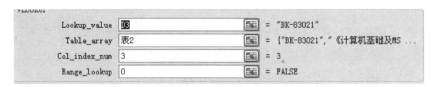

图9-21 F3单元格插入函数对话框

⑤H3单元格中输入：=F3*G3,然后按回车键。

⑥在"统计报告"工作表中的B3单元格输入"=SUM(销售订单明细表！H3:H636)"，按回车键后完成销售额的自动填充。

⑦在"统计报告"工作表中的B4单元格插入如图9-22所示SUMIFS函数。

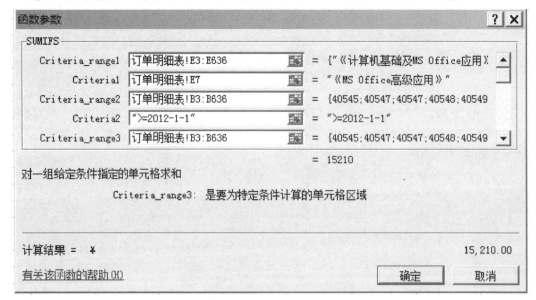

图9-22 B4单元格插入函数对话框

⑧"统计报告"工作表的B5单元格插入如图9-23所示SUMIFS函数。

⑨"统计报告"工作表的B6单元格中输入：=SUMIFS(销售订单明细表！H3:H636,销售订单明细表！C3:C636,销售订单明细表！C25,销售订单明细表！B3:B636,">=2011-1-1",销售订单明细表！B3:B636,"<=2011-12-31")/12。然后按回车键。

⑩保存"Excel.xlsx"文件。

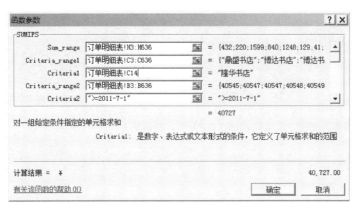

图 9-23 B5 单元格插入函数对话框

项目三 PowerPoint 2010 案例综合练习

PowerPoint 2010 是一款制作 PPT 幻灯片的应用软件,日常工作中经常需要设计制作公司演示文稿、学术报告、广告宣传等幻灯片,利用 PowerPoint 2010 可以在幻灯片中插入文字、图形、图片、艺术字等各种多媒体元素,形成内容层次清晰、元素丰富多彩的演示文稿。下面以案例介绍 PowerPoint 2010 的综合应用。

◎任务描述

①掌握 PowerPoint 2010 的基本操作,学习利用 PowerPoint 2010 实现对幻灯片的操作和美化,用自己掌握的知识点完成各项参数设置。

②学会对 PowerPoint 2010 中文字的复制、剪切、删除和插入等操作方法。

③掌握 PowerPoint 2010 中的水印修改和编辑方法。

④熟练掌握 PowerPoint 2010 的格式化设置和添加幻灯片的操作方法,掌握添加 SmartArt 图形的方法。

⑤学会 PowerPoint 2010 幻灯片放映效果的设置方法,如幻灯片的切换设置、幻灯片的动画设计、幻灯片的链接操作、幻灯片的排练计时等。

⑥掌握 PowerPoint 2010 打包与打印输出的操作方法。

◎任务分析

文慧是新东方学校的人力资源培训讲师,负责对新入职的教师进行入职培训,其演示文稿的制作水平广受好评。最近,她应北京市节水展馆的邀请,为展馆制作一份宣传水知识及节水工作重要性的演示文稿。节水展馆提供的文字资料及素材参见图 9-24 所示。

制作要求如下:

①标题页包含演示主题、制作单位(北京市节水展馆)和日期(××××年×月×日)。

②演示文稿须指定一个主题,幻灯片不少于 5 页,且版式不少于 3 种。

```
一、水的知识
1、水资源概述
目前世界水资源达到13.8亿立方千米,但人类生活所需的淡水资源却只占2.53%,约为0.35
亿立方千米。我国水资源总量位居世界第六,但人均水资源占有量仅为2200立方米,为世
界人均水资源占有量的1/4。
北京属于重度缺水地区。全市人均水资源占有量不足300立方米,仅为全国人均水资源量的
1/8,世界人均水资源量的1/30。
北京水资源主要靠天然降水和永定河、潮白河上游来水。
2、水的特性
水是氢氧化合物,其分子式为H₂O。
水的表面有张力、水有导电性、水可以形成虹吸现象。
3、自来水的由来
自来水不是自来的,它是经过一系列水处理净化过程生产出来的。
二、水的应用
1、日常生活用水
做饭喝水、洗衣洗菜、洗浴冲厕
2、水的利用
水冷空调、水与减震、音乐水幕、水利发电、雨水利用、再生水利用
3、海水淡化
海水淡化技术主要有:蒸馏、电渗析、反渗透。
三、节水工作
1、节水技术标准
北京市目前实施了五大类68项节水相关技术标准。其中包括:用水器具、设备、产品标准;
水质标准;工业用水标准;建筑给水排水标准、灌溉用水标准等
2、节水器具
使用节水器具是节水工作的重要环节,生活中节水器具主要包括:水龙头、便器及配套系统、
沐浴器、冲洗阀等。
3、北京五种节水模式
分别是:管理型节水模式、工程型节水模式、科技型节水模式、公众参与型节水模式、循环
利用型节水模式。
```

图9-24 节水展馆提供的文字资料

③演示文稿中除文字外要有2张以上的图片,并有2个以上的超链接进行幻灯片之间的跳转。

④动画效果要丰富,幻灯片切换效果要多样。

⑤演示文稿播放的全程需要有背景音乐。

⑥将制作完成的演示文稿以"水资源利用与节水.pptx"为文件名进行保存。

◎任务实施

①启动PowerPoint 2010,系统自动创建新演示文稿,默认命名为"演示文稿1"。

②保存未命名的演示文稿。单击"文件"选项卡→"保存"命令,在弹出的对话框中,在"保存位置"处选择准备存放文件的文件夹,在"文件名"文本框中输入文件名"水资源利用与节水.pptx",单击"保存"按钮。

③当前第一张幻灯片的版式是标题幻灯片。在标题处输入"水知识及节水工作",在副标题处输入制作单位(北京市节水展馆)和日期(××××年×月×日)。

④单击"插入"选项卡→"媒体"组→"音频"按钮,弹出"插入音频"对话框,选中任意声音文件,单击"插入"按钮,把音频插入到当前幻灯片中。如图9-25所示。

模块九 Office 2010 高级应用综合练习

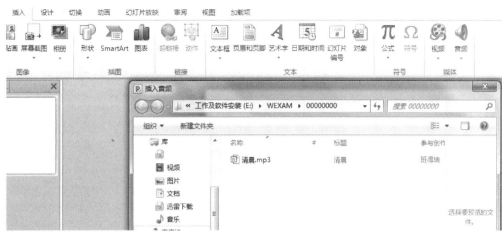

图 9-25 "插入音频"选择对话框

⑤单击"切换"选项卡→"切换到此幻灯片"组的按钮,打开内置的"切换效果"列表框,在该列表框中选择切换效果,此时就能预览到切换效果;然后单击"全部应用"按钮,如图 9-26 所示,就可以把选择的切换效果应用到所有的幻灯片。

图 9-26 "切换"对话框

⑥插入第二张幻灯片。单击"开始"选项卡→"幻灯片"组→"新建幻灯片"命令,在弹出的 Office 主题中选择"标题和内容"。

⑦在当前第二张幻灯片的标题处输入"水知识及节水工作",在添加文本处输入正文"水的知识,水的应用,节水工作"。

⑧插入第三张幻灯片。单击"开始"选项卡→"幻灯片"组→"新建幻灯片"命令,在弹出的 Office 主题中选择"标题和内容"。

⑨在当前第三张幻灯片的标题处输入"水资源概述",在添加文本处输入正文"目前世界水资源……净化过程生产出来的。"。

⑩插入第四张幻灯片。单击"开始"选项卡→"幻灯片"组→"新建幻灯片"命令,在弹出的 Office 主题中选择"两栏内容"。

⑪在当前第四张幻灯片的标题处输入"水的应用",在左侧添加文本处输入正文"日常生活用水……电渗析、反渗透。",在右侧添加文本处添加任意剪贴画。

⑫首先选中添加的剪贴画,然后单击"动画"选项卡→"动画"组→"添加动画"按钮,打开

内置的动画列表,在列表中选择某一动画,完成为剪贴画设置动画效果;也可以在列表中单击"更多进入效果"命令,然后在"添加进入效果"对话框中进行选择。如图9-27和图9-28所示。

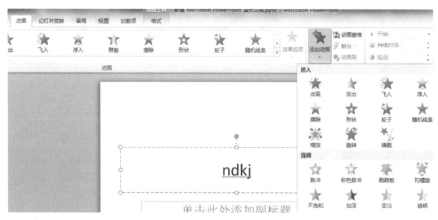

图9-27 "添加动画"工具

图9-28 "添加进入效果"选择对话框

⑬插入第五张幻灯片。单击"开始"选项卡→"幻灯片"组→"新建幻灯片"命令,在弹出

的 Office 主题中选择"内容和标题"。

⑭在当前第五张幻灯片的标题处输入"节水工作",在左侧添加文本处输入正文"节水技术标准……循环利用型节水模式。",在右侧添加文本处添加任意剪贴画。

⑮首先选中添加的剪贴画。然后单击"动画"选项卡→"动画"组→"添加动画"按钮,打开内置的动画列表。在列表中选择某一动画,完成为剪贴画设置动画效果;也可以在列表中单击"更多进入效果"命令,然后在"添加进入效果"对话框中进行选择。

⑯插入第六张幻灯片。单击"开始"选项卡→"幻灯片"组→"新建幻灯片"命令,在弹出的 Office 主题中选择"标题幻灯片"。

⑰在当前第六张幻灯片的标题处输入"谢谢大家!"

⑱选中第二张幻灯片的文字"水的知识"。单击"插入"选项卡→"链接"组→"超链接"按钮,弹出"插入超链接"对话框,在该对话框中的"链接到"中选择"本文档中的位置",在"请选择文档中的位置"中选择"下一张幻灯片",如图 9-29 所示。

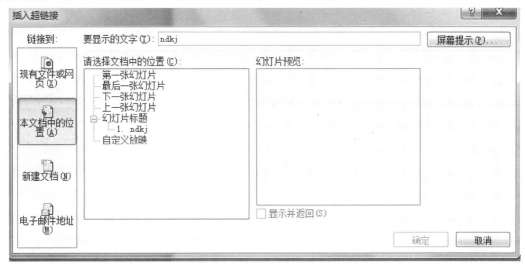

图 9-29 "插入超链接"选择对话框

⑲选中第二张幻灯片的文字"水的应用"。单击"插入"选项卡→"链接"组→"超链接"按钮,弹出"插入超链接"对话框,在该对话框中的"链接到"中选择"本文档中的位置",在"请选择文档中的位置"中选择"幻灯片 4"。

⑳选中第二张幻灯片的文字"节水工作"。单击"插入"选项卡→"链接"组→"超链接"按钮,弹出"插入超链接"对话框,在该对话框中的"链接到"中选择"本文档中的位置",在"请选择文档中的位置"中选择"幻灯片 5"。

㉑单击"保存"按钮,保存文件。

◎任务设计题

1. 苏娟是海明公司的前台文秘,她的主要工作是管理各种档案。新年将至,公司定于 2016 年 2 月 6 日下午五点,在中关村海龙大厦五楼多功能厅举办联谊会,重要的客人目录保存在"重要客户名录.docx"中,公司联系电话为 010-88886666。重要客户名录表如下:

姓名	职务	单位
王选	董事长	方正公司
李鹏	总经理	同方公司
江汉民	财务总监	万邦达公司

根据上述内容制作一份请柬,要求如下。

①制作一份请柬,要求以"董事长:王伟"的名义发出邀请,请柬中需要包含标题、收件人、联谊会时间、联谊会地点、邀请人以及被邀请人。

②对请柬做适当的排版,具体要求:改变字体、加大字号,且标题(请柬)部分与正文部分(尊敬的×××开头)采用不同的字体和字号,加大行距和段落间距,适当设置左右及首行缩进,美观符合阅读标准。

③在请柬的左下角插入一副图片,图片自选。调整大小及位置,不影响文字排列和不遮挡文字内容。

④进行页面设置,加大上边距;为文档设置页眉,要求页眉内容包含公司电话号码。

⑤运用邮件合并功能制作内容相同、收件人不同(收件人为"重要客户名录.docx"中的每个人,采用导入方式)的多份请柬,要求先将合并主文档以"请柬1.docx"为文件名进行保存,再进行效果预览后生成可以单独编辑的单个文档"请柬2.docx"。

2. 为召开云计算技术交流大会,小王需制作一批邀请函,要邀请的人员名单见"Word人员名单.xlsx",邀请函的样式参见"邀请函参考样式.docx",如图9-30所示,大会定于2013年10月19日至20日在武汉举行。

邀请函
尊敬的 ：
　　×××大会是计算机科学与技术领域以及行业的一次盛会,也是一个中立和开放的交流合作平台,它将引领云计算行业人员对中国云计算产业作更多、更深入的思辨,积极推进国家信息化建设与发展。
　　本届大会将围绕云计算架构、大数据处理、云安全、云存储、云呼叫以及行业动态、人才培养等方面进行深入而广泛的交流。会议将为来自国内外高等院校、科研院所、企事单位的专家、教授、学者、工程师提供一个代表国内云计算技术及行业产、学、研最高水平的信息交流平台,分享有关方面的成果与经验,探讨相关领域所面临的问题与动态。
　　本届大会将于2013年10月19日至20日在武汉举行。鉴于您在相关领域的研究与成果,大会组委会特邀请您来交流、探讨。如果您有演讲的题目请于9月20日前将您的演讲题目和详细摘要通过电子邮件发送给我们,没有演讲题目和详细摘要的我们将难以安排会议发言,敬请谅解。
　　×××大会诚邀您的光临!
　　×××大会组委会
　　2013年9月1日

图9-30　邀请函参考样式

请根据上述活动的描述,利用Word制作一批邀请函,要求如下:

①修改标题"邀请函"文字的字体、字号,并设置为加粗、字的颜色为红色、黄色阴影、居中。

②设置正文各段落为 1.25 倍行距,段后间距为 0.5 倍行距。设置正文首行缩进 2 字符。

③落款和日期位置为右对齐右侧缩进 3 字符。

④将文档中"×××大会"替换为"云计算技术交流大会"。

⑤设置页面高度 27 厘米,页面宽度 27 厘米,上下页边距为 3 厘米,左右页边距为 3 厘米。

⑥将电子表格"Word 人员名单.xlsx"(电子表格"Word 人员名单.xlsx"内容如表 9-1 所示)中的姓名信息自动填写到"邀请函"中"尊敬的"三个字后面,并根据性别信息,在姓名后添加"先生"(性别为男)、"女士"(性别为女)。

表 9-1 Word 人员名单

编号	姓名	单位	性别
A001	陈松民	天津大学	男
A002	钱永	武汉大学	男
A003	王立	西北工业大学	男
A004	孙英	桂林电子学院	女
A005	张文莉	浙江大学	女
A006	黄宏	同济大学	男

⑦设置页面边框为红"★"。

⑧在正文第 2 段的第一句话"……进行深入而广泛的交流"后插入脚注"参见 http://www.cloudcomputing.cn 网站"。

⑨将设计的主文档以文件名"WORD.docx"保存,并生成最终文档以文件名"邀请函.docx"保存。

3.小蒋是一位中学教师,在教务处负责初一年级学生的成绩管理。由于学校地处偏远地区,缺乏必要的教学设施,只有一台配置不太高的电脑可以使用。他在这台电脑中安装了 Microsoft Office,决定通过 Excel 来管理学生成绩,以弥补学校缺少数据库管理系统的不足。现在,第一学期期末考试刚刚结束,小蒋将初一年级三个班的成绩均录入了文件名为"学生成绩单.xlsx"的 Excel 工作簿文档中,如图 9-31 所示。

请制做以上表格,根据要求完成:

①对输入的工作表中的数据列表进行格式化操作:将第一列"学号"列设为文本,将所有成绩列设为保留两位小数的数值;适当加大行高列宽,改变字体、字号,设置对齐方式,增加适当的边框和底纹以使工作表更加美观。

②利用"条件格式"功能进行下列设置:将语文、数学、英语三科中不低于 110 分的成绩所在的单元格以一种颜色填充,其他四科中高于 95 分的成绩以另一种颜色填充,所用颜色深浅以不遮挡数据为宜。

③利用 SUM 和 AVERAGE 函数计算每一个学生的总分及平均成绩。

④学号第 3、4 位代表学生所在的班级,例如:"120105"代表 2012 级 1 班 5 号。请通过函数提取每个学生所在的班级并按下列对应关系填写在"班级"列中:

学号	姓名	班级	语文	数学	英语	生物	地理	历史	政治	总分	平均分
120305	包宏伟		91.5	89	94	92	91	86	86		
120203	陈万地		93	99	92	86	86	73	92		
120104	杜学江		102	116	113	78	88	86	73		
120301	符合		99	98	101	95	91	95	78		
120306	吉祥		101	94	99	90	87	95	93		
120206	李北大		100.5	103	104	88	89	78	90		
120302	李娜娜		78	95	94	82	90	93	84		
120204	刘康锋		95.5	92	96	84	95	91	92		
120201	刘鹏举		93.5	107	96	100	93	92	93		
120304	倪冬声		95	97	102	93	95	92	88		
120103	齐飞扬		95	85	99	98	92	92	88		
120105	苏解放		88	98	101	89	73	95	91		
120202	孙玉敏		86	107	89	88	92	88	89		
120205	王清华		103.5	105	105	93	93	90	86		
120102	谢如康		110	95	98	99	93	93	92		
120303	闫朝霞		84	100	97	87	78	89	93		
120101	曾令煊		97.5	106	108	98	99	99	96		
120106	张桂花		90	111	116	72	95	93	95		

图 9-31 学生成绩单

"学号"的 3、4 位	对应班级
01	1 班
02	2 班
03	3 班

⑤复制工作表"第一学期期末成绩",将副本放置到原表之后;改变该副本表标签的颜色,并重新命名,新表名需包含"分类汇总"字样。

⑥通过分类汇总功能求出每个班各科的平均成绩,并将每组结果分页显示。

⑦以分类汇总结果为基础,创建一个簇状柱形图,对每个班各科平均成绩进行比较,并将该图表放置在一个名为"柱状分析图"的新工作表中。

4. 输入以下内容,如图 9-32、图 9-33、图 9-34 和图 9-35 所示,按照要求完成下列操作并以文件名(Excel.xlsx)保存工作簿。

某公司拟对其产品季度销售情况进行统计,打开"Excel.xlsx"文件,按以下要求操作。

①分别在"一季度销售情况表""二季度销售情况表"工作表内,计算"一季度销售额"列和"二季度销售额"列内容,均为数值型,保留小数点后 0 位。

②在"产品销售汇总图表"内,计算"一二季度销售总量"列和"一二季度销售总额"列内容,均为数值型,保留小数点后 0 位;在不改变原有数据顺序的情况下,按一二季度销售总额给出销售额排名。

产品类别代码	产品型号	单价(元)
A1	P-01	1654
A1	P-02	786
A1	P-03	4345
A1	P-04	2143
A1	P-05	849
B3	T-01	619
B3	T-02	598
B3	T-03	928
B3	T-04	769
B3	T-05	178
B3	T-06	1452
B3	T-07	625
B3	T-08	3786
A2	U-01	914
A2	U-02	1208
A2	U-03	870
A2	U-04	349
A2	U-05	329
A2	U-06	489
A2	U-07	1282

图 9-32 产品信息表

产品类别代码	产品型号	一季度销售量	一季度销售额(元)
A1	P-01	231	
A1	P-02	78	
A1	P-03	231	
A1	P-04	166	
A1	P-05	125	
B3	T-01	97	
B3	T-02	89	
B3	T-03	69	
B3	T-04	95	
B3	T-05	165	
B3	T-06	121	
B3	T-07	165	
B3	T-08	86	
A2	U-01	156	
A2	U-02	123	
A2	U-03	93	
A2	U-04	156	
A2	U-05	149	
A2	U-06	129	
A2	U-07	176	

图 9-33 一季度销售情况表

产品类别代码	产品型号	二季度销售量	二季度销售额（元）
A1	P-01	156	
A1	P-02	93	
A1	P-03	221	
A1	P-04	198	
A1	P-05	134	
B3	T-01	119	
B3	T-02	115	
B3	T-03	78	
B3	T-04	129	
B3	T-05	145	
B3	T-06	89	
B3	T-07	176	
B3	T-08	109	
A2	U-01	211	
A2	U-02	134	
A2	U-03	99	
A2	U-04	165	
A2	U-05	201	
A2	U-06	131	
A2	U-07	186	

图 9-34 二季度销售情况表

③选择"产品销售汇总图表"内 A1:E21 单元格区域，建立数据透视表，行标签为产品型号，列标签为产品类别代码，求和计算一二季度销售额的总计，将表置于现工作表 G1 为起点的单元格区域内。

5.按照要求完成以下内容，如图 9-36 所示，请按照以下截图完成一个 PPT 文件，然后按照要求设置：

产品类别代码	产品型号	一二季度销售总量	一二季度销售总额	销售额排名
A1	P-01			
A1	P-02			
A1	P-03			
A1	P-04			
A1	P-05			
B3	T-01			
B3	T-02			
B3	T-03			
B3	T-04			
B3	T-05			
B3	T-06			
B3	T-07			
B3	T-08			
A2	U-01			
A2	U-02			
A2	U-03			
A2	U-04			
A2	U-05			
A2	U-06			
A2	U-07			

图 9-35　产品销售汇总图表

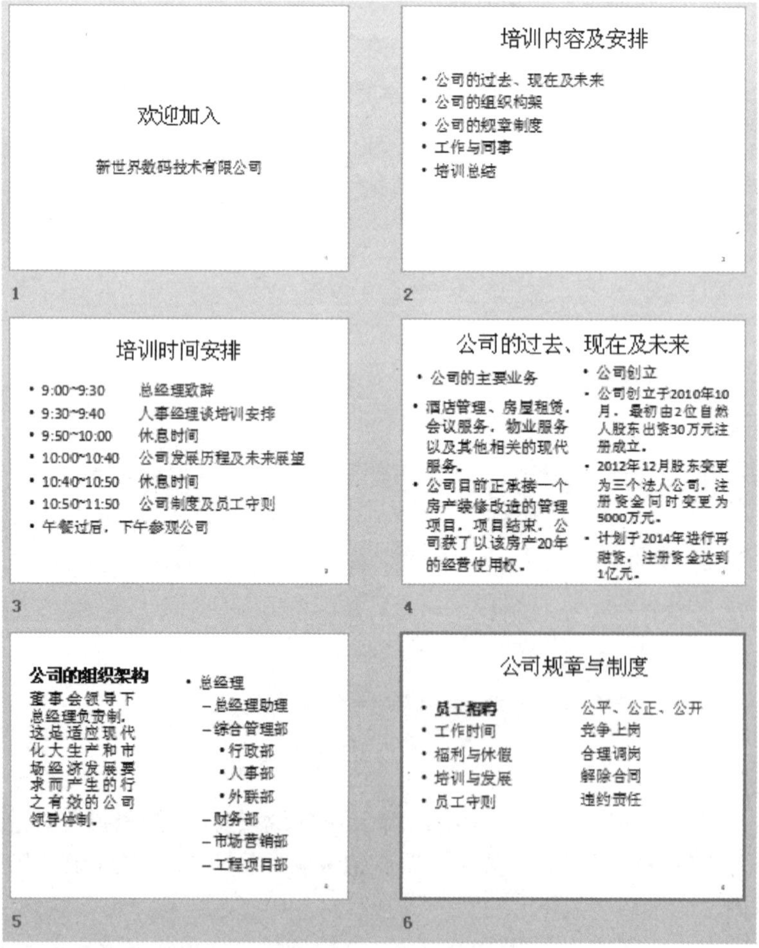

图 9-36　PPT 内容

文君是新世界数码技术有限公司的人事专员,国庆节过后,公司招聘了一批新员工,需要对他们进行入职培训。请打开制作好的PPT文件并进行美化,要求如下:

①将第二张幻灯片版式设为"标题和竖排文字",将第四张幻灯片的版式设为"比较";为整个演示文稿指定一个恰当的设计主题。

②通过幻灯片母版为每张幻灯片增加利用艺术字制作的水印效果,水印文字中应包含"新世界数码"字样,并旋转一定的角度。

③根据第五张幻灯片右侧的文字内容创建一个组织结构图,如图9-37所示,其中总经理助理为助理级别,并为该组织结构图添加任一动画效果。

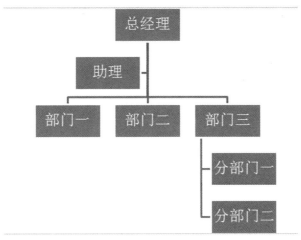

图9-37 组织结构图

④为第六张幻灯片左侧的文字"员工守则"加入超链接,链接到Word文档"员工守则.docx",内容如图9-38所示。并为该张幻灯片添加适当的动画效果。

⑤为演示文稿设置不少于3种的幻灯片切换方式。

6.某公司新员工入职,需要对他们进行入职培训。为此,人事部门负责此事的小吴制作了一份入职培训的演示文稿。但人事部经理看过之后,觉得文稿整体做得不够精美,还需要再美化一下。请根据如图9-39所示内容完成演示文稿。

对制作好的演示文稿进行美化,具体要求如下:

①将第一张幻灯片设为"节标题",并在第一张幻灯片中插入一幅人物剪贴画。

②为整个演示文稿指定一个恰当的设计主题。

③为第二张幻灯片上面的文字"公司制度意识架构要求"加入超链接,链接到Word文件"公司制度意识架构要求.docx",如图9-40所示。

④在该演示文稿中创建一个演示方案,该演示方案包含第一、三、四张幻灯片,并将该演示方案命名为"放映方案1"。

⑤为演示文稿设置不少于3种幻灯片切换方式。

⑥将制作完成的演示文稿以"入职培训.pptx"为文件名进行保存。

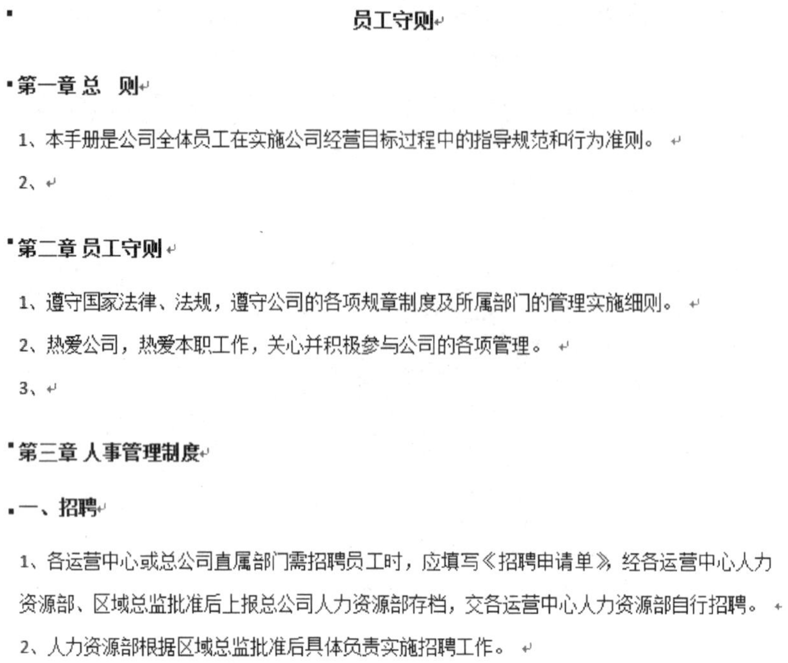

员工守则

第一章 总 则

1、本手册是公司全体员工在实施公司经营目标过程中的指导规范和行为准则。

2、

第二章 员工守则

1、遵守国家法律、法规，遵守公司的各项规章制度及所属部门的管理实施细则。

2、热爱公司，热爱本职工作，关心并积极参与公司的各项管理。

3、

第三章 人事管理制度

一、招聘

1、各运营中心或总公司直属部门需招聘员工时，应填写《招聘申请单》经各运营中心人力资源部、区域总监批准后上报总公司人力资源部存档，交各运营中心人力资源部自行招聘。

2、人力资源部根据区域总监批准后具体负责实施招聘工作。

图 9-38 Word 文档"员工守则"

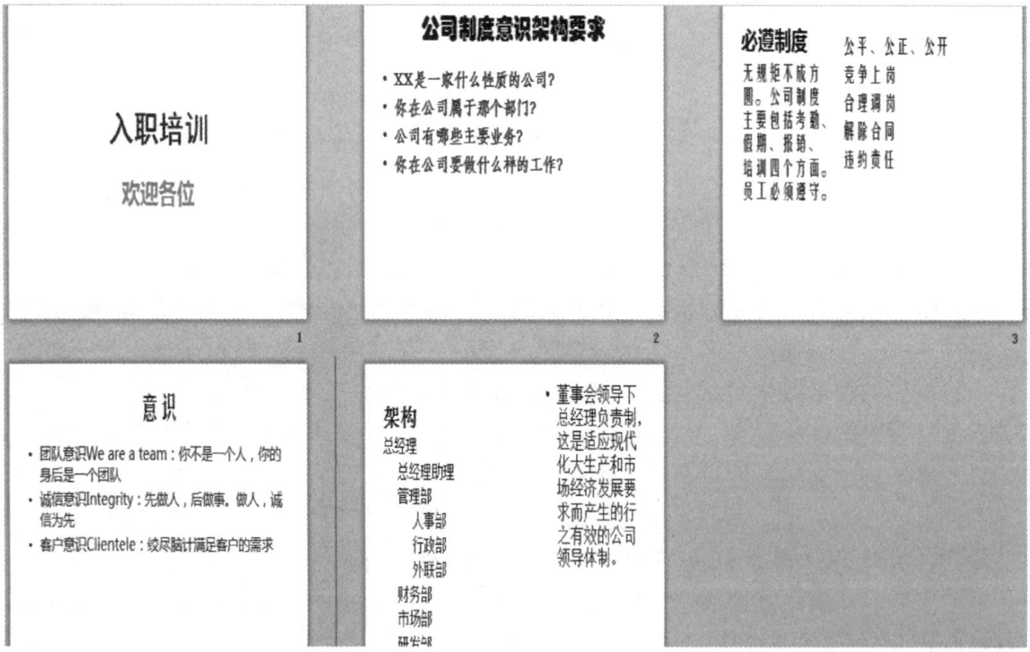

图 9-39 上机练习 PPT 内容

公司制度意识架构要求

- XX 是一家什么性质的公司?
- 你在公司属于那个部门?
- 公司有哪些主要业务?
- 你在公司要做什么样的工作?

图 9-40 "公司制度意识架构要求"内容

附录一 ASCII 码对照表

十进制	二进制	八进制	十六进制	ASCII
0	0000000	00	00	NUL
1	0000001	01	01	SOH
2	0000010	02	02	STX
3	0000011	03	03	ETX
4	0000100	04	04	EOT
5	0000101	05	05	ENQ
6	0000110	06	06	ACK
7	0000111	07	07	BEL
8	0001000	10	08	BS
9	0001001	11	09	HT
10	0001010	12	0A	LF
11	0001011	13	0B	VT
12	0001100	14	0C	FF
13	0001101	15	0D	CR
14	0001110	16	0E	SO
15	0001111	17	0F	SI
16	0010000	20	10	DLE
17	0010001	21	11	DC1
18	0010010	22	12	DC2
19	0010011	23	13	DC3
20	0010100	24	14	DC4
21	0010101	25	15	NAK
22	0010110	26	16	SYN
23	0010111	27	17	ETB
24	0011000	30	18	CAN
25	0011001	31	19	EM
26	0011010	32	1A	SUB
27	0011011	33	1B	ESC

续表

十进制	二进制	八进制	十六进制	ASCII
28	0011100	34	1C	FS
29	0011101	35	1D	GS
30	0011110	36	1E	RS
31	0011111	37	1F	US
32	0100000	40	20	SP
33	0100001	41	21	!
34	0100010	42	22	"
35	0100011	43	23	♯
36	0100100	44	24	$
37	0100101	45	25	％
38	0100110	46	26	&
39	0100111	47	27	'
40	0101000	50	28	(
41	0101001	51	29	)
42	0101010	52	2A	*
43	0101011	53	2B	＋
44	0101100	54	2C	,
45	0101101	55	2D	－
46	0101110	56	2E	.
47	0101111	57	2F	/
48	0110000	60	30	0
49	0110001	61	31	1
50	0110010	62	32	2
51	0110011	63	33	3
52	0110100	64	34	4
53	0110101	65	35	5
54	0110110	66	36	6
55	0110111	67	37	7
56	0111000	70	38	8
57	0111001	71	39	9
58	0111010	72	3A	:
59	0111011	73	3B	;
60	0111100	74	3C	＜
61	0111101	75	3D	＝

续表

十进制	二进制	八进制	十六进制	ASCII
62	0111110	76	3E	>
63	0111111	77	3F	?
64	1000000	100	40	@
65	1000001	101	41	A
66	1000010	102	42	B
67	1000011	103	43	C
68	1000100	104	44	D
69	1000101	105	45	E
70	1000110	106	46	F
71	1000111	107	47	G
72	1001000	110	48	H
73	1001001	111	49	I
74	1001010	112	4A	J
75	1001011	113	4B	K
76	1001100	114	4C	L
77	1001101	115	4D	M
78	1001110	116	4E	N
79	1001111	117	4F	O
80	1010000	120	50	P
81	1010001	121	51	Q
82	1010010	122	52	R
83	1010011	123	53	S
84	1010100	124	54	T
85	1010101	125	55	U
86	1010110	126	56	V
87	1010111	127	57	W
88	1011000	130	58	X
89	1011001	131	59	Y
90	1011010	132	5A	Z
91	1011011	133	5B	[
92	1011100	134	5C	\
93	1011101	135	5D	]
94	1011110	136	5E	^

续表

十进制	二进制	八进制	十六进制	ASCII
95	1011111	137	5F	_
96	1100000	140	60	`
97	1100001	141	61	a
98	1100010	142	62	b
99	1100011	143	63	c
100	1100100	144	64	d
101	1100101	145	65	e
102	1100110	146	66	f
103	1100111	147	67	g
104	1101000	150	68	h
105	1101001	151	69	i
106	1101010	152	6A	j
107	1101011	153	6B	k
108	1101100	154	6C	l
109	1101101	155	6D	m
110	1101110	156	6E	n
111	1101111	157	6F	o
112	1110000	160	70	p
113	1110001	161	71	q
114	1110010	162	72	r
115	1110011	163	73	s
116	1110100	164	74	t
117	1110101	165	75	u
118	1110110	166	76	v
119	1110111	167	77	w
120	1111000	170	78	x
121	1111001	171	79	y
122	1111010	172	7A	z
123	1111011	173	7B	{
124	1111100	174	7C	|
125	1111101	175	7D	}
126	1111110	176	7E	~
127	1111111	177	7F	DEL

附录二　全国计算机等级考试一级 MS Office 考试大纲(2019 年版)

◆ 基本要求

1. 具有微型计算机的基础知识(包括计算机病毒的防治常识)。
2. 了解微型计算机系统的组成和各部分的功能。
3. 了解操作系统的基本功能和作用,掌握 Windows 的基本操作和应用。
4. 了解文字处理的基本知识,熟练掌握文字处理软件 Word 的基本操作和应用,熟练掌握一种汉字(键盘)输入方法。
5. 了解电子表格软件的基本知识,掌握电子表格软件 Excel 的基本操作和应用。
6. 了解多媒体演示软件的基本知识,掌握演示文稿制作软件 PowerPoint 的基本操作和应用。
7. 了解计算机网络的基本概念和因特网(Internet)的初步知识,掌握 IE 浏览器和 Outlook 软件的基本操作和使用。

◆ 考试内容

一、计算机基础知识

1. 计算机的发展、类型及其应用领域。
2. 计算机中数据的表示、存储与处理。
3. 多媒体技术的概念与应用。
4. 计算机病毒的概念、特征、分类与防治。
5. 计算机网络的概念、组成和分类;计算机与网络信息安全的概念和防控。
6. 因特网网络服务的概念、原理和应用。

二、操作系统的功能和使用

1. 计算机软、硬件系统的组成及主要技术指标。
2. 操作系统的基本概念、功能、组成及分类。
3. Windows 操作系统的基本概念和常用术语,文件、文件夹、库等。
4. Windows 操作系统的基本操作和应用:
(1)桌面外观的设置,基本的网络配置。
(2)熟练掌握资源管理器的操作与应用。

(3)掌握文件、磁盘、显示属性的查看、设置等操作。

(4)中文输入法的安装、删除和使用。

(5)掌握检索文件、查询程序的方法。

(6)了解软、硬件的基本概念。

三、Word 的功能和使用

1. Word 的基本概念，Word 的基本功能和运行环境，Word 的启动和退出。

2. 文档的创建、打开、输入、保存等基本操作。

3. 文本的选定、插入与删除、复制与移动、查找与替换等基本编辑技术；多窗口和多文档的编辑。

4. 字体格式设置、段落格式设置、文档页面设置、文档背景设置和文档分栏等基本排版技术。

5. 表格的创建、修改；表格的修饰；表格中数据的输入与编辑；数据的排序和计算。

6. 图形和图片的插入；图形的建立和编辑；文本框、艺术字的使用和编辑。

7. 文档的保护和打印。

四、Excel 的功能和使用

1. Excel 电子表格的基本概念和基本功能，Excel 的基本功能、运行环境、启动和退出。

2. 工作簿和工作表的基本概念和基本操作，工作簿和工作表的建立、保存和退出；数据输入和编辑；工作表和单元格的选定、插入、删除、复制、移动；工作表的重命名和工作表窗口的拆分和冻结。

3. 工作表的格式化，包括设置单元格格式、设置列宽和行高、设置条件格式、使用样式、自动套用模式和使用模板等。

4. 单元格绝对地址和相对地址的概念，工作表中公式的输入和复制，常用函数的使用。

5. 图表的建立、编辑和修改以及修饰。

6. 数据清单的概念，数据清单的建立，数据清单内容的排序、筛选、分类汇总，数据合并，数据透视表的建立。

7. 工作表的页面设置、打印预览和打印，工作表中链接的建立。

8. 保护和隐藏工作簿和工作表。

五、PowerPoint 的功能和使用

1. 中文 PowerPoint 的功能、运行环境、启动和退出。

2. 演示文稿的创建、打开、关闭和保存。

3. 演示文稿视图的使用，幻灯片基本操作(版式、插入、移动、复制和删除)。

4. 幻灯片基本制作(文本、图片、艺术字、形状、表格等插入及其格式化)。

5. 演示文稿主题选用与幻灯片背景设置。

6. 演示文稿放映设计(动画设计、放映方式、切换效果)。

7. 演示文稿的打包和打印。

六、因特网(Internet)的初步知识和应用

1. 了解计算机网络的基本概念和因特网的基础知识，主要包括网络硬件和软件，TCP/

IP协议的工作原理,以及网络应用中常见的概念,如域名、IP地址、DNS服务等。

2. 能够熟练掌握浏览器、电子邮件的使用和操作。

◆ 考试方式

上机考试,考试时长90分钟,满分100分。

一、题型及分值

单项选择题(计算机基础知识和网络基础知识)20分。

Windows操作系统的使用10分。

Word操作25分。

Excel操作20分。

PowerPoint操作15分。

浏览器(IE)的简单使用和电子邮件收发10分。

二、考试环境

操作系统:中文版Windows 7。

考试环境:Microsoft Office 2010。

附录三　全国计算机等级考试二级 MS Office 高级应用考试大纲(2019 年版)

◆ **基本要求**

1. 掌握计算机基础知识及计算机系统组成。
2. 了解信息安全的基本知识,掌握计算机病毒及防治的基本概念。
3. 掌握多媒体技术基本概念和基本应用。
4. 了解计算机网络的基本概念和基本原理,掌握因特网网络服务和应用。
5. 正确采集信息并能在文字处理软件 Word、电子表格软件 Excel、演示文稿制作软件 PowerPoint 中熟练应用。
6. 掌握 Word 的操作技能,并熟练应用编制文档。
8. 掌握 Excel 的操作技能,并熟练应用进行数据计算及分析。
9. 掌握 PowerPoint 的操作技能,并熟练应用制作演示文稿。

◆ **考试内容**

一、计算机基础知识

1. 计算机的发展、类型及其应用领域。
2. 计算机软件硬件系统的组成及主要技术指标。
3. 计算机中数据的表示与存储。
4. 多媒体技术的概念与应用。
5. 计算机病毒的特征、分类与防治。
6. 计算机网络的概念、组成和分类;计算机与网络信息安全的概念和防控。
7. 因特网网络服务的概念、原理和应用。

二、Word 的功能和使用

1. Microsoft Office 应用界面使用和功能设置。
2. Word 的基本功能,文档的创建、编辑、保存、打印和保护等基本操作。
3. 设置字体和段落格式、应用文档样式和主题、调整页面布局等排版操作。
4. 文档中表格的制作与编辑。
5. 文档中图形、图像(片)对象的编辑和处理,文本框和文档部件的使用,符号与数学公式的输入与编辑。

6. 文档的分栏、分页和分节操作，文档页眉、页脚的设置，文档内容引用操作。

7. 文档审阅和修订。

8. 利用邮件合并功能批量制作和处理文档。

9. 多窗口和多文档的编辑，文档视图的使用。

10. 分析图文素材，并根据需求提取相关信息引用到 Word 文档中。

三、Excel 的功能和使用

1. Excel 的基本功能，工作簿和工作表的基本操作，工作视图的控制。

2. 工作表数据的输入、编辑和修改。

3. 单元格格式化操作、数据格式的设置。

4. 工作簿和工作表的保护、共享及修订。

5. 单元格的引用、公式和函数的使用。

6. 多个工作表的联动操作。

7. 迷你图和图表的创建、编辑与修饰。

8. 数据的排序、筛选、分类汇总、分组显示和合并计算。

9. 数据透视表和数据透视图的使用。

10. 数据模拟分析和运算。

11. 宏功能的简单使用。

12. 获取外部数据并分析处理。

13. 分析数据素材，并根据需求提取相关信息引用到 Excel 文档中。

四、PowerPoint 的功能和使用

1. PowerPoint 的基本功能和基本操作，演示文稿的视图模式和使用。

2. 演示文稿中幻灯片的主题设置、背景设置、母版制作和使用。

3. 幻灯片中文本、图形、SmartArt、图像（片）、图表、音频、视频、艺术字等对象的编辑和应用。

4. 幻灯片中对象动画、幻灯片切换效果、链接操作等交互设置。

5. 幻灯片放映设置，演示文稿的打包和输出。

6. 分析图文素材，并根据需求提取相关信息引用到 PowerPoint 文档中。

◆考试方式

上机考试，考试时长 120 分钟，满分 100 分。

一、题型及分值

单项选择题 20 分（含公共基础知识部分 10 分）。

Word 操作 30 分。

Excel 操作 30 分。

PowerPoint 操作 20 分。

二、考试环境

操作系统：中文版 Windows 7。

考试环境：Microsoft Office 2010。

参考文献

[1] 俞俊甫. 计算机应用基础机房教学教程[M]. 北京:北京邮电大学出版社,2007.
[2] 张炘,熊婷. 计算机应用基础教程[M]. 北京:北京邮电大学出版社,2012.
[3] 熊婷,梅毅. 计算机应用基础教程[M]. 北京:北京邮电大学出版社,2015.
[4] 教育部考试中心.(2019年版)全国计算机等级考试二级教程:MS Office高级应用[M]. 北京:高等教育出版社,2018.
[5] 史巧硕,柴欣. 大学计算机基础与计算机思维[M]. 北京:中国铁道出版社,2015.
[6] 饶兴明,李石友. 计算机应用基础项目化教程(Windows 7+Office 2010)[M]. 北京:北京邮电大学出版社,2013.
[7] 宁爱军,王淑敬. 计算思维与计算机导论[M]. 北京:人民邮电出版社,2018.
[8] 职宏雷,荆于勤,周桥等. 大学计算机基础(Windows 7+Office 2010)[M]. 西安:西安交通大学出版社,2016.
[9] 谢希仁. 计算机网络[M]. 北京:电子工业出版社,2018.